ENCYCLOPÉDIE-RORET.

MAÇON-PLATRIER,

CARRELEUR,

COUVREUR ET PAVEUR.

AVIS.

Le mérite des ouvrages de l'*Encyclopédie-Roret* leur valu les honneurs de la traduction, de l'imitation et de la contrefaçon. Pour distinguer ce volume il portera à l'avenir, la *véritable* signature de l'éditeur.

MANUELS-RORET.

NOUVEAU MANUEL COMPLET

DU

MAÇON-PLATRIER,

DU CARRELEUR,

DU COUVREUR ET DU PAVEUR.

Par M. TOUSSAINT, Architecte.

Ouvrage orné de dix Planches.

PARIS,

A LA LIBRAIRIE ENCYCLOPÉDIQUE DE RORET

RUE HAUTEFEUILLE, N° 10 BIS.

1841.

INTRODUCTION.

L'éditeur de l'*Encyclopédie-Roret* n'a jamais perdu de vue le double but dans lequel il a entrepris la publication de l'importante collection des Manuels qui la composent, savoir : celui d'offrir une série des *Traités élémentaires*, dans laquelle non seulement les professeurs, les élèves et les amateurs puissent acquérir des connaissances utiles ; mais aussi que cette collection s'adresse particulièrement aux agriculteurs, aux fabricans, aux manufacturiers et *aux ouvriers* qui veulent connaître ce qu'ils doivent savoir pour exercer avec fruit leur profession.

De même, les savans et les praticiens auxquels il s'est adressé pour réunir en faisceaux cette série de sciences si diverses, n'ont jamais oublié qu'elle était destinée à être consultée et entendue du plus grand nombre, c'est-à-dire à devenir *populaire* ; aussi, presque tous les Manuels publiés jusqu'à présent sont dépouillés de l'attirail scientifique qui suppose, dans les lecteurs, une primitive éducation indispensable pour les comprendre ; et les principes présentés sont, en général, réduits à leur plus simple expression, parce que ce sont les ouvriers et les praticiens dans chaque profession, qui sont appelés à en faire usage.

C'est donc sous cet aspect que l'on doit considérer le *Ma-*

plan, *esquisse*, *lavis* et autres. Enfin, nous avons ajouté plusieurs lois et ordonnances spéciales à quelques constructions :
celles contenant les bâtimens en général, faisant partie de
notre *Manuel d'Architecture*.

———

NOUVEAU MANUEL COMPLET

DU

MAÇON.

CHAPITRE PREMIER.

CE QUE C'EST QU'UN MAÇON * OU UN PLATRIER.

1. La profession de maçon exige de la part de celui qui l'exerce, une certaine adresse et quelqu'habileté, et sous ce rapport, un bon maçon doit être considéré comme un ouvrier très utile, non seulement à la confection des bâtimens en général, mais aussi à la fortune de l'entrepreneur qui sait l'employer avec discernement : et c'est en effet à mettre cet ouvrier à sa place, que vise toujours un maître intelligent, autant jaloux de ses intérêts que de la perfection des travaux dont il est chargé ; car tel maçon est très habile à hourder, à latter et à jeter des plafonds, tel autre à pigeonner, tel autre encore à traîner des corniches et à couper des moulures à la main : enfin, quelques-uns sont propres à des gros ouvrages, et d'autres à des travaux plus fins, plus minutieux, qui réclament plus d'attention, de rectitude et de patience.

2. Ainsi que toutes les autres professions, celle-ci a ses degrés. Les ouvriers qui se destinent à la maçonnerie, sont presque tous originaires des départemens de la Haute-Vienne, de la Creuze et de la Corrèze, qui formaient autrefois les provinces de la Marche et du Limousin ; ils viennent jeunes à Paris, et

* A Paris et dans les environs, l'ouvrier qui emploie les plâtres s'appelle *maçon*; mais dans plusieurs départemens, et notamment dans le Midi, on le désigne sous le nom de *Plâtrier*.

*

commencent à servir les compagnons sous la dénomination de garçons ou manœuvres. Ils se placent dans un atelier sous les ordres de ce compagnon, lui portent ses outils, gâchent son plâtre et le lui apportent sur son échafaud, font le mortier, s'attèlent au chariot pour le transport des matériaux à pied d'œuvre (dans ce cas ils prennent le nom de *bardeurs*); et font enfin tout ce que leur commande le chef qu'ils se sont donné pour tout ce qui concerne les travaux : il y a même des garçons de plusieurs degrés, celui qui sert le *limousin* est le premier ; sa tâche est d'aller chercher l'eau pour remplir le bassin préparé pour l'éteignage de la chaux, de remuer cette chaux au fur et à mesure de son extinction, d'apporter le sable près du bassin ; et après le mélange fait sous la direction de son compagnon, de remuer ce mélange avec le rabot, jusqu'à ce qu'étant entièrement effectué, il ne reste plus de parcelles distinctes de chaux ; enfin, il charge l'oiseau de ce mortier, le prend sur ses épaules, et en fournit son compagnon de telle sorte qu'il n'en manque jamais, et qu'il ne perde pas de tems. Ces garçons du premier degré sont nommés plus volontiers que les autres, *manœuvres*, parce qu'ils servent spécialement les limousins *limousinant*, ce qui s'entend particulièrement de ceux qui ne construisent que des murs en moellon ou en meulière.

3. Ceux qui servent les *maçons* proprement dits, ou *plâtriers*, comme on les nomme dans quelques départemens, sont assujettis à la même discipline, et ne se distinguent des premiers que parce qu'ils servent ces sortes d'ouvriers faisant les plâtres, et en général les ouvrages moins grossiers que les *limousins*. Il leur faut aussi un peu plus d'intelligence, de tact et d'habitude pour bien gâcher à propos, en raison du travail à faire, et aussi un peu plus d'activité ; le plâtre humecté d'eau ne pouvant souffrir aucun retard dans l'emploi, et le maçon ne devant pas attendre lorsqu'il a appelé à tems son augée : parce que presque tous les ouvrages, comme enduits, plafonds, corniches traînées, etc., doivent être faits d'un seul jet, sans reprises ni coutures, pour atteindre la perfection désirable.

4. Il y a aussi dans chaque atelier un *maître garçon:* celui-ci exerce une sorte de police sur ses camarades ; il veille avec soin à ce qu'à la fin de la journée, tous les outils appartenant au maître, les pinces, cordages, têtus, bouchardes, etc. soient serrés dans le magasin ; c'est lui qui distribue les clous, les

rapointis et les fers dont les maçons ont besoin , et qui ont été déposés au bureau pour leur usage journalier ; enfin , c'est sur lui que le maître-compagnon se repose pour mille objets de détail dont il doit s'acquitter avec intelligence et probité : aussi est-il toujours payé 25 c. de plus que les autres.

5. Le *garçon* qui veut monter en grade et qui montre par conséquent quelque bonne volonté, commence par *limousiner,* c'est-à-dire élever des murs entre deux lignes, après avoir fait des massifs de fondation : il faut qu'il sache planter ses broches, tendre ses lignes, prendre ses aplombs, observer les retraites nécessaires pour le fruit à donner à sa construction ; qu'il sache ébousiner son moellon, préparer les lits, smiller les paremens ; enfin poser ses assises d'arrasement ou de niveau , bien liaisonner chaque moellon avec l'assise inférieure, et employer le mortier ou le plâtre pour hourder avec discernement et avec économie , c'est-à-dire sans que l'entrepreneur éprouve aucune perte, et que néanmoins il ne reste aucun interstice entre les moellons et les hourdis ; ce qu'on nomme *bain* de mortier ou de plâtre.

6. Le *compagnon maçon* est l'ouvrier qui , ayant presque toujours passé par les degrés expliqués ci-dessus, est enfin arrivé à faire les plâtres , et ce qu'en général on appelle *légers ouvrages ;* ce qui comprend tous les recouvremens de murs, comme crépis , enduits , joints , tableaux, feuillures, embrâsesemens, ravalemens intérieurs et extérieurs, etc.; ceux des pans de bois en charpente et cloisons en menuiserie , comme hourdis , entrevoux , lattis , crépis et enduits ; les recouvremens de poutres et autres pièces de charpente , les cloisons en brique, les planchers et plafonds , droits ou en voussure , augets, aires sur lattis ou sur bardeau, corniches , entablemens, chambranles , couronnemens, frontons, et tous les ouvrages de même nature qui se traînent au moyen d'un calibre ; les pigeonnages des tuyaux de cheminées , les fours et fourneaux ; tous les scellemens en plâtre ou en mortier, en un mot tous les ouvrages du bâtiment qui se font en plâtres et qui recouvrent ou terminent les grosses constructions.

7. Le bon maçon doit aussi savoir assez tailler la pierre pour pouvoir se dispenser d'appeler un tailleur de pierre pour faire un trou de scellement, une entaille ou quelque travail peu important dans cette matière ; il est bon aussi qu'il sache bien poser et couler un morceau ajusté par incrustement , ou un

dallage de cuisine, de passage d'allée ou autre ; aussi, comme nous l'avons dit plus haut, un *maçon* adroit, laborieux et intelligent, est un ouvrier très précieux pour celui qui l'emploie, et notamment lorsqu'il sait avec discernement le mettre à sa véritable place.

8. Alors, ce *compagnon* ayant resté quelque tems attaché au même maître qui a su l'apprécier, devient *maître compagnon* et dirige tous les autres. Dès ce moment il devient le second, le *bras droit* de l'entrepreneur : c'est lui qui reçoit les fournitures faites au chantier, comme plâtre, moellon, ciment, sable, etc. ; qui vérifie la qualité des matériaux, ainsi que les lettres de voiture, et qui en tient note pour établir le compte de chacun ; il refuse ceux qui sont avariés ou d'une qualité inférieure à celle énoncée ; il rectifie le cubage lorsqu'il y a lieu, il note les journées et les heures de tous les compagnons et garçons de l'atelier, leur distribue l'ouvrage, chacun en raison de sa capacité ; paie et renvoie les paresseux et les turbulens : enfin, il est le surveillant de tous les instans et le fidèle gardien des intérêts du maître, et il agit en conséquence.

9. C'est à ce grade que finit le *compagnonnage ;* cependant lorsque l'entrepreneur a plusieurs ateliers et beaucoup de travaux à la fois, il se fait aider d'un *commis :* ce commis est souvent pris dans ceux qui, assez intelligens, assez actifs et assez probes pour avoir passé sans reproche par tous les grades inférieurs, joignent à cela la première instruction, c'est-à-dire, savent lire, écrire, les quatre règles de l'arithmétique, un peu de dessin et de coupe des pierres : ces talens, ainsi que la bonne opinion qu'ils ont déjà donnée de leur capacité comme praticiens, les font souvent arriver à conduire ensemble et comme chef tous les ateliers sur lesquels ils exercent leur surveillance immédiate : dans ce cas, ils ont le même pouvoir sur les maîtres compagnons, appareilleurs et autres chefs spéciaux des chantiers, que ces derniers ont sur les ouvriers qui se trouvent sous leurs ordres. Ils sont chargés de plus de répondre aux architectes, de leur donner les mesures qui leur sont nécessaires, de prendre leurs ordres en l'absence de l'entrepreneur, de dresser et remettre les attachemens figurés et écrits aux inspecteurs, en un mot, la comptabilité journalière est leur affaire personnelle.

10. Une grande partie des entrepreneurs de maçonnerie a parcouru successivement cette série de fonctions avant de

prendre la patente de maître, et de construire pour son compte ; et en effet, il est nécessaire d'avoir suivi tous ces degrés pour être un bon constructeur, parce qu'on a pu y acquérir les connaissances pratiques qui sont indispensables pour exercer cette profession ; mais ils ne devraient pas aller plus loin, car si on en sait assez alors pour comprendre un architecte et pour exécuter des plans, on est loin d'avoir acquis tous les talens qui concourent à la confection de l'ensemble d'un bâtiment de quelqu'importance ; et si on connaissait bien la portée de ces facultés, il n'y aurait pas, pour l'honneur des véritables architectes, tant *d'aligneurs de maçonnerie et d'architectes à forfait,* comme le bibliophile Jacob désigne avec raison cette tourbe d'hommes sans talens qui, de nos jours, se donnent des airs d'artistes, et usurpent audacieusement la place que des hommes honorables et studieux devraient occuper exclusivement dans la société.

11. Mais cette facilité, qui a souvent des résultats si funestes pour les propriétaires, lorsqu'il s'agit de construction, cette présomption qui porte l'homme qui pourrait être utile dans sa sphère, à se faire passer pour ce qu'il n'est pas, vient, ainsi que nous l'avons dit ailleurs, de la faculté qu'a le premier venu de s'affubler du titre d'architecte, au moyen d'une patente : nous nous sommes souvent récrié contre cette absurdité de nos lois fiscales, qui assimilent un artiste à une profession toute matérielle, et sur les graves inconvéniens qui en résultent (1) ; espérons qu'un jour notre législation sera changée à cet égard comme à tant d'autres sur lesquels les bons esprits réclament depuis long-tems.

Nous allons indiquer successivement quelles sont les connaissances que doit posséder un bon maçon : très peu sans doute (s'il y en a) les ont acquises, puisque nous ne parlons ici que des ouvriers ; c'est donc celui qui en réunira le plus et qui y joindra la plus longue pratique, que l'on devra considérer comme le meilleur ouvrier.

12. Les élémens de géométrie qui suivent et ceux qui font l'objet du Manuel de Géométrie qui fait partie de l'Encyclopédie-Roret, sont indispensables aux bons maçons et doivent faire partie de sa première éducation théorique ; parce que,

(1) Voyez Mémento des Architectes, Ingénieurs, etc., introduction. — Manuel d'Architecture, deuxième édition, tome 1, page 95. — Traité d'architecture théorique et pratique simplifié ; 1812. Théorie, page 9. Construction, page 44 et suiv.

dans le cours de ses travaux sur les chantiers, il trouvera souvent l'occasion d'en faire l'application sans recourir aux avis de ses camarades ou de son patron, ce qui lui attirera déjà dans l'atelier quelque considération vis à-vis des premiers et quelque faveur auprès du dernier.

CHAPITRE II.

MATÉRIAUX EMPLOYÉS PAR LES MAÇONS.

13. La connaissance des matériaux, leur choix et l'appréciation précise de leurs qualités et de leurs défectuosités, est une des sciences les plus importantes à acquérir pour l'ouvrier qui veut faire de bons travaux, et ne pas provoquer les justes reproches des propriétaires qui l'emploient; car lors même qu'il serait irréprochable sous le rapport de la main-d'œuvre, il ne serait pas excusable sous le prétexte que les matières dont il s'est servi n'étaient point convenables à l'usage auquel il les a fait servir; car c'était à lui à les choisir, de telle sorte qu'ils présentassent la ténacité et la dureté convenables.

§ I. DE LA PIERRE.

14. Quoique le maçon ou le *plâtrier* proprement dit, n'emploie pas la pierre, comme cet ouvrier peut devenir un jour *entrepreneur,* et qu'alors il aura besoin de la connaître, nous devons donner ici une analyse raisonnée de cette matière qui tient le premier rang dans l'art de la construction en général, et de la maçonnerie en particulier.

Le bon constructeur doit en effet apporter une attention scrupuleuse dans le choix de la pierre, afin de l'employer convenablement, soit en raison de sa densité, soit par rapport à ses autres qualités, afin de rejeter celle qu'il ne reconnaîtrait pas propre à braver l'effort du tems et de l'intempérie des saisons lorsqu'elle y est exposée : celles enfin qui ne seraient pas reconnues avoir assez de consistance pour supporter le poids dont elles doivent être chargées, qui s'égreneraient à l'air, ou qui s'éclateraient à la gelée, etc., et n'adopter que celles dont le grain est égal, que l'on peut tailler au marteau, qui ne sont ni trop tendres, ni trop réfractaires, et qui sont enfin de nature à résister aux incendies sans se fendre et s'éclater.

15. Les différentes roches calcaires employées le plus communément dans les édifices publics et les bâtimens particuliers, sont les grès, les granits, les pierres calcaires proprement dites et les laves. Nous ne parlerons dans ce chapitre que de la pierre calcaire, parce qu'elle est plus répandue dans la nature que les autres roches, et que c'est cette espèce qui est préférée partout : les autres n'étant employées au même usage qu'au défaut de celle-ci.

Les pierres calcaires se trouvent en bancs ou couches horizontales de diverses épaisseurs, dans une grande quantité de montagnes, dont elles forment la masse entière, à quelques pieds d'épaisseur dans le sol : on les reconnaît facilement par leur couleur blanche tirant sur le jaune, et parce que le caractère minéralogique qui leur est propre, est de faire effervescence avec l'eau forte et les autres acides, de se réduire en chaux par la calcination ; et enfin de se laisser atteindre et rayer par des instrumens en fer.

Ces couches ou bancs de pierre conservent dans la carrière un très grand développement toujours parallèle ; aussi, les extrait-on presque toujours de la hauteur de ce banc, de telle sorte que les blocs qui proviennent de la même exploitation et du même banc sont toujours d'égale hauteur, mais qui diffèrent de longueur et de largeur, d'autant que cette pierre est plus homogène dans toutes ses parties constituantes ; on coupe à cet effet la masse aux deux extrémités avec le pic, et à l'aide de coins frappés avec force, on sépare le bloc qui a les proportions demandées.

16. Une pierre est de haut appareil, si elle provient d'un banc épais, ou se nomme de bas appareil, si elle est tirée d'un banc mince ; l'appareil de la construction est réglé par conséquent d'après cette hauteur, car elles y sont placées par assises de la même manière qu'elles gisaient dans la carrière : ce qu'il faut bien distinguer lorsqu'on taille les lits de dessus et de dessous.

17. Il y a cependant quelques espèces de pierres qui peuvent être employées *en délit*, c'est-à-dire dans quelque position que ce soit, sans considérer leur lit de carrière ; on en fait des piédestaux, des fûts de colonnes d'un seul morceau, et autres ouvrages où on ne veut pas de joints. Selon un savant

ingénieur en chef des ponts et chaussées (M. Gauthey), ces espèces de calcaires sont susceptibles de porter un tiers de plus dans les sens opposés que dans celui de leur lit naturel. Elles sont rares, et par conséquent très recherchées; nous les indiquerons dans la nomenclature qui suit.

18. Presque toutes les contrées de la France possèdent des pierres calcaires propres à la construction, et l'on distingue parmi celles qui fournissent les carrières les plus abondantes, les départemens de la Seine, Seine-et-Oise, Yonne, de la Moselle, du Nord, de la Haute-Marne, de l'Oise, du Doubs, de la Côte-d'or, Vaucluse, Dordogne, du Lot, de la Meuse, du Calvados, du Gard et des Hautes-Pyrénées; mais elles diffèrent toutes de qualité, de couleur et de densité. Par exemple, les pierres de Besançon (Doubs) sont excessivement compactes, et sont susceptibles de recevoir un beau poli; celle de Tonnerre (Yonne) est très blanche, tendre et d'un grain fin, aussi est-elle réservée pour les ouvrages délicats et pour la sculpture; celle d'Avignon (Vaucluse) est d'un blanc tirant sur le roux, d'un grain excessivement fin, et peut servir aux mêmes usages; celles de Montpellier (Hérault) renferment des débris de coquillages qui semblent en composer la masse entière; celles du Gard sont de plusieurs sortes; celle que les anciens ont employée aux arènes est d'un blanc grisâtre, peu compacte, et peut être extraite par blocs énormes; celles qui forment le célèbre pont du Gard, sont remplies de fragmens de coquilles et de madrépores parfaitement distincts; celles du Temple de Diane et de la Maison-Carrée sont au contraire d'un grain très fin. A Orléans (Loiret) cette matière est analogue au Château-Landon. A Tours et à Chinon (Indre-et-Loire), elle est d'un grain fin et très serré, se taillant facilement et soutenant parfaitement les arêtes vives. A Rouen (Seine-Inférieure) les pierres d'appareil de Caumont et le liais de Vernon, sont remarquables par la beauté de leur contexture, à Caen (Calvados), il y a des pierres calcaires coquillées très belles et très blanches; aux environs de Bordeaux, les bords de la Garonne, du Lot, de la Dordogne, de la Vézère, offrent une grande quantité de bancs calcaires plus ou moins compactes. La ville de Marseille est entièrement construite en *pierres froides*, provenant des environs d'Aix, et des carrières d'Arles, de Saint-Leu, de Callisanne, etc. A Lyon, on tire de différentes carrières environnantes, si-

tuées à Villebois et sur le territoire du département de l'Ain, des pierres dites de *Choin*, qui sont d'un excellent usage, et la pierre de Seyssel, qui se fait remarquer par sa finesse et par sa blancheur ; on se sert aussi de la pierre Saint-Fortunat, coquillère veinée, qui est d'un gris plus ou moins foncé, que l'on emploie notamment pour les seuils, appuis, marches d'escalier, jambages, étrières, etc.; les pierres de Lucenay, de Couson, de Saint-Cyr, et enfin la pierre fine de Pomier, et les calcaires rouges de Tournus, dont les marbriers et les sculpteurs se servent pour faire des chambranles de cheminées, parce qu'elle reçoit un beau poli.

19. Le département de Seine-et-Oise offre aussi pour les constructions de son territoire et celles de la capitale, un grand nombre d'espèces de calcaires qui s'y transportent par terre ou par l'Oise et la Seine, parmi lesquelles on distingue celle de Saillancourt près Pontoise, dont on peut obtenir de très grands blocs, et qui ont été employées au parapet du pont de Neuilly; celles de Conflans, au confluent de la Seine et de l'Oise, très blanches et très fines, et qui ont fourni les deux blocs pesant chacun 53 milliers avant leur taille, et qui forment les angles du fronton du Panthéon : ces deux blocs, extraits du banc royal au-dessus duquel est un premier banc qui fournit une pierre un peu moins fine de grain et moins dure, dont les chapiteaux du même édifice sont formés ; la roche de Poissy, analogue à celle des environs de Paris, le liais de l'Ile-Adam près Pontoise, fin et blanc, et ayant jusqu'à 60 centimètres de banc ; enfin la roche de Saint-Non, près Versailles, dont le banc a 50 centimètres.

20. Le département l'Oise possède le beau liais de Senlis, de 30 à 40 centimètres de banc, plus le vergelé et le Saint-Leu, extrait des carrières du village de Saint-Leu, sur les bords de la rivière d'Oise : le vergelé est tendre et d'un gros grain, le Saint-Leu proprement dit est plus dur et de meilleure qualité : on emploie ces deux espèces de pierre à Paris.

Le département de Seine-et-Marne a aussi une espèce de pierre d'une couleur jaune isabelle, d'un grain fin et serré, qui peut recevoir un très beau poli, lui donnant l'apparence d'un marbre commun, mais qui est terrasseux : cette pierre est du reste d'une très grande solidité : elle est extraite des carrières de Château-Landon ; et quoique ces carrières soient situées à vingt-cinq lieues de la capitale, la bonne qualité de ce calcaire autant que la facilité d'en tirer de très beaux blocs de dimension indéterminée, et de les transporter par eau, la fait rechercher à Paris, et notamment pour les édifices du premier ordre : on peut le voir aux piédestaux du pont d'Iéna, aux bassins de la fontaine des Innocens et du château d'eau du boulevard Bondi, etc. C'est au pont de la ville de Nemours où cette pierre a été employée pour la première fois.

21. Il serait trop long de détailler dans un ouvrage élémentaire toutes les richesses minérales de chacun de nos départemens (1), les ouvriers intelligens et instruits de ces localités les connaissent ; il ne s'agit pour eux que de les soumettre à quelques épreuves d'écrasement et de température pour s'assurer de leurs qualités et de leur degré relatif de stabilité. Nous terminerons donc cette analyse succincte par la description des calcaires de la capitale, parce qu'ils offrent tous par leur diversité une sorte d'analogie avec tous ceux que l'on trouve ailleurs.

22. Le département de la Seine possède des carrières très abondantes, dont les calcaires se divisent en pierres tendres et en pierres dures dites libages ; pierres franches qui se débitent avec la scie à dents; roches et liais qui sont débités à la scie sans dents; dans les premières sont les lambourdes de Saint-Maur près Vincennes, dont le grain est grossier, qui est composé presqu'entièrement de coquilles brisées, dont la couleur est à peu près jaunâtre et dont on peut tirer de grands blocs, puisque les bancs sont très épais. On en tire aussi de meilleure qualité à Gentilly près Paris. Le Saint-Leu et le vergelet dont il vient d'être parlé ; le Conflans et une sorte de pierre dite *parmin*, provenant des carrières de l'Ile-Adam, sont compris dans cette première classe.

Les pierres franches proviennent des carrières exploitées à Mont-Rouge, Bagneux, Châtillon, Arcueil et autres extra-muros de la capitale; les constructeurs de Paris en tirent aussi une sorte dite banc franc, extraite des carrières de l'Ile-Adam, et une autre de l'abbaye du Val, du même pays.

Les roches sont aussi extraites des environs de Paris et des mêmes exploitations que ci-dessus; les maîtres maçons font aussi venir, lorsque l'architecte l'exige, des roches de Saillancourt, de Saint-Non, de l'Ile-Adam et de Château-Landon. On employait aussi, il y a quelques années, des roches de

---

(1) La table lithologique publiée il y a quelques années par M. Lesage, ingénieur en chef des ponts et chaussées, a sept cent quarante-cinq espèces de pierre calcaire, connues en Europe.

Sèvres, de la chaussée de Bougival et de Passy; mais une partie de ces carrières n'est plus exploitée, et d'autres fournissent seulement aux constructions locales.

On peut comprendre aussi dans les pierres franches un *banc franc* de 30 à 32 centimètres de hauteur, qui est de très bonne qualité, et qui, par sa densité, tient le milieu entre les roches et ces premières. Les premières assises du Panthéon français, à la hauteur du sol, ont été construites avec cette pierre qui se tire des carrières de Montrouge, de la plaine d'Ivry, de Vitry, de Charenton, de Bagneux, etc.

Les pierres dites de *roche* se distinguent par le grand nombre d'empreintes de coquillages dont elles sont pénétrées, et par la hauteur de leur banc; elles sont extrêmement dures et solides, et peuvent à la rigueur être posées en *délit*, c'est-à-dire en sens inverse de celui de leur lit de carrière, ce qui les rend propres à faire des fûts de colonne d'un seul morceau, tels que ceux de la cour du Louvre qui, ayant près de six mètres de hauteur, sont très bien conservés, quoiqu'ils soient placés extérieurement depuis plus de deux siècles (1). Les roches de Paris sont extraites de la plaine d'Arcueil et de Saint-Maur. Celles de meilleure qualité se tirent de la Butte-aux-Cailles près de Bièvre, de Châtillon et de Bagneux; elles portent généralement de 45 à 65 centimètres de hauteur de banc, excepté cependant une roche mince que l'on nomme *plaquette,* et qui n'a que 20 à 25 centimètres de hauteur. Il y en a aussi de très dures que l'on nomme roches *caillasses.* Toutes ces roches sont ordinairement employées en parpaings, en assises de retraite et en dallages.

On a employé aussi beaucoup autrefois, et notamment dans les édifices publics de l'ancien Paris, une espèce de roche fine et d'un grain égal, d'un bon appareil et ayant peu de débris coquillers. Cette roche très compacte, nommée *cliquart*, est maintenant épuisée; on en tire cependant encore quelques blocs des carrières de Montrouge et de Vaugirard, mais ils sont très rares.

Le liais est d'une nature très compacte et d'un grain fin et très égal; son banc est mince, on ne peut l'obtenir de plus de 27 à 30 centimètres de hauteur; mais la longueur des blocs est indéterminée; il est employé particulièrement pour de

---

(1) Ces colonnes sont extraites des carrières maintenant fermées, qui existaient à Saint-Cloud à cette époque.

grandes marches et paliers d'escalier d'apparat, tablettes de balustrades et d'acrotères, dallages et autres ouvrages analogues.

La pierre de liais provenant des carrières du département de la Seine, est de différentes espèces, savoir : le liais dur qui est le plus beau et celui que l'on préfère pour toutes ses qualités ; le liais ferrault ou faux liais, d'un grain plus gros et dont le banc est un peu plus épais, mais qui est épuisé maintenant ; et enfin le liais tendre dit *liais rose* qui se tire des carrières de Maisons et de Créteil (Seine-et-Oise), duquel on fait des carreaux et des chambranles de cheminée. Les carrières exploitées à l'Ile-Adam ont aussi une espèce de liais qui ne le cède en rien pour la finesse et la beauté à celui de Paris.

Enfin, les libages sont les morceaux inférieurs de roches et de pierre franche de toutes les exploitations, qui sont employés bruts dans les fondations des édifices publics et particuliers.

23. Les pierres d'appareil étant une des parties constituantes principales des édifices, on a dû les soumettre à des épreuves qui offrent dans leur emploi toute la sécurité désirable, et assurent aux constructions une longue durée. M. *Brard*, dans son savant *Traité de Minéralogie appliquée aux arts*, rend compte ainsi de celles de ces expériences qui sont des plus concluantes. « La solidité étant la principale propriété que l'on doit rechercher dans les pierres d'appareil, cette qualité a dû fixer l'attention des savans architectes de tous les tems : tout prouve en effet que les anciens ont apporté une attention scrupuleuse dans le choix des matériaux qu'ils ont employés, et que la distance n'était pas même un motif suffisant pour qu'ils rejetassent telle pierre qu'ils avaient reconnue propre à braver l'effort du tems et de l'air.

» *Perronet*, ami et contemporain de Buffon, possédait une collection lithologique composée de toutes les pierres propres aux grandes constructions ; chaque échantillon, de forme et de volume égaux, portait une étiquette où le poids en pied cube était exprimé. Ce savant ingénieur avait soumis toutes ces pierres à l'épreuve d'une machine destinée à faire connaître leur degré comparatif de dureté, et par conséquent la préférence que l'on doit accorder à quelques-unes d'entre elles pour la construction des édifices publics ; cette machine est composée d'un burin en forme de vilbrequin qui est chargé d'un poids toujours égal (18 livres). »

» Perronet déterminait la dureté de la pierre par le nombre

de tours qu'il était obligé de faire faire au forêt pour l'enfoncer d'une profondeur donnée. La dureté d'une pierre était donc en raison directe du nombre de ces tours. Cette expérience a été faite sur sept cent quarante-cinq espèces de pierres à bâtir, provenant en grande partie du sol de la France, et tous les résultats en ont été consignés dans un mémoire de M. le Sage, directeur de l'école des ponts-et-chaussées, acquéreur de la collection lithologique de Perronet; ce mémoire est accompagné de tables divisées en colonnes où l'on trouve le lieu précis d'où la pierre a été extraite, sa nature, son poids dans l'air, son poids dans l'eau, son poids à la sortie de l'eau, au pied cube, le nombre des tours du forêt, la profondeur du trou fait par lui, et enfin le degré relatif de dureté qui s'en déduit naturellement.

» Pour bien comprendre ce que Perronet entendait par le degré de dureté, il importe qu'on sache qu'il avait établi 120° comme terme idéal et représentatif d'une pierre qui, après avoir souffert deux cents tours de forêt, ne s'était laissé creuser que d'une ligne; (cette pierre était le grès blanc d'Orsay près Paris); or, pour exprimer en degré la dureté de toutes les pierres qu'il a soumises à cette épreuve, il faisait cette proportion : deux cents tours de forêt sont au nombre de tours de forêt divisé par le nombre de l'enfoncement, comme 120° terme idéal est à x degré cherché.

» Ainsi, on veut savoir le degré de dureté d'une pierre qui s'est laissée pénétrer de cinq lignes par trois cents tours de forêt,

$$200 : \frac{300}{5} :: 120° : x, \text{ ou } 200 : 60 :: 120° \; x = 36. \text{ »}$$

« MM. Gauthey et Rondelet ont été, suivant moi, plus sûrement au but en cherchant quel était le poids que les différentes espèces de pierre sont susceptibles de supporter avant de s'écraser : ce dernier en a éprouvé deux cents espèces, dont il avait fait tailler des cubes de vingt-cinq centimètres de base, et il est résulté de ces nombreuses épreuves, que ce sont les pierres les plus compactes, dont le grain est le plus fin, et dont la couleur est la plus foncée, qui résistent le plus, abstraction de leur pesanteur spécifique.

» Ainsi, parmi les pierres calcaires, il a trouvé que,

Le marbre noir de Flandre supporte........ 19,719 kil.
Le choin antique de Fay, près Lyon......... 15,548
Le beau liais de Paris. 11,113
Le marbre blanc statuaire. 8,176

Le travertin de Rome. 7,449
La pierre de l'Ile-Adam. 4,022
La lambourde de Gentilly . . - 1,612

» M. Gauthey, ingénieur des ponts-et-chaussées, a fait dans le tems des épreuves semblables, qui le conduisirent à faire remarquer que les colonnes gothiques les plus élevées sont loin de supporter le poids dont elles pourraient être chargées avant de s'écraser ; il cite à cet égard et comme preuve à l'appui, celles de l'église de Toussaint d'Angers, qui sont ce que l'on connait de plus hardi en ce genre, et qui ne supportent que les trois huitièmes de ce que pourrait soutenir la pierre tendre de Givry.

» A ces épreuves qui sont du plus grand intérêt, Rondelet ajoute encore celles qui furent faites par lui à l'occasion du carrelage du grand péristile du Panthéon français, dont il était devenu l'architecte.

» Il s'agissait de savoir avant de se déterminer à faire exécuter ce carrelage tel qu'il est aujourd'hui en granit des Vosges, quel serait le rapport de sa durée avec celui d'un carrelage fait en marbre blanc veiné, et en marbre bleu turquin qui aurait été beaucoup moins coûteux ; à cet effet, l'on fit frotter des carreaux de ces granits et de ces marbres sur des grès parfaitement semblables, chargés du même poids et mus avec la même vitesse, il en est résulté qu'après un frottement continu de trois heures.

Le marbre blanc s'était usé de. . . . . 7 lignes $\frac{5}{15}$
Le bleu turquin de. 6 $\frac{7}{15}$
Le granit gris de. . . . . 1 $\frac{7}{15}$
Le granit feuille-morte de. 1
Le granit vert de. . . . . o $\frac{14}{15}$

D'où l'on a conclu qu'un pavé de granit des Vosges doit durer au moins sept fois autant qu'un pavé de marbre : il est vrai qu'il résulte encore de l'expérience de M. Rondelet, que le granit est dix fois plus dur à scier que le marbre blanc, et par conséquent d'un prix excessif ; mais ce qui peut effrayer un particulier, doit-il jamais arrêter une grande nation comme la nôtre, dont les monumens doivent attester à la postérité la plus reculée le haut degré de sa gloire, de son génie et de ses institutions.

» Ainsi, dit plus loin l'auteur que nous citons, il faudra toujours rejeter les pierres qui absorbent beaucoup d'eau et

qui augmentent de poids après y avoir séjourné quelques instans; il faut se méfier de celles qui sont très micacées, de celles
qui sont feuilletées, de celles qui sont grenues, etc. Enfin, il
arrive souvent qu'un banc de pierre est mou ou altéré au
jour, et qu'il devient très dur et très solide à quelques pieds
sous terre, mais quel que soit ce changement, quelle que soit
sa tenacité ou sa mollesse à l'intérieur, il faut toujours consulter la partie qui est exposée depuis des siècles aux injures de l'air, parce que c'est l'indication la plus certaine de
la manière dont la pierre se comportera lorsqu'elle sera employée et exposée à son tour à l'influence de la pluie, du soleil
et de la gelée.

Nous ajouterons à ces expériences décisives, qu'il faut toujours que les pierres que l'on veut employer soient assez dures
pour soutenir le choc du marteau, et pour former des arêtes
vives, et qu'on doit rejeter pour les constructions importantes
celles qui ont des moies plus tendres, et les fils ou parties tendres
qui séparent le bloc tant dans le sens vertical que dans le sens
horizontal.

24. Nous extrairons dans le courant de ce Manuel quelques
passages de la *Minéralogie appliquée aux arts* : ouvrage rempli
d'observations savantes, qui sont le fruit de l'expérience de
son auteur, et qui sera d'une grande utilité pour la construction en général et pour les maçons en particulier.

« Les différentes espèces de calcaires, dit-il, se rencontrent
toujours en bancs ou en couches parallèles d'une épaisseur
variable ; la même carrière présente ordinairement plusieurs
de ces assises superposées, et l'on remarque qu'elles ont pour
l'ordinaire des caractères, des couleurs ou des contextures
différentes ; souvent même il n'y a qu'un seul banc qui soit
susceptible de fournir de belles masses, les autres étant ou
trop minces, ou trop faiblement agrégées, ou traversées d'une
infinité de fissures qui les divisent en blocailles ou en moellons.

» Comme ces différentes couches ne sont point liées les
unes avec les autres, qu'elles se séparent au contraire avec facilité, et qu'elles conservent leur parallélisme sur un assez
grand développement, on conçoit que lorsqu'on est parvenu
à découvrir le banc qu'on veut exploiter, il devient aisé
d'en extraire des blocs d'une épaisseur toujours égale, et
dont les dimensions sont d'autant plus étendues en longueur
et en largeur, que la pierre est plus homogène et plus adhé-

rente dans ses parties constituantes. On arrive, à l'aide du pic, des coins et des leviers, à détacher les blocs de la couche ; et si l'on a bien préparé la masse, qu'elle soit coupée à ses deux extrémités, et parfaitement découverte en dessus, elle se détache facilement sans se briser : on parvient à opérer cette séparation en traçant sur le derrière du banc, et le plus près possible de la montagne, une rainure profonde dans laquelle on insère des coins doublés de tôle, et sur lesquels on frappe alternativement, en allant et revenant d'un bout à l'autre de la rangée.

» On dit qu'une pierre est de bas et de haut appareil, suivant qu'elle provient d'un banc mince ou d'un banc épais, parce qu'étant dans l'usage de placer les pierres sur les assises d'un bâtiment, de la même manière qu'elles gisaient dans la carrière, on conçoit parfaitement que l'épaisseur du banc entraîne celle de l'appareil. Il y a cependant des calcaires compactes qui peuvent s'employer indistinctement dans quelque position que ce soit, et ils sont très recherchés pour les chambranles des portes, les pieds-droits des fenêtres, les fûts de colonnes, etc.

» Au moment où les pierres sortent de leur carrière, elles sont généralement plus tendres que lorsqu'elles ont séjourné quelques années en plein air ; aussi profite-t-on de ces premiers momens pour les piquer jusqu'au vif et les débourrer ; ce moindre degré de dureté tient à l'humidité dont les pierres sont pénétrées, et qu'elles n'abandonnent complètement qu'à la longue. Or, c'est pour cette raison qu'on évite d'employer les pierres calcaires, avant qu'elles aient perdu leur eau de carrière : sans cette précaution, la gelée les fait éclater ; aussi a-t-on soin, dans les chantiers de Paris, de couvrir les pierres en hiver avec de la paille et des recoupes.

» La dureté des pierres calcaires varie depuis celles qui se laissent couper avec la scie dentée, jusqu'à celles qui exigent le secours du sable et de l'eau. On remarque que, dans les mêmes espèces, ce sont toujours celles qui ont la couleur la plus foncée qui sont les plus dures ; cette observation est appuyée des expériences directes de Rondelet et de Lesage. Une pierre qui résonne sous le choc du marteau, est toujours saine et d'un grain homogène, tandis que celles qui forment des flaches ou fentes intérieures, ne rendent qu'un son très sourd ; enfin, celles qui absorbent l'eau avec une sorte d'avidité, ne doivent point être employées aux travaux extérieurs, parce qu'on peut être sûr qu'elles s'écailleront par la gelée: on doit donc les réserver pour les fondations et les constructions intérieures.

» La plupart des pierres calcaires renferment des coquilles fossiles en nature, ou simplement leurs moules ou leurs empreintes; plusieurs même en sont uniquement composées, et jouissent cependant d'une telle cohésion, qu'elles ont été employées avec succès dans la construction de plusieurs édifices importans. Les pierres de Paris sont toutes plus ou moins coquillères, et c'est au nombre infini des petites cavités dont elles sont criblées, qu'elles doivent le défaut de noircir promptement à l'air. »

§ II. DU MOELLON.

25. Le moellon est formé des éclats de pierre et de rebuts des blocs: on extrait aussi des moellons des carrières dont les lits ou la qualité ne présentent pas assez d'avantage à les tirer en pierres d'appareil; aussi, toutes les carrières de pierre fournissent également du moellon qui se vendait anciennement à la toise cube, composée d'un entoisé de 4 mètres environ, ou 12 pieds 6 pouces de longueur, sur 2 mètres ou 6 pieds 3 pouces de largeur et 1 mètre 06 centimètres ou 3 pieds 3 pouces de hauteur; ce qui produisait en cube effectif 254 pi., au lieu de 216 pi. seulement que contenait la toise cubique: cet usage était établi de tems immémorial, pour compenser en faveur de l'entrepreneur le déchet qu'éprouve nécessairement cette matière lors de l'ébousinage pour préparer les lits: il en résultait qu'une toise cube du marchand carrier à ces dimensions, produisait une toise cube en œuvre; aussi, n'accordait-on point de déchet lorsqu'on faisait des détails pour établir le prix des murs en moellon.

On distingue deux sortes de moellons, le tendre et le dur: le premier provient des bancs intermédiaires dans les carrières d'où sont extraites les pierres dures, et particulièrement les roches; on en tire aussi aux environs de Paris des exploitations ouvertes à Nanterre. Ce dernier est employé notamment à la construction des fosses d'aisance.

Le moellon dur provient des carrières situées dans les plaines d'Arcueil, Mont-Rouge, etc.; il en vient aussi de Vaugirard, mais d'une qualité inférieure. Ces derniers sont

employés à la construction des murs en fondation et en élévation.

§ III. DE LA MEULIÈRE.

26. Les concrétions vitreuses, que l'on nomme *meulières*,
sont de diverses qualités ; les unes très poreuses et plus faciles
à tailler que les autres, sont propres à former des rochers
artificiels servant à l'ornement des jardins dits anglais, parce
que leurs nombreuses cavités et leur belle couleur jaune rougeâtre les rendent très pittoresques ; les autres, plus dures et
participant du silex, et que l'on nomme *caillasses* ou *meulières silex* sont très propres aux constructions importantes ;
telles que canaux, culées de ponts, murs de soutenement, de
quais et de terrasse, môles, jetées de ports et autres de
cette nature, parce que cette matière est indestructible : elles
sont très communes, et il s'en trouve dans toutes les contrées
de France ; elles sont souvent à fleur du sol et dans les bancs
sablonneux qui reposent presque toujours sur un banc de
glaise, à quelques mètres de profondeur. On les tire par morceaux d'inégale grandeur, que l'on est obligé de diviser avec
des masses pour la facilité de l'extraction, ou que l'on réserve
entiers pour l'ornement des jardins pittoresques.

27. On emploie aussi pour les constructions, des galets que
l'on dispose par rangs horizontaux, et que l'on mêle souvent
avec des briques ; mais ces sortes de maçonneries étant plutôt
locales que générales, nous ne saurions en parler sans sortir du cadre de notre ouvrage, qui tend plutôt à indiquer
aux maçons-plâtriers les notions théoriques qu'ils ne peuvent
ignorer sans inconvénient pour eux, qu'une connaissance pratique que l'on acquiert facilement par l'habitude.

§ IV. DE LA CHAUX, DU SABLE, DES MORTIERS ET CIMENS.

28. « Toutes les pierres calcaires, dit M. Brard, dans sa
Minéralogie, sont susceptibles de se convertir en chaux vive par
la calcination ; toutes font une effervescence plus ou moins
subite quand on en jette un fragment dans l'acide nitrique
(eau forte) ; et une pointe de fer suffit ordinairement pour
les *rayonner* profondément. Ces caractères sont les seuls qui
appartiennent indistinctement à toutes les variétés de ces
pierres, dont la couleur, l'aspect, la cassure, la consistance
et le degré de pureté sont excessivement variés. »

La propriété dont ces pierres jouissent généralement, de servir de base à tous les mortiers, bétons et cimens propres à toutes sortes de constructions, est d'une ressource extrêmement précieuse dans tous les cas, en ce qu'elle leur assure une très longue durée; aussi ne peut-elle se remplacer par aucune autre matière; mais tous les calcaires ne produisent pas également de bonne chaux, sa qualité dépend donc du choix de la pierre d'abord, et ensuite des soins que l'on apporte à sa calcination.

Les entrepreneurs de maçonnerie recherchent, dans leur intérêt, la chaux qui, absorbant beaucoup d'eau lors de son extinction, doublera de volume par cette opération, et qui pourra contenir la plus forte dose de sable ou de ciment, sans devenir trop maigre, parce qu'alors, si elle n'est pas la meilleure, elle est la plus économique pour eux; mais, pour les constructeurs probes et jaloux de la perfection de leurs travaux, la bonne chaux est celle qui prend corps très promptement avec ces matières secondaires, qui fera durcir le mortier peu de tems après son emploi, et celle enfin qui durcit promptement dans les lieux humides et même dans l'eau.

Il y a trois sortes de chaux de construction; savoir : la chaux grasse ou commune, la chaux maigre, et enfin, la chaux hydraulique; l'auteur que nous avons déjà cité, explique ainsi leurs différentes qualités.

29 « La chaux grasse ne durcit jamais sous l'eau, lorsqu'on l'y place seule, augmente considérablement de masse par l'extinction, absorbe jusqu'à deux fois et demi son volume d'eau, et s'offre ordinairement sous la couleur du blanc le plus pur; c'est elle qui foisonne le plus, qui supporte la plus grande quantité de sable, et qui est par conséquent la plus économique : il faut bien l'employer dans la maçonnerie ordinaire, puisqu'il y a beaucoup de contrées qui n'en ont pas d'autre; mais elle doit être absolument rejetée de tous les travaux souterrains, des fondations, et surtout des travaux hydrauliques; telles sont les chaux de Senlis, Melun, Essonne, Champigny, Marly, Sèvres, Meudon, etc., que l'on emploie ordinairement à Paris.

30. On distingue la chaux hydraulique, par sa faculté de se durcir dans l'eau sans l'addition d'aucun mélange; sa couleur est fauve, verdâtre ou grisâtre; cette chaux est la meil-

leure de toutes ; elle compose les mortiers les plus solides et les plus durables , et c'est aussi la seule que MM. les ingénieurs permettent d'employer dans leurs travaux de maçonnerie submergée : enfin , il y a une chaux maigre qui forme le terme moyen entre les deux précédentes , qui augmente peu de volume lors de son extinction , qui supporte peu de sable , et produit un mortier qui durcit très promptement à l'air , et qui finit par prendre quelque consistance dans les endroits humides. Telle est la chaux de Senonches , département d'Eure-et-Loire.

31. On ne peut , à la simple inspection des pierres calcaires, juger quelles sont celles qui produiront de meilleure chaux ; il est donc indispensable de faire des essais pour les reconnaître ; mais ces essais sont faciles et concluans : on ne doit donc pas hésiter d'y procéder pour s'en procurer.

Il ne s'agit que de faire cuire un fragment de la pierre que l'on veut éprouver, dans un feu de forge, et de la jeter ensuite dans un petit vase rempli d'eau pure ; on reconnaîtra si la chaux que ce fragment a produit absorbe peu ou beaucoup d'eau, si, après quelques jours d'immersion, l'espèce de bouillie qu'elle a formée résiste ou cède à la pression du doigt , si sa couleur est d'un blanc pur, et enfin si cette chaux est grasse, hydraulique ou maigre, et par conséquent à quel usage elle est propre. M. Brard considère cette épreuve comme la meilleure de toutes les analyses, parce qu'elle ne laisse aucun doute sur ce qui intéresse les gens de l'art et les propriétaires éclairés, et qu'elle est d'ailleurs à la portée de tout le monde.

L'incontestable utilité des chaux et le désir de rendre les plus communes susceptibles de durcir sous l'eau, a donné naissance à des recherches du plus grand intérêt dont ce savant minéralogiste rend compte. On savait depuis long-tems que l'argile cuite formait, avec la chaux maigre, un mélange qui prenait corps dans les lieux couverts d'eau : ces mortiers particuliers, connus sous les noms de *béton* ou de *ciment,* ne suggérèrent cependant pas l'idée d'opérer cette réunion dans la chaux même ; nos plus habiles chimistes attribuèrent cette propriété dont jouissent naturellement certaines chaux , à quelque portion de fer, de silice et de manganèse ; on fut même jusqu'à prescrire une addition d'argile grise pour composer une chaux hydraulique artificielle, mais soit que l'on ait eu recours à des manipulations trop dispendieuses , ou qu'on ait manqué le point essentiel, aucun n'avait atteint le but, lorsque M. Vicat, ingénieur en chef des ponts-et-chaussées, guidé par ces tentatives, éclairé par les progrès de la chimie et par les découvertes récentes faites sur les terres que l'on classe aujourd'hui parmi les oxides métalliques, parvint enfin à trouver un moyen infaillible d'amener les chaux les plus grasses et les plus communes à l'état de chaux hydraulique, et c'est un service immense rendu à l'art des constructions en général et à celles submergées en particulier.

32. Les pierres à chaux qui produisent les chaux maigres ou hydrauliques, mises en dissolution dans les acides, ne se dissolvant pas en entier et laissant au fond du vase un résidu boueux, composé d'argile et de silice très distinct et divisé, cette observation a suggéré à M. Vicat de composer artificiel·lement des chaux hydrauliques par les élémens dont la nature les composait elle-même.

Le procédé indiqué par ce laborieux ingénieur consiste à laisser se réduire spontanément en poudre fine, dans un endroit sec et couvert, la chaux que l'on veut modifier, à la pé-trir ensuite à l'aide d'un peu d'eau avec une certaine quantité d'argile grise ou brune, ou simplement avec de la terre à bri-que, et à tirer de cette pâte des boules qu'on laisse sécher pour les faire cuire ensuite à un degré convenable.

On conçoit qu'étant maître des proportions, on l'est également de donner à la chaux factice le degré d'énergie que l'on désire, et d'égaler ou de surpasser à volonté les meilleures chaux naturelles. Ces proportions d'argile qu'il convient d'a-jouter aux différentes chaux, varient en raison des qualités mêmes de ces chaux; ainsi, selon M. Vicat, les chaux com-munes très grasses peuvent comporter vingt pour cent d'ar-gile; les chaux moyennes, dites chaux maigres, en ont assez de quinze; dix et même six suffisent pour celles qui ont déjà quelques qualités hydrauliques, et il est bien important de faire ce mélange d'une manière convenable, car lorsqu'on met trop d'argile, la chaux qu'on obtient à la seconde cuite ne fuse plus, mais elle se réduit en poussière avec facilité, et donne, lorsqu'on la détrempe, une pâte qui prend corps sous l'eau très promptement.

« Il ne faut pas croire, ajoute M. Vicat, que l'argile cuite à part, et ajoutée à la chaux commune dans les proportions que nous venons d'indiquer, puisse donner les mêmes résultats que lorsque ces deux substances sont mêlées avant la cuisson. Le feu modifie les uns par les autres les principes qui constituent ce mélange, et donne naissance à un nouveau composé qui jouit de nouvelles propriétés. »

Il est bon de faire observer qu'en achetant cette chaux, on la reconnaîtra à la couleur, car celle cuite avec l'argile, ainsi que l'indique M. Vicat, est verdâtre, et celle qui est mélaugée avec de l'argile cuite à part est d'un rose pâle; il faut donc rejeter cette dernière pour les travaux qui exigent une longue durée.

33. Les sables qui se mêlent avec la chaux pour en faire du bon mortier, sont de trois espèces, savoir : celui provenant des plaines ou des carrières. Il est souvent mêlé de terre; moins il a de ce mélange plus il est bon; pour le reconnaître il faut jeter de ce sable dans l'eau et le bien remuer, si l'eau reste limpide, le sable est pur et très bon dans l'emploi; si au contraire l'eau devient épaisse et bourbeuse, c'est un signe qui annonce la présence d'une quantité plus ou moins considérable de terre qui détruit sa qualité : le bon sable pressé et roulé dans les mains doit crier et ne rien laisser dans les doigts après la pression; s'il est trop rempli de gravier, on le passe à la claie.

La seconde espèce est le sable de ravines, qui est entraîné des montagnes dans les vallées et dans les ravins par les eaux pluviales; ce sable dégagé de la terre dont il était mêlé, est très bon pour les mortiers et pour les gros ouvrages.

La troisième espèce est le sable de rivière, que l'on tire de tous les fleuves et de toutes les rivières qui traversent et sillonnent le sol de la France; c'est ce dernier qui est préférable pour la composition des mortiers.

On extrait aussi du sein de la terre des sablons, ou sables fins et maigres, qui absorbent une quantité considérable de chaux, mais ils n'en sont pas meilleurs : les sables de cette espèce, gris ou noirs, qui doivent cette couleur aux portions ferrugineuses qu'ils contiennent, sont préférables aux autres. (Voy. le Memento des Architectes, tom. Ier, 1re partie.)

34. Lorsqu'on veut faire du mortier de ciment, on mêle la chaux avec des débris de tuiles, carreaux, briques, gazettes des fabriques de porcelaine et de faïence, poteries et cornues de distillation; il s'en fait de plusieurs qualités; les moindres qui n'ont aucun avantage sur du bon sable, se composent des

restes de tuiles, briques et carreaux des environs de Paris ou équivalens, et avec toutes sortes de poterie cassée, d'argile inférieure et mal cuite ; la seconde qualité provient des briques et tuiles de Bourgogne et des gazettes de fabrique : elle est nommée pure tuile de Bourgogne, et est préférable aux premières. (Memento, Iʳᵉ partie.)

Encore bien que la dose ordinaire des sables ou cimens à mêler avec la chaux éteinte, soit comme deux à une, c'est-à-dire qu'il faut un tiers de chaux avec deux tiers de ces matières ; il est impossible d'indiquer d'une manière générale la quantité nécessaire relative de ces deux principes constituans, parce que ces quantités doivent varier en raison de la qualité de la chaux, de leur mode d'extinction, ainsi que de la nature et de la grosseur du sable et des cimens.

35. On se sert aussi pour former des mortiers et cimens, de pouzzolanes, substances minérales qui ont été soumises à l'action du feu, telles que les poudres et graviers provenant des volcans. Les pouzzolanes naturelles se trouvent aux environs du Vésuve, près de Naples, et dans presque toutes les contrées de l'Italie ; en France, sur le territoire des anciennes provinces du Vivarais, du Languedoc, de l'Auvergne ; en Prusse et en Hollande. Ces pouzzolanes demandent à être pulvérisées plus ou moins fin, selon qu'on en veut faire du ciment ou du béton.

On a vu plus haut que les mortiers hydrauliques sont ceux qui durcissent dans l'eau en plus ou moins de tems ; que certaines pierres calcaires produisent une chaux qui jouit de cette propriété sans aucune addition des matières étrangères, et que l'on est parvenu à la procurer aux chaux les plus communes ; or, les mortiers hydrauliques se composent d'un mélange de cette chaux hydraulique avec du sable et de la pouzzolane, ou encore de chaux et sable seulement, et enfin de pouzzolane avec la chaux. Ces mortiers prennent le nom de béton si l'on introduit en les coulant, des cailloux ou des recoupes d'un assez fort volume qui en augmentent la masse et qui s'opposent au retrait ; on les nomme *mortiers* quand le sable ou la pouzzolane ont été passés au tamis et qu'ils présentent l'aspect d'une pâte homogène avec laquelle on fait des chappes de voûtes, des citernes, des terrasses, des conduits d'eau, des revêtemens intérieurs de fosses d'aisance, et enfin tous les ouvrages qui doivent recevoir, conduire ou conserver les eaux.

Quoiqu'on ne puisse prescrire bien positivement le dosage de chacune des matières qui forment les mortiers, bétons et cimens, Vitruve a indiqué les proportions suivantes, qui sont suivies en Italie et dans quelques ports de France, savoir :

Pouzzolane...................	12 parties.
Sable quarzeux lavé............	6
Blocailles, recoupes ou pierres poreuses et argileuses............	6
Chaux....................	9

Un ingénieur nommé Loriot, qui a cru avoir découvert la composition des anciens mortiers des Romains, a imaginé en 1775, un mortier composé comme il suit :

Sable siliceux................	3 parties.
Briques pilées................	3
Chaux fondue.................	2
Chaux vive	2

Enfin l'ingénieur du beau fanal d'Eydiston donne le mélange suivant :

Pouzzolane trass. (qui se tire d'Andernach près Coblentz)........	1 partie.
Sable pur....................	3
Chaux maigre................	2

37. Il y a encore une grande quantité de cimens minéraux, tels que le mastic de Corbel qui a pour base de la tuile pulvérisée de Bourgogne, et le mastic de Dilh, fait avec des fragmens pilés de gazettes provenant des fabriques de porcelaine, lesquels sont employés pour les joints des dallages ou des assises en pierre; le mastic des fontainiers; le ciment romain, celui de Pouilly, etc. Ces différentes matières se vendent toutes préparées pour l'emploi; il serait inutile d'en indiquer ici la composition.

§ V. DU PLATRE.

38. Les gypses tendres ou pierres à plâtre sont faciles à reconnaître en en jetant quelques fragmens sur un feu ardent, parce qu'ils y deviennent bientôt d'un blanc mat et se résolvent en une poussière qui s'écrase facilement sous les doigts, et qui sont une variété de la chaux sulfatée; ils se présentent à l'état naturel sous l'aspect et la couleur d'un gris jaunâtre, ou sont divisés en lames minces, ondoyées et nacrées, ce que les enfans appellent *pierre à Jésus*. Leur forme est grenue et

compacte. Ces deux premières sortes se trouvent abondamment dans la nature, et on les emploie le plus communément dans les travaux de construction. Il en est une troisième qui présente des masses feuilletées et faciles à diviser en lames minces, luisantes et nacrées ; cette dernière convient plus particulièrement pour les ouvrages de sculpture, pour les figures coulées, et enfin pour les ornemens en relief.

Lorsque le sulfate calcaire est pur, le plâtre qu'il produit est doux au toucher et luisant ; mais dans cet état il n'est pas susceptible d'acquérir la dureté nécessaire aux gros ouvrages de bâtimens. Les deux premières qualités, ordinairement mêlées de sable, d'argile ou de certaine proportion de terre calcaire, et qui font une légère effervescence dans les acides, produisent au contraire un plâtre excellent pour la bâtisse, parce qu'il participe de quelques propriétés de la chaux qu'il contient.

39. Cette matière est très abondante dans quelques contrées de la France. Les environs de Paris, Montmartre, Belleville, Charonne, Ménilmontant, le Calvaire, en recèlent d'immenses carrières ; il s'en exploite dans les départemens de Saône-et-Loire, du Rhône, de la Marne, de Seine-et-Oise, des Landes, dans les Alpes et les Basses-Pyrénées, aux environs de Marseille, de Grenoble, et dans quelques autres parties de l'Europe, telles que la Suisse, la Toscane, la Savoie, l'Espagne, l'Angleterre ; plusieurs provinces d'Allemagne en renferment aussi de grands dépôts plus ou moins purs, que l'on emploie pour engrais, pour l'amendement des terres et notamment des prairies artificielles.

La chaux sulfatée pure est dissoluble dans cinq cents fois son poids d'eau, et contient, d'après l'analyse de Fourcroy, 32 parties de chaux, 46 parties d'acide sulfurique et 22 parties d'eau, total 100 : ainsi la pierre à plâtre dont la décomposition se rapproche le plus de ces proportions est la meilleure.

40. Pour reconnaître la qualité de la pierre à plâtre, on met dans un vase de verre ou de terre vernissée, une certaine quantité de cette pierre pulvérisée ; ensuite on verse par dessus une demi-partie d'acide nitrique étendu d'environ trois fois son poids d'eau ; on laisse reposer, et après quelques heures, on décante le liquide en inclinant doucement le vase : on lave-

ensuite le dépôt avec de l'eau pure, en laissant reposer chaque fois avant de répéter l'opération de la décantation : on goûte alors l'eau de lavage sur la langue, et lorsquelle n'est plus acidulée, on étend le dépôt sur une feuille de papier, et on laisse bien sécher : l'ayant pesé alors, la différence de poids qu'il a éprouvée, est exactement la quantité de carbonate calcaire qui est contenue dans la pierre soumise à l'épreuve.

41. L'exploitation de la pierre à plâtre se fait presque toujours à ciel ouvert, et la séparation des blocs s'opère au moyen de coins de fer et de bois, du pic à roches et du levier : on emploie aussi la poudre pour détacher les plus gros blocs, qui sont réduits ensuite en morceaux faciles à transporter, soit sur des bateaux pour être envoyés à de grandes distances, soit sur des voitures pour porter aux fours établis dans le voisinage.

Ces fours se composent ordinairement de trois murs construits en retour d'équerre, et recevant un comble à deux égouts dont les tuiles sont posées à claire-voie pour laisser échapper la fumée : sous cette espèce de hangar, qui reste entièrement ouvert sur le devant, on construit à sec un rang de trois ou quatre petites voûtes formées des plus gros morceaux de pierre à plâtre, et on remplit les reins au fur et à mesure, afin de les maintenir. Ensuite on pose sur l'extrados de ces voûtes factices plusieurs pieds de hauteur de la pierre destinée à la cuisson : on garnit de fagots, de bourrées et de bois fendu l'intérieur de ces voûtes, et on y met le feu que l'on entretient d'une ardeur égale jusqu'à la fin de la cuisson. La flamme passant à travers les vides qui existent entre les pierres, s'élève graduellement jusqu'en haut de la masse, et distribue également la chaleur dans toutes les parties : la durée de cette cuisson est subordonnée à la quantité de pierres que l'on veut cuire à la fois.

Il ne faut qu'un peu d'habitude pour connaître le point où il faut arrêter le feu ; au-delà on risquerait de donner une demi-vitrification qui le rendrait impropre à faire corps avec l'eau, parce qu'il n'aurait plus aucune affinité avec ce liquide. Le degré précis de cuisson est donc très important à saisir, puisque la bonne qualité du plâtre dépend absolument du soin qu'on apporte à cette opération, car en deçà et au delà on n'obtient qu'un plâtre très inférieur : s'il n'est point assez cuit, il n'absorbe l'eau que très imparfaitement, s'il l'est trop il devient maigre et s'égrène, au lieu de former un corps solide en séchant. On comprend cet effet en se rappelant que le changement qu'éprouve le gypse par la cuisson, tient à l'évaporation complète de l'eau dont il est en partie composé, et qui n'a rien de commun avec l'humidité sensible de l'atmosphère, et qu'alors la seule différence qui existe entre ce gypse dans son état naturel, et le plâtre ou gypse cuit, c'est que le premier contient vingt-deux pour cent d'eau, comme on vient de le voir plus haut d'après l'analyse citée de Fourcroy, et que le second n'en contient plus lorsqu'il est parfaitement cuit.

42. Lorsque le plâtre est cuit, il est réduit en petits morceaux, et en poudre, soit sous la batte du manœuvre ou garçon maçon pour être employé aussitôt, soit par des moulins pour être répandu comme engrais sur les terres de grande culture : dans cet état pulvérulent, il absorbe l'humidité atmosphérique avec une grande avidité : aussi lorsqu'on se propose de le conserver, il faut apporter les plus grandes précautions pour le préserver du contact de l'air, parce qu'alors il absorberait peu à peu toutes les parties humides dont il pourrait s'emparer, et qu'il s'éventerait; et dans cet état il n'est plus bon à rien, à moins qu'on ne le recuise de nouveau, encore ne retrouverait-il jamais sa qualité primitive dans toute sa perfection : c'est par cette raison que le plâtre employé dans les endroits humides se désagrège très promptement, et se détache des surfaces sur lesquelles il est étendu.

43. Voici ce qu'on lit dans la Minéralogie appliquée, relativement à l'extraction de cette matière si utile pour la construction : « L'exploitation du gypse se fait ordinairement à ciel ouvert, et au moyen de la poudre, des coins, du pic à roche et des leviers; quelques plâtrières sont cependant souterraines, et entre autres celle d'Aix en Provence. Le gypse détaché en gros blocs est réduit en morceaux peu volumineux avec des masses de fer, et transporté sous des hangards voisins qui sont partagés en cases composées de trois murs, ou disposées en fer à cheval. C'est dans ces espaces que l'on range les plus gros quartiers, de manière à en former de petits couloirs voûtés, sur lesquels on place le reste de la pierre à cuire, et qu'on recouvre enfin avec celle qui a été réduite en très petits fragmens. Le bois fendu, les fagots ou les bourrées se jettent dans les petits couloirs qui ont été formés sur le sol

avec la pierre même. La chaleur s'élève graduellement de bas en haut ; la flamme passe à travers les vides nombreux qui existent entre les pierres, et finit même par se faire jour à la partie supérieure du tas. La houille peut aussi très bien servir à cuire le plâtre ; mais comme il importe qu'il conserve sa belle couleur blanche pour l'usage de la bâtisse, on est forcé d'avoir recours à des fourneaux particuliers où le combustible brûle dans une chauffe séparée dont la chaleur est réverbérée sur le gypse. Les fours côniques semblables à ceux où l'on cuit la pierre à chaux, et où la houille est mêlée avec le gypse, ne sont employés que pour obtenir le plâtre d'amendement.

» La durée de la cuisson dépend, en grande partie, de la quantité de pierre qu'on cuit à la fois ; l'habitude indique assez le point où il faut arrêter le feu, et ce moment est important à saisir, car la qualité du plâtre tient pour beaucoup à ce degré précis, en-deçà et au-delà duquel on n'obtient qu'un plâtre très inférieur. S'il n'est point assez cuit, il n'absorbe l'eau qu'imparfaitement ; s'il l'est trop, il la refuse aussi, parce qu'il est en partie vitrifié, qu'il est devenu maigre, qu'il ne colle plus aux doigts quand on le gâche, et qu'il a perdu son *amour*, en terme de l'art.

» Le changement qu'éprouve le gypse par la cuisson, tient à l'évaporation complète de l'eau dont il est en partie composé, et qui n'a rien de commun avec l'humidité sensible. On a vu ci-dessus qu'il en renferme près du quart de son poids ; or la seule différence qui existe entre le gypse cru et le gypse cuit ou le plâtre, c'est que le premier contient vingt-deux pour cent d'eau, et que le second n'en contient plus, s'il est parfaitement cuit.

» Le gypse cuit, ou le plâtre, est réduit en poudre, soit à bras, soit sous des battoirs ou des moulins ; et dans cet état pulvérulent il absorbe l'humidité avec une grande avidité. Aussi doit-on s'empresser de le garantir du contact de l'air aussitôt qu'il est écrasé, car s'il parvenait à soutirer de l'air l'eau qu'on lui a enlevée par la cuisson, il ne prendrait plus de corps quand on essaierait de le gâcher.

» Gâcher le plâtre c'est lui rendre à la fois l'eau qu'il contenait avant d'être cuit ; et l'expérience a prouvé qu'il peut en absorber un volume égal au sien.

» Pendant cette opération, bien simple en apparence, il se passe plusieurs phénomènes intéressans :

1° Le plâtre reprend l'eau dont il a été privé par l'action du feu.

2° Il se fait une cristallisation confuse pendant laquelle des milliers de petits cristaux se produisent presque instantanément, s'accrochent les uns aux autres, et donnent naissance à un tout solide.

3° Il y a production de chaleur, parce que l'eau solidifiée abandonne une partie de son calorique en passant d'un état moins dense à un état plus dense.

4° Enfin il y a gonflement et augmentation de volume, parce qu'il y a cristallisation confuse et précipitée, que les molécules n'ont point assez de tems pour s'arranger, etc. Les mouleurs et les maçons obvient quelquefois à cet inconvénient, en mêlant au plâtre quelques substances pulvérulentes qui ne peuvent point en altérer la blancheur.

» L'avidité du plâtre bien cuit pour l'eau est tellement active, qu'il arrive souvent que les ouvriers sont obligés d'en gâcher peu à la fois, et de l'employer à mesure qu'ils le préparent.

» En Europe on se sert rarement du plâtre, pour fixer ou consolider les pierres ou les moellons : on le réserve pour le scellement des petites ferrures, pour les enduits, et surtout pour les plafonds et les corniches. On en prépare aussi des espèces de planches et de mitres pour la confection des ventouses et des faîtes de cheminées. Le plâtre se prête parfaitement à la décoration, il reçoit facilement l'empreinte des calibres qui servent à pousser des moulures pour l'ornement des plafonds, l'encadrement des fenêtres, des trumeaux, etc. Les Italiens sont experts dans l'art de travailler avec le plâtre, ils en connaissent bien la cuisson, et l'emploient avec la plus grande adresse.

» A Paris, enfin, où l'on peut disposer du meilleur plâtre qui existe au monde, parce qu'il participe des qualités de la chaux et du plâtre, on l'emploie à recouvrir ou enduire l'extérieur des maisons qui sont construites en pierre et bois; il se prête parfaitement à recevoir le calibre des moulures, des triglyphes, et de tous les ornemens de l'architecture la plus élégante. »

44. Le plâtre est loin d'avoir la tenacité du mortier, qui durcit avec le tems. Il résulte des expériences de plusieurs ar-

chitectes, et notamment de M. Rondelet, que le plâtre qui
unit d'abord deux briques, par exemple, avec un tiers plus de
force que ne le fait le mortier à chaux, perd cette force à mesure qu'il vieillit, tandis que le mortier en augmente successivement, jusqu'à ce qu'il ait atteint son maximum de résistance.
On recouvre quelquefois les rejointoiemens qui doivent être exposés à l'eau, avec une couche de plâtre qui en empêche le
contact immédiat, et permet au ciment de durcir sous la pro-
tection du plâtre qui le recouvre. Smeaton prit cette précaution dans la construction du fanal d'Eydiston.

§ VI. DE LA BRIQUE ET DU CARREAU.

45. La brique et la tuile sont fabriquées avec les argiles
communes, ou glaises, désignées par M. Brongniart sous le
nom générique d'*argiles figulines*. Les caractères distinctifs de
cette matière sont de faire pâte avec l'eau, d'y acquérir de la
ductilité et une sorte de tenacité convenable pour recevoir par
la manutention toutes sortes de formes, et enfin de se durcir
au feu, de manière à étinceler quelquefois sous le choc de l'a-
cier : dans l'état naturel, ces terres sont compactes, à peu près
à la consistance du savon, parce qu'elles sont imprégnées
d'une certaine quantité d'eau qui leur procure une mollesse
particulière et les maintient constamment entre l'état solide
et l'état vaseux ; elles se laissent rayer avec l'ongle; elles exha-
lent une odeur terreuse ou ocreuse quand on les humecte avec
l'haleine, et s'attachent à la langue quand elles sont parfaitement sèches : leur cassure est terne, on peut les polir par le
frottement des doigts : enfin leur couleur est variable, quelquefois rougeâtre ou jaune : c'est aux parties ferrugineuses
qu'elles contiennent que ces argiles doivent leur couleur et la
propriété qu'elles ont de rougir en cuisant.

46. La silice et l'alumine, qui sont la base de toutes les argiles propres à être converties en tuiles, en briques et en carreaux, sont des substances qui résistent à un degré de température assez élevé sans se foudre, lorsqu'elles ne sont pas
mêlées à d'autres substances plus fusibles, telles que la magné-
sie, la barite et la chaux, et même les oxides de fer et de
manganèse. Or, on reconnaît que, moins elles sont ferrugineuses et moins elles contiennent de chaux, plus elles résistent
au feu avant de se mettre en fusion ; et que, lorsqu'elles font
effervescence avec les acides, c'est une preuve certaine qu'elles

contiennent de la chaux : ce qui les rejette dans la classe des marnes. Aussi les tuiliers et les briquetiers font-ils plusieurs épreuves pour analyser les terres qu'ils emploient, et en font-ils souvent des mélanges d'essai pour parvenir à les modifier convenablement ; car, lorsque l'argile contient trop d'alumine, elle est trop sujette à se gercer et à se déformer : elle éprouverait d'ailleurs un retrait trop considérable, lors de la cuisson ; si elle contient trop de chaux, elle est trop fusible ; si elle était trop siliceuse, elle n'aurait pas de cohérence entre ses parties : on ne pourrait par conséquent la maintenir en état de pâte compacte et homogène ; enfin elle n'aurait pas la densité nécessaire.

47. Comme notre mission n'est pas d'expliquer comment se fabriquent les tuiles, briques et carreaux, nous ne nous étendrons pas davantage sur ce sujet, et nous nous bornerons à indiquer les signes auxquels les maçons reconnaissent les meilleures qualités de ces matériaux, tels qu'on les trouve dans le commerce.

48. La mauvaise brique se reconnaît facilement, d'abord par sa couleur rouge jaunâtre, mais plus encore par le son sourd qu'elle rend, parce qu'elle s'émiette sous les doigts, et parce que le grain de sa surface est mollasse et grenu : dans cet état, elle absorbe l'eau avec avidité et se rompt assez facilement. La bonne brique est sonore, dure, compacte et ordinairement d'un rouge brun foncé, et quelquefois elle présente à la surface quelques parties vitrifiées : on les appelle alors dans quelques contrées, briques cuites en fer ; du reste, il ne faut pas se fier à cette dernière apparence, parce que souvent c'est au degré de cuisson seul qu'elles doivent ce commencement de vitrification, quoique l'argile dont elles sont composées soit impure, et amalgamée sans les précautions exigées.

49. Il en est de même du carreau : lorsqu'il est dense, sonore et résistant, on peut être convaincu qu'il est d'un très bon usage ; tel est celui de Massi près Paris. Il faut encore prendre garde que sa surface ne soit gauchie par la cuisson, parce que dans ce cas, il faut le passer au grès après la pose, pour enlever les balèvres, et que cette opération enlève la partie la plus unie et la plus solide du carreau.

50. Les Anciens se servaient de briques crues qu'ils laissaient sécher par un long espace de tems (jusqu'à quatre et

cinq ans, comme il est dit au chap. 3 du 2ᵉ livre de Vitruve ; et il fallait, ajoute-t-il, qu'ils eussent une grande opinion de la bonté de ces matériaux, puisqu'ils les employaient à des murs faits pour soutenir des terres, sans craindre que l'humidité ne les détrempât. (*Vitruve*, liv. 1).

51. Voici ce que dit M. Brard sur les terres à briques.

« Les terres argileuses communes, les argiles figulines de M. Brongniard, qui font pâte avec l'eau, qui fondent à une température élevée, qui sont susceptibles de se mouler, de se modeler et d'acquérir ensuite une grande solidité par la dessiccation lente et naturelle, ou par l'action d'un feu plus ou moins prolongé ; les terres à briques enfin, qui remplacent les pierres d'appareil dans les pays qui en sont privés, ou qui se prêtent à des usages particuliers, se trouvent communément dans la nature ; et elles sont si utiles dans l'art de bâtir, et surtout dans les constructions rurales et économiques, qu'on peut considérer leur abondance comme un bienfait ; leur couleur varie du jaune ocreux au gris cendré et au gris bleuâtre ; mais elle se change au feu en un rouge plus ou moins vif, qui devient d'autant plus foncé, que le degré de cuisson est plus avancé, phénomène qui est dû à la présence du fer dont ces argiles sont toujours surchargées.

» Ce fer, la silice et la chaux qui existent dans ces argiles à l'état de combinaison et de mélange, contribuent beaucoup à leur donner la faculté de fondre à un grand feu ; mais comme les briques communes ne sont point destinées à soutenir l'action d'une très haute température, qu'il existe d'autres terres argileuses réfractaires qui sont spécialement réservées pour le service des usines, il n'y a aucun inconvénient à ce que ces terres communes soient vitrifiables.

» Le principal emploi des terres argileuses dont il s'agit ici, celui qui leur a valu le surnom de *terres à briques*, est dû en effet à l'usage immémorial où l'on est de fabriquer avec elles des briques cuites ou crues. Presque toutes les terres grasses sont propres à cette manipulation, pourvu cependant qu'elles ne contiennent point de fragmens de pierre à chaux ; car, quelque soin que l'on apporte à les passer au tamis, soit à sec, soit en les délayant dans l'eau, il en reste toujours quelques parcelles, qui se réduisent en chaux vive pendant la cuisson des briques, et qui en causent la rupture quelques jours après leur sortie du four. La pierre calcaire réduite en chaux vive, a une telle affinité pour l'humidité, qu'elle la soutire à travers les pores de la brique, qu'elle augmente de volume, et qu'elle brise ou écaille la terre cuite qui lui sert d'enveloppe : le vernis n'empêche point cette action, j'en ai fait l'expérience en grand : à cela près, la présence des autres substances pierreuses, dont on écarte aisément les plus grosses, ne nuit en aucune manière à la fabrication des briques ; le sable même lui est favorable, car il leur procure plus de solidité et empêche qu'elles prennent trop de retrait.

» Les argiles communes absorbent l'eau avec avidité, se gonflent d'une manière sensible, tiennent d'autant plus fortement à l'humidité dont elles sont pénétrées, qu'elles forment de plus grosses masses ; et, enfin, si on les expose au soleil, ou dans un lieu trop échauffé, elles se retirent trop promptement sur elles-mêmes, se contractent pour ainsi dire, et se fendillent en tous sens. On conçoit donc sans peine que l'on doit faire sécher les briques moulées dans des lieux ombragés et aérés, et qu'on ne les expose au soleil que lorsqu'elles sont déjà très desséchées.

» Dans les pays excessivement chauds, on a dû prendre encore d'autres précautions pour empêcher les briques de se fendiller en séchant : l'on y réussit en effet parfaitement, en pétrissant de la paille hachée dans la terre qui doit servir à leur fabrication. Cette multitude de brins de paille, placés en tous sens, s'oppose à la désunion des parties, et servent de lien à la terre. Cet usage de mêler de la paille dans l'argile a été observé dans les monumens antiques qui sont construits en briques crues ; on le retrouve à la fois dans les débris de l'enceinte de Babylone, et dans les restes d'un grand nombre de pyramides en Égypte. Tous les voyageurs s'accordent à dire que les briques crues de Babylone étaient liées ensemble avec du bitume, ce qui n'a rien d'étonnant ; car dans une contrée où cette substance est abondante, il était difficile d'employer un mortier plus convenable pour joindre des briques non cuites : on assure même que ce procédé est encore en usage à Bagdad.

» Les anciens estimaient qu'il fallait deux ans pour sécher les briques crues, de manière à ce qu'on puisse les employer avec succès ; et ce laps de tems ne paraîtra pas trop long, s'il est vrai, comme on l'assure, que leurs briques étaient

MAÇON.

4

beaucoup plus épaisses que les nôtres, et qu'il y en avait même de cubiques.

» Dans l'ancienne ville d'Utique, en Afrique, les magistrats ne permettaient d'employer les briques crues que lorsqu'il était prouvé qu'elles étaient moulées depuis cinq ans. (Rondelet). Cela confirme donc parfaitement l'adhérence extrême qui existe entre ces argiles et l'eau qu'elles sont susceptibles d'absorber.

» Au tems où Chardin voyageait en Perse (en 1666), on bâtissait beaucoup en briques crues mêlées de paille hachée; elles ne coûtaient que 8 à 9 sous le cent, et 2 à 3 seulement quand on fournissait la paille et la terre.

» L'emploi des briques crues est bien préférable à celui du torchis dont on se sert journellement en France, et qui est destiné à remplir les pans de bois des maisons de la campagne; ce bousillage n'est qu'un mélange de foin enduit de terre grasse, mais il présente l'avantage d'être très expéditif, très économique, et susceptible d'être exécuté par les habitans eux-mêmes, et sans avoir recours aux ouvriers étrangers. La terre grasse seule, détrempée, sert de mortier pour lier les moellons des constructions rurales, et particulièrement des clôtures; quand on y ajoute une petite quantité de chaux, ce mortier devient assez solide.

» Depuis quelques années seulement, on a imaginé de fabriquer des briques par pression, avec des terres réduites en poudre, légèrement humectées : je crois que la presse hydraulique de MM. Molerat, que j'ai vu manœuvrer à Pouilly près Beaune, est une des premières qui aient été exécutées en France. Je ne puis la décrire ici parce qu'elle est assez compliquée; mais, pour donner une idée de l'effet de cette belle machine qui est fondé sur l'incompressibilité de l'eau, il suffira de dire que les briques se moulent dans des formes de fer fondu, très épaisses, et que, lorsqu'elles sont comprimées au point convenable, il faut l'aide d'un cric pour les en sortir. Tout est si bien entendu dans cette fabrication, les mouvemens y sont si bien combinés, que quelques minutes suffisent à la confection d'une grande brique qui, en sortant du moule, est déjà si dure et si parfaite, qu'on peut la transporter sans émousser ses angles. L'un des avantages de cette méthode est, ce me semble, de pouvoir cuire les briques presqu'aussitôt qu'elles sont moulées, sans qu'on soit obligé

de les manier mille fois pour les faire sécher. L'extrême précision qui résulte de cette manière de mouler doit être aussi
très précieuse pour les usines. L'anglais Poter a fait aussi à
Paris des briques et des carreaux à l'aide d'une machine fort
simple qui ressemblait, jusqu'à un certain point, au balancier
des Monnaies; elle était composée d'une très grosse vis de
pression, et se manœuvrait à la manière d'un cabestan. Les
briques fabriquées par cette méthode sont très propres à être
employées crues, parce qu'elles sont très peu mouillées, et,
par conséquent, peu susceptibles de retrait.

» Les briques moulées avec de la terre pâteuse, ou, par
pression, avec de la terre meuble, étant parfaitement séchées
jusqu'au centre, se disposent dans des fours qui varient de
forme et de grandeur, en raison du combustible que l'on doit
y brûler. Le bois refendu, les fagots, les broussailles, la
houille, la lignite et la tourbe sont employés à la cuisson des
briques; mais on remarque qu'un feu modéré et soutenu est
préférable à un feu plus actif. Dans le premier cas, toute la
fournée est également cuite; dans le second, il y a presque
toujours des briques fondues et collées les unes avec les autres,
tandis que celles qui sont les plus éloignées du feu sont à peine
échauffées. Tel est le défaut de la cuisson à la houille. L'usage
de la tourbe est bien préférable; aussi les briques de Hollande
sont-elles plus parfaites qu'aucune autres. On modère quelquefois l'action de la houille ou charbon de terre par un mélange
de bois. Telle est la méthode de Dunkerque, où l'on cuit aussi
les briques en masses et sans fourneau.

» L'usage des briques cuites remonte à la plus haute antiquité,
comme celui des briques crues. On en trouve aussi dans les
ruines de Babylone, et, qui plus est, l'on en voit qui sont
émaillées de différentes couleurs. Chez les Romains, l'emploi
des tuileaux paraît bien antérieur à celui des briques, car,
suivant M. Rondelet, l'édifice le plus ancien où ils aient employé les vraies briques, est le Panthéon d'Agrippa, et tous les
monumens antérieurs au règne des Empereurs sont bâtis de
pierres et tuileaux. Les tuiles qui se rencontrent dans tous les
lieux où l'on découvre quelques restes de constructions romai-
nes, se font remarquer par leur épaisseur, par leurs rebords
parfaitement moulés et par leur dureté.

» L'emploi des briques est d'autant plus fréquent que les pierres qu'elles remplacent sont plus rares. Tout le monde sait que les villes de la Hollande sont construites en briques, que l'usage en est commun en Angleterre, et que Toulouse, Montauban, Moulins et beaucoup d'autres villes de France en sont entièrement bâties. Lorsqu'on voit une grande ville dont toutes les maisons, les églises, les clochers, les remparts, les ponts, et jusqu'aux trottoirs sont uniquement composés de briques ; lorsque l'on pense que la grande muraille de la Chine, qui a six cents lieues de développement, et 8 mètr. 12 cent. (vingt-cinq pieds) de hauteur au-dessus de l'assise de pierres, est revêtue de briques cuites, sur l'une et l'autre face, on ne peut s'empêcher de réfléchir à la masse énorme de combustible qui a été consumée pour la cuisson d'une aussi immense quantité d'argile, et d'admirer en même tems l'industrie des hommes qui ont créé des matériaux solides pour remplacer ceux que la nature avait refusés aux contrées qu'ils voulaient habiter.

52. « La terre qui sert pour les tuiles et les carreaux est absolument la même que celle des briques ; mais on la passe ordinairement à travers un crible de fer, après l'avoir réduite préalablement en bouillie claire ; par ce moyen la pâte se trouve plus égale, plus fine et plus propre au moulage de ces pièces minces. » (*Brard, minéralogie.*)

53. » Le tems propre pour mouler les briques, dit *Vitruve*, est le printems et l'automne, parce que, durant l'une et l'autre de ces saisons, elles se peuvent sécher également partout, au lieu qu'en été, le soleil consumant d'abord l'humidité du dehors fait croire qu'elles sont entièrement sèches, et n'achève néanmoins de les sécher tout-à-fait qu'en les rétrécissant, ce qui fend et rompt leur superficie aride, et gâte tout.

» C'est pourquoi le meilleur serait de les garder deux ans entiers ; car lorsqu'elles sont employées nouvellement faites et avant qu'elles soient entièrement sèches, l'enduit que l'on met dessus étant séché promptement et tenant ferme, il arrive qu'elles s'affaissent, et en se resserrant s'en séparent : ce qui fait que l'enduit n'étant plus attaché à la muraille, n'est pas capable de se soutenir de lui-même à cause de son peu d'épaisseur ; mais il se rompt, et ensuite la muraille s'affaissant çà et là inégalement, se gâte et se ruine aisément. A cause de cela, à Utique, le magistrat ne permet point qu'on emploie de brique qu'il ne l'ait visitée, et qu'il n'ait connu qu'il y a cinq ans qu'elle est moulée. » (*Vitruve*, liv. 2.)

§ VII. DU PISÉ.

54. Le pisé n'est autre chose qu'une terre fortement comprimée dont on fait des moellons factices, pour ériger des constructions de peu d'importance et des bâtimens ruraux. Le pisé est surtout en usage dans les pays méridionaux, et pourrait être appliqué avec succès à des constructions moyennes, au moyen de quelques amalgames et d'un plus grand soin dans sa confection.

55. « Toutes les terres grasses sont bonnes pour piser : la meilleure, dit l'auteur précédemment cité, est la terre franche qui est un peu graveleuse. Or la terre franche un peu graveleuse est une argile sablonneuse qui renferme des graviers, quelquefois assez gros, que l'on écarte aisément en la passant à la claie fine, et dont il faut éloigner soigneusement tout débris de racine, de fumier, etc. L'art de piser consiste à tasser ces terres, convenablement humectées, entre deux planches de bois solidement assujetties, et à élever ainsi, par parties, des murs très solides, qui diminuent insensiblement d'épaisseur à mesure qu'ils s'élèvent (quatre pouces sur vingt-quatre pieds). Ces terres, dont la couleur est ordinairement brune ou roussâtre, étant fortement damées entre les parois d'un moule mobile, forment donc des espèces de grands quartiers qu'on termine en talus, et qui se lient ainsi les uns avec les autres au moyen d'une très petite couche de mortier, en sorte qu'un mur de moyenne hauteur n'est composé que de trois ou quatre rangées de ces espèces de grandes briques. Les terres à pisé étant graveleuses et peu mouillées, éprouvent peu de retrait ; l'enduit dont on les recouvre ordinairement y reste fortement attaché, et les préserve parfaitement de l'action de la pluie, des gelées, etc. Aussi il existe des constructions en pisé qui remontent à plusieurs siècles. M. Rondelet conseille, d'après l'expérience qu'il en a faite, d'humecter les terres qui seraient trop maigres avec un lait de chaux au lieu d'eau pure.

» Cette bâtisse économique est très usitée dans les départemens de l'Ain, du Rhône et de l'Isère ; elle convient parfaitement aux bâtimens ruraux, aux enclos, etc. Elle n'était point inconnue aux anciens, car Pline la décrit d'une manière très positive. »

Les argiles communes, simplement humectées ou ramollies dans l'eau, s'emploient à une foule d'usages importans dans l'art de bâtir ; car non seulement on en prépare des briques qui résistent fort bien à l'air dans les pays chauds, des torchis économiques, des mortiers communs et des pisés ; mais elles servent encore à enduire ou à glaiser les réservoirs, et à former des corrois qui s'opposent aux infiltrations. »

56. Nous ne nous étendrons pas sur les ouvrages que l'on peut faire avec cette matière, parce que ce n'est pas là de la maçonnerie proprement dite, et que tout le monde en connait l'emploi dans les contrées où l'on s'en sert.

CHAPITRE III.

ÉLÉMENS DE GÉOMÉTRIE.

57. Nous avons donné, dans notre *Manuel d'architecture*, ce qui suffit de géométrie élémentaire aux praticiens qui n'entendent pas savoir de cette science plus qu'il ne leur en faut pour les opérations de pratique ; et la Collection de Manuels contient un traité spécial de cette science ; par cette raison, nous engagerons les possesseurs du *Manuel du maçon* à y recourir au besoin, afin de ne pas nous répéter : néanmoins nous devons ici, pour rendre ce dernier aussi complet que le comporte la matière, placer quelques axiomes sur l'origine, la position respective, la propriété et les rapports des lignes, des surfaces et des solides, qui sont indispensables à connaître, et qui trouvent fréquemment leur application dans les diverses parties de l'érection d'un bâtiment.

§ I. DES LIGNES.

58. Une ligne n'a qu'une seule dimension, *la longueur*. La ligne droite est celle qui va directement et par le chemin le plus court, d'un point à un autre ; en conséquence, il est évident que la ligne droite est la plus courte qu'on puisse

imaginer pour parcourir une distance quelconque. Telle est la ligne AB, (Pl. 8, fig. 134) : elle est par conséquent la mesure exacte de cette distance ; ainsi, si du point A au point B la distance est de 7 mèt., la ligne AB a précisément 7 mèt. de longueur : il en résulte que l'on ne saurait tirer qu'une seule ligne droite d'un point à un autre, car une seconde se confondrait nécessairement avec la première, et la position de cette ligne ne dépendant que de deux points, elle est unique et immuable entre ces deux points, différente en cela de la ligne courbe, qui peut varier à l'infini.

59. Plusieurs lignes droites sont considérées, en géométrie, relativement à leur position respective : les lignes *parallèles* sont également éloignées l'une de l'autre dans tous leurs points correspondans, telles que si elles étaient prolongées à l'infini, elles ne pourraient jamais se rencontrer. Les lignes AB et CD (fig. 134) sont parallèles entr'elles, parce que la distance AC est exactement la même que celle BD. Ainsi, par exemple, lorsque le maçon pose et scelle les deux règles AB et CD (pl. 7, fig. 118 et 119), il faut qu'elles soient parfaitement parallèles, afin que le calibre E puisse glisser entre elles sans pouvoir jamais dévier.

60. Il résulte de cette disposition des deux lignes, que si une troisième, une quatrième, une cinquième étaient parallèles à l'une des deux, elles le seraient aussi à l'autre.

61. Une ligne droite tombant sur une autre, forme toujours deux angles dont les ouvertures prises ensemble produisent 180 degrés ou deux angles droits.

62. Pour bien entendre ceci, il faut savoir que les géomètres ont divisé la circonférence du cercle en 360 parties égales qu'ils ont appelées *degrés*. Or, la ligne diamétrale AB (fig. 147) qui traverse le cercle en passant par son centre, divise ce cercle en deux parties parfaitement égales dont chaque portion de circonférence ADB ou AEB a 180 degrés. Si ensuite on subdivise encore ce cercle par une autre ligne ou diamètre DE qui ne penche sur la première ni d'un côté ni de l'autre, il est évident que les quatre parties qui formeront ces deux diamètres seront égales, c'est-à-dire que chaque portion de la circonférence du cercle aura 90 degrés : en d'autres termes, que chacun des quatre angles que formeront ces deux lignes auront 90 degrés d'ouverture, ni plus ni moins. C'est ce qu'on appelle des lignes perpendiculaires : ainsi la

ligne DE est perpendiculaire à celle AB et réciproquement : ainsi EF (fig. 134) n'inclinant ni d'un côté ni de l'autre sur sa base, AB est perpendiculaire à cette base, et conséquemment forme avec elle deux angles droits ou de 90 degrés chacun ; mais EG qui est oblique, forme avec cette base AB un angle ouvert ou obtus AEG qui a plus de 90 degrés, et un angle fermé ou aigu GEB qui a moins que les 90 degrés, mais dont l'ouverture, calculée avec celle de l'autre angle, fait toujours le complément des 180 degrés. C'est ce qu'on nomme *ligne oblique*.

63. La première ligne AB dans les deux figures 134 et 147 est appelée aussi *horizontale* lorsqu'elle est parallèle à l'horizon, c'est celle que les ouvriers appellent *de niveau:* ainsi, dans les constructions, il faut que toutes les assises soient posées de *niveau*. Dans un ravalement, les corniches, entablemens, bandeau, etc. sont traînés *de niveau* s'ils sont en plâtre, ou appareillés *de niveau* s'ils sont en pierre. Ainsi, dans notre fig. 118, pl. 7, les deux règles AB et CD, qui forment le *chemin* pour traîner la corniche E, doivent être parfaitement de niveau.

64. La ligne qui est perpendiculaire à celle horizontale ou *de niveau* est verticale ou *à plomb*, comme l'appellent les ouvriers; les montans de pilastres, les tableaux de portes et de croisées, etc. doivent être d'*à-plomb*.

65. Il résulte de la disposition réciproque de ces deux lignes horizontale et verticale ou perpendiculaire sur une base quelconque, 1° qu'on ne peut tirer qu'une seule perpendiculaire d'un même point donné ; 2° que la perpendiculaire est la ligne la plus courte que l'on puisse mener d'un point donné sur une ligne parallèle à sa base; 3° et que de toutes les obliques, celle tirée du même point et la plus éloignée de la perpendiculaire est la plus longue : ainsi, la ligne EG (fig. 146), étant parallèle à AB, la perpendiculaire CD est plus courte que l'oblique CH égale à CK; et CI est plus longue que CH ; puisqu'elle est égale à CL.

66. Il faut donc bien entendre que le niveau est une ligne droite dont tous les points sont également distans du centre de la terre, c'est-à-dire parallèle à la surface des eaux d'un lac tranquille, (on ne tient pas compte de la figure sphérique du globe terrestre, qui est tout-à-fait insensible pour des niveaux partiels tels qu'on en a besoin dans les constructions) et on

trouve ce niveau au moyen d'une équerre, c'est-à-dire de deux règles ajustées et offrant un angle de 90 degrés et réunies par une petite traverse sur laquelle on creuse une ligne à 45 degrés, c'est-à-dire qu'elle la partage en deux également : ayant placé cet instrument A B C (fig. 144) sur une règle D E présentée *à peu près* horizontalement, on la relève par un bout ou par l'autre jusqu'à ce que la ligne du plomb F arrive bien exactement au droit de la petite ligne G, de manière qu'en battant le cordeau sur l'équerre, ce cordeau l'occupe sans effort ni déviation : alors la règle DE est *de niveau*, et on peut tracer avec sécurité la ligne horizontale dont on a besoin.

67. Ensuite, que sur cette même règle, on retourne l'instrument en posant un de ses côtés A B ou B C sur la règle, en faisant tomber une ligne H I parallèle à A B, on aura une ligne verticale ou *d'aplomb*, qui du reste peut s'obtenir sans avoir d'abord l'horizontale ; car tout corps pesant, comme le plomb du maçon (fig. 13) par exemple, suspendu à l'extrémité d'une corde fine, sert à reconnaître une ligne perpendiculaire à l'horizon : c'est en effet, avec ce plomb que les ouvriers de toutes les professions établissent tous leurs travaux pour ce qui doit être dans cette direction.

68. Le cercle est une ligne courbe qui est également distante sur tous ses points d'un point unique que l'on nomme centre ; c'est la ligne que l'on trace au compas ; enfin, c'est ce que l'on nomme communément un *rond*, et ce que les géomètres nomment circonférence. Cette ligne, de quelque étendue qu'elle soit, c'est-à-dire que le cercle soit grand ou petit, est ainsi que nous l'avons dit plus haut, divisée conventionnellement en 360 degrés, et chaque degré en 60 minutes : donc la moitié de cette ligne ou le demi-cercle comprend 180 degrés, et le quart ou l'angle droit, appelé *équerre* par les ouvriers, est un angle de 90 degrés d'ouverture. Ainsi, dans la figure 147, la ligne A M N D B E est la circonférence d'un cercle dont C est le centre ; le cercle proprement dit est l'espace que cette circonférence renferme.

69. Plusieurs lignes sont considérées par le rapport qu'elles ont avec ce cercle, savoir : le diamètre A B, qui le coupe en deux parties égales puisqu'il passe par le centre.

70. Le rapport de ce diamètre avec la circonférence, assez juste pour toutes les opérations usuelles, est reconnu comme 1 à 3 1/7, c'est-à-dire de 7 à 22. Ainsi on peut facilement

trouver la circonférence d'un cercle dont on connaît le diamètre, par une règle de trois simple, exemple : supposez que le diamètre d'une salle ronde soit de 5 mètres on a cette proposition 7 : 22 : : 5 mètres : x = 15 mètres 71 cent. ou si on ne sait pas la règle de trois, on pose trois fois 5 mètres, longueur du diamètre connu, et on ajoute 1/7 de ces 5 mètres, égal à 0 m. 71 c. ; ces quatre sommes additionnées ensemble donnent pour la circonférence cherchée 15 m. 71 c. comme ci-dessus. Ainsi, si on a les enduits du pourtour de cette salle à faire, cette quantité, multipliée par la hauteur, donnera le produit que l'on cherche.

71. Si, au contraire, on ne connaissait que la circonférence, et qu'un empêchement quelconque s'opposât à ce qu'on prît le diamètre, on n'a qu'à renverser la proposition et dire 22 : 7 : : 15 m 71 c. : x = 5 mètres ; ou bien, sans se servir de la règle de proportion, on divise 15 m. 71 c. en 22 parties, ce qui donne 0 m. 71 c. qu'il faut prendre 7 fois pour le diamètre ; or, 7 fois 0 m. 71 c. donneront comme ci-dessus 5 mètres.

72. La propriété particulière du diamètre est, 1° de diviser la circonférence et la surface du cercle en deux parties égales ; 2° c'est aussi la plus grande de toutes les cordes, car il est égal à deux rayons, et toutes les autres cordes sont plus petites que deux rayons ; 3° par la raison que le diamètre est la plus grande de toutes les cordes, et qu'il divise le cercle en deux parties égales, tous les arcs égaux sont soutenus par des cordes égales, et les cordes égales soutiennent des arcs égaux : ainsi, dans la même figure 147, pl. 7, la corde N O étant égale à celle P Q, l'arc N D O est égal à celui P E Q, c'est-à-dire qu'ils ont la même surface.

73. Le rayon d'un cercle est la moitié du diamètre, c'est-à-dire une ligne droite qui part du centre, pour arriver à la circonférence, comme C D, fig. 147.

Tous les rayons d'un cercle sont égaux, ainsi, dans la même figure, les rayons C D, C M, C A, CF et C B sont égaux.

74. D'autres lignes qui ne font pas partie du cercle sont considérées par rapport à cette figure ; on appelle tangente une ligne droite F G (même figure 147) qui touche à la circonférence en un seul point D, sans la couper.

75. La sécante est, au contraire, une ligne droite comme celle P Q (même fig.) tirée d'un point pris hors de la circon-

férence, et qui vient couper le cercle, ou par le centre même traverse cette circonférence, comme E L , même fig.

76. Dans un carré ou un quadrilatère quelconque, une ligne droite tirée d'un angle jusqu'à celui opposé est une diagonale, ainsi la ligne D B du parallélogramme A B C D , (figure 135) est sa diagonale, et le divise en deux parties égales.

77. Le périmètre d'un polygone se compose de toutes les lignes qui le forment : ainsi le périmètre de l'octogone (fig. 145) est la somme réunie des lignes A B , B C , C D , D E , E F , F G et G H. Les géomètres considèrent le cercle comme un polygone régulier ayant une infinité de côtés dont le diamètre est le périmètre : on appelle *rayon droit* du polygone, ou *apothème*, une ligne droite I K tirée du centre du polygone perpendiculairement sur un des côtés, et *rayon oblique* celle partant aussi du centre à un des angles formés par la rencontre de deux lignes du périmètre connu I H. Il est alors à observer, 1° que plus le polygone a de côtés, plus le rayon droit approche du rayon oblique, d'où il suit que, dans le cercle considéré comme polygone, ces deux rayons sont égaux.

78. 2° Tous les angles réunis du périmètre d'un polygone régulier ou même irrégulier sont égaux à deux fois autant d'angles droits, moins quatre, que le polygone a de côtés ; ainsi il est facile de trouver l'angle de deux des côtés de l'octogone (fig. 145), en multipliant 180 degrés par le nombre 8 de ses côtés, et en retranchant du produit 360 , valeur de quatre angles droits, restera un produit qui, divisé par ce nombre de côtés, donnera pour chaque angle 135 degrés.

79. Il est aussi facile de trouver tous les angles au centre ; car, puisque le polygone est formé des mêmes élémens que le cercle, tous ses angles réunis forment quatre angles droits, c'est-à-dire 360 degrés ; il est donc clair que chacun des huit angles au centre d'un octogone a 45 degrés.

80. Il est facile aussi de trouver chacun des angles des côtés, puisque c'est la moitié de l'ouverture entière, et ici c'est 67 degrés 1/2 : c'est d'ailleurs le complément de l'angle au centre, 45 degrés dont il faut prendre moitié pour chacun, puisque les trois angles d'un triangle produisent toujours 180 degrés.

81. La rencontre de deux lignes formant toujours un angle qui se mesure par le nombre de degrés de leur ouverture, ils

prennent des noms différens en raison de cette ouverture. Ainsi l'angle ayant 90 degrés est *droit* ou d'équerre ; celui qui a plus que ce nombre est ouvert ou *obtus*, ce que les ouvriers appellent quelquefois *angle gras ;* enfin, celui qui a moins de 90 degrés, est un angle *fermé, aigu* ou *maigre.*

82. On a souvent dans la pratique des figures ou des lignes qui doivent être dans une certaine proportion avec d'autres ; ainsi pour obtenir un angle égal à un autre, par exemple à B D C (fig. 53), il ne s'agit que de décrire du sommet D de l'angle connu, un arc E F entre les deux côtés. Reportez cette ouverture de compas sur la ligne indéfinie *c d* (fig. 139), et tracez l'arc indéfini *eg ;* prenez ensuite l'ouverture E F, et reportez-la sur cet arc en *e f,* la section de ces deux arcs donnera une ligne de *d* en *b,* qui formera avec la base *d c,* le même angle que B D C.

83. Dans le dessin, on se sert pour cette opération, d'un instrument dit *rapporteur ;* c'est un demi-cercle divisé en 180 degrés, que l'on pose sur l'angle cherché, pour reconnaître le nombre de degrés qu'il contient, et que l'on rapporte ensuite sur la base de l'angle égal à faire, pour y marquer cette même quantité de degrés.

84. Si l'on veut couper un angle en deux parties égales ; du point D, même fig. 135, décrivez l'arc à volonté EF ; et de ces deux points décrivez la section G, ce qui coupera l'angle B D C en deux parties égales par la ligne D G.

85. D'après ce qui vient d'être dit plus haut, l'angle qui a son sommet au centre de la circonférence d'un cercle et qui s'appelle *angle au centre,* parce qu'il est formé de deux rayons de ce cercle, a pour mesure l'arc compris entre ses côtés ; ainsi l'angle B A C (fig 146) a 42 degrés, puisque l'arc B C a 42 degrés.

86. Mais l'angle qui a son sommet F (même fig.) appuyé à la circonférence, et qui est formé par deux cordes FD et EF (le diamètre étant ici considéré comme une corde (Voy. 72.) lequel s'appelle angle inscrit ou *angle de segment,* bien différent de celui du centre, n'a pour mesure que la moitié de l'arc compris entre ses côtés : que le centre A soit dans l'espace de l'angle inscrit, ou qu'il en soit dehors, ou enfin que l'un des côtés passe par le centre, comme à l'exemple proposé, le résultat est le même ; lorsque, comme ici, un des côtés passe par le centre, en tirant par ce centre A une ligne G H

parallèle à D F , on aura deux angles égaux G A E et D F E,
parce que les lignes D F et G H sont parallèles ; car l'angle G
A E ayant son sommet A au centre, a pour mesure l'arc G E de
36 degrés compris entre ses côtés , il est évident que l'angle de
segment ou inscrit D F E qui lui est égal , a aussi 36 degrés.

87. Supposons maintenant que le centre du cercle est en
dehors des côtés , comme celui P Q R (fig. 147) , on tire du
sommet Q une ligne Q S qui passe par le centre : cette ligne
formera l'angle S Q R qui a pour mesure la moitié de l'arc
S R ou de S P , avec la moitié de celui P R , par la raison ex-
primée à l'exemple ci-dessus, que l'angle S Q P qui est une
partie de l'angle total S Q R a pour mesure la moitié de l'arc
S P , à cause du côté Q S qui passe par le centre : en conséquence l'angle P Q R , qui est l'autre partie de l'angle total ,
a pour mesure la moitié de l'arc P R.

88. Si, au contraire, le centre se trouve entre les deux côtés,
comme l'angle T Q R , à la même figure 147 ; la ligne Q S
qui passe par le centre, divise cet angle T Q R en deux autres
T Q S et S Q R. Or, comme au premier exemple , le premier
angle a pour mesure la moitié de l'arc T S , à cause de son
côté Q S qui passe par le centre, et le second la moitié de l'arc
S R , il en résulte que l'angle total T Q R a pour mesure la moitié de l'arc T S ajoutée à la moitié de S R , et conséquemment la moitié de l'arc T R compris entre ses côtés.

89. La conséquence à tirer des exemples qui précèdent sur
les angles , relativement aux cercles dans lesquels ils sont con-
tenus, c'est qu'un angle au centre appuyé sur le même arc
qu'un angle inscrit , est précisément le double de cet angle
inscrit , puisque, comme il vient d'être dit , un angle D A B
qui a son sommet A au centre (fig. 146) , a pour mesure l'arc
entier D B sur lequel il est appuyé, et que celui D F B qui a
son sommet F à la circonférence, n'a pour mesure que la moitié de ce même arc.

90. Une autre conséquence inévitable de ces propositions ,
c'est que l'angle inscrit qui est appuyé sur les deux extrémités
du diamètre est toujours un angle droit ou de 90 degrés, puisqu'il a pour mesure la moitié de la demi-circonférence, qui est
de 180 degrés : ainsi l'angle F (fig. 146) étant appuyé sur le
diamètre C D , a 90 degrés d'ouverture.

§ II. DES SURFACES.

91. La réunion de plusieurs lignes forme des figures planes qui sont régulières si leurs côtés sont égaux : il faut au moins trois lignes pour composer cette figure : ce sont les triangles (pl. 8, fig. 138 et 140) ; l'espace compris dans ces trois lignes se nomme l'*aire* du triangle; un des côtés se nomme *base*, ici c'est la ligne B C. La ligne perpendiculaire A D menée du sommet A (fig. 138) sur la base, est la hauteur du triangle. La définition des triangles se trouve dans le *Manuel d'Architecture*, ce serait nous répéter que de la reproduire ici.

92. Les trois angles d'un triangle sont toujours égaux à deux droits, c'est-à-dire ont ensemble 180 degrés, puisqu'ils ont pour mesure la demi-circonférence (90), par la raison que comme l'on peut toujours faire passer une circonférence par trois points quelconques, (voyez le n° 258 du Manuel d'architecture, 2° édit.), un triangle peut être supposé inscrit dans un cercle.

93. Par la même raison encore, l'angle extérieur, fig. 138, d'un triangle quelconque est égal à la somme des deux angles intérieurs qui sont éloignés de lui, ainsi dans cette fig. 138, l'angle extérieur GCE joint à celui GCF vaut deux angles droits ; ce même angle GCF joint à celui MBN et à celui HAI, valent ensemble deux angles droits ; donc l'angle FCG étant commun à ces deux grandeurs égales, celui extérieur GCE d'une part, et MBN, plus HAI d'autre part, sont égaux.

Il en résulte 1° qu'en mesurant l'angle intérieur quelconque d'un triangle, on a la mesure de son angle extérieur, et réciproquement ; 2° et aussi quand on connaît deux angles intérieurs, on connaît le troisième ; 3° qu'un triangle ne peut avoir plus d'un angle droit, ni plus d'un angle obtus.

94. La propriété du triangle est aussi, 1° que s'il a des côtés égaux, les angles opposés à ces côtés sont aussi égaux ; 2° que s'il a des angles égaux, les côtés opposés à ces angles sont aussi égaux ; 3° que si les trois côtés sont inégaux, le plus grand angle est opposé au plus grand côté, l'angle moyen est opposé au côté moyen, et le plus petit angle opposé au plus petit côté ; 4° que deux triangles sont égaux en tout si les trois côtés et les trois angles du premier sont égaux aux trois côtés correspondans du second ; 5° que si deux

triangles d'inégales grandeurs ont les deux angles de la base respectivement égaux, les deux triangles sont semblables ; 6° que si deux triangles sont semblables, tous les côtés du premier sont proportionnés aux côtés correspondans du second.

95. Pour la mesure des surfaces des triangles, on sait ; 1° qu'un triangle quelconque est la moitié d'un parallélogramme de même base et de même hauteur, ainsi le parallélogramme ABCD, fig. 142, ayant 12 mètres de base sur 16 mètres de hauteur, a de surface ou de superficie 192 mètres carrés : les deux triangles CAD ou CED, auront chacun 96 mètres, c'est-à-dire la moitié, puisque chacun d'eux a la même base et la même hauteur ; 2° qu'il est par conséquent le produit de sa base multiplié par la moitié de sa hauteur ; 3° qu'un triangle qui a la même base qu'un parallélogramme, et dont la hauteur est double de ce parallélogramme, est égal en superficie.

96. Les figures à quatre côtés rectilignes appelées du nom générique de *quadrilatère*, et dont la somme des angles quels qu'ils soient, équivaut à quatre angles droits, sont le *carré* ; le *rectangle*, le *parallélogramme*, le *lozange* ou *rhombe*, le *trapèse* et le *quadrilatère*, proprement dit.

97. Le carré est celui dont les quatre côtés et les quatre angles sont égaux, comme figure 136, pl. 8, dont les quatre angles ont chacun 90 degrés.

Il faut ici revenir aux triangles parce que dans un triangle rectangle, c'est-à-dire qui a un angle droit, comme fig. 140, le carré de l'hypothénuse AC est égal au carré des deux autres côtés AB et BC. Ainsi ayant la diagonale d'un carré, on peut la mesurer comme ligne très approximativement, en connaissant le côté du carré, et réciproquement : supposons ici que cette diagonale ait 6 mètres, le carré de 6 mètres est 36 mètres dont la moitié est 18 mèt. ; ainsi 18 m. est le carré de chacun des côtés ; et l'on trouvera alors que chacun de ces côtés aura 4 m. 25 c., dont le carré est en effet 17 m. 96 c. mesure la plus rapprochée que l'on peut obtenir.

98. Par cette raison, si l'on veut faire un carré double en surface à un carré donné, on n'a qu'à prendre la diagonale de ce carré pour côté de celui demandé.

99. Si au contraire on veut faire un carré de moitié de celui qui existe, on n'a qu'à de l'un des côtés, faire la diagonale du carré que l'on demande.

100. Un parallélogramme *rectangle* est celui qui a tous ses

angles droits et ses angles opposés égaux, comme la figure
142, ABCD.

101. Il est *trapèze* s'il n'a que deux côtés parallèles comme
la fig. 137, ou s'il n'en a aucun; *losange*, si ses quatre côtés
sont égaux avec ses angles opposés, aussi égaux entr'eux,
comme fig. 141; enfin il est *rhomboïde* si ses angles ne sont
point droits, et que ses côtés opposés soient égaux entr'eux,
comme CDFG, fig. 142.

102. Comme dans un carré, la diagonale divise un parallélogramme quelconque en deux parties égales, et en deux
triangles égaux.

103. Ces figures ont les propriétés principales qui suivent,
savoir, 1° un rectangle ABCD (fig. 142) a pour superficie le
produit de sa base par sa hauteur; 2° le rectangle et un rhomboïde CDEF, même figure, qui ont la même base et la même
hauteur ont aussi la même surface; 3° un trapèze (fig. 137)
dont deux côtés opposés AB et CD sont parallèles, est égal
en surface à un parallélogramme de même hauteur dont la
base serait égale à une ligne EF qui le couperait par le milieu
parallèlement à ces deux côtés.

104. Les polygones sont toutes les figures planes terminées
par plus de quatre lignes droites; ils tirent leur nom du nombre
de lignes droites qui forment leurs côtés : ainsi le pentagone
a cinq côtés égaux, l'hexagone six, l'heptagone sept, l'octogone
huit, l'ennéagone neuf, le décagone dix, l'endécagone onze,
le dodécagone douze : tous ces polygones sont réguliers, s'ils
ont leurs côtés et leurs angles égaux. Nous avons parlé au
paragraphe précédent (77 et suivans) du périmètre et des
angles; il nous reste à parler du rapport de ces figures et de
leurs surfaces. 1° Tout polygone régulier peut être inscrit ou
circonscrit à un cercle; 2° de tous les polygones réguliers in-
scrits à un cercle, celui qui a le plus de côtés aura le plus grand
périmètre et la plus grande surface; car le plus grand périmètre est le cercle, et le plus petit le triangle; 3° Pour trouver
la surface d'un polygone, il faut absolument se rappeler qu'il
y a autant de triangles égaux que le polygone a de côtés,
qu'ainsi il ne s'agit que de tirer une perpendiculaire IK,
fig. 145, du centre I sur un des côtés quelconques AH, cette
perpendiculaire sera la hauteur du triangle que l'on multipliera
par le périmètre, et la moitié du produit sera la surface; 4°
Le côté de l'hexagone inscrit dans un cercle est égal au rayon

de ce cercle, en conséquence le périmètre de cette figure contient exactement six fois le rayon du cercle circonscrit, ou trois fois le diamètre.

105. Nous avons vu (68 et suivans) ce que c'est que le cercle relativement aux lignes qui le composent, et qui ont des rapports avec lui; il ne s'agit pour trouver sa surface, que de savoir que le diamètre est à la circonférence comme 7 : 22, et de multiplier ensuite le quart du diamètre, ou la moitié du rayon par la circonférence entière ou le quart de la circonférence par le diamètre entier, c'est-à-dire que la surface d'un cercle est égale à celle d'un triangle qui aurait pour base le rayon, et pour hauteur une ligne droite égale à la circonférence. Ainsi par exemple, le cercle fig. 143 aurait 14 mètres de diamètre, c'est 7 mètres pour le rayon, c'est-à-dire 7 mètres pour base du triangle dont la hauteur serait égale à la circonférence 14 mètres $\times$ 3 mètres $\frac{1}{7}$ == 44 mètres; ces 44 mètres multipliés par 7 donneront 308 mètres dont la moitié 154 m. (77) sera la superficie du cercle.

106. Relativement aux parties d'un cercle, il est démontré que la surface d'un secteur quel qu'il soit, comme par exemple, celui A B C (fig. 148) est égale à celle d'un triangle rectangle A C D dont la hauteur est égale au rayon A B ou A C du secteur, et dont la base est égale à l'arc de ce secteur : ainsi en supposant que le rayon ait 10 mètres et que l'arc ait 19 mètres, on aura 190 mètres dont la moité (105) 95 mètres est la surface du secteur.

Pour obtenir la surface d'un segment de cercle, il s'agit de faire l'opération ci-dessus; et de retrancher du produit le triangle produit par la base ou la corde du segment avec les deux rayons; le surplus sera la superficie du segment.

107. Ainsi que nous l'avons observé déjà, le Manuel d'Architecture, ou le Manuel de Géométrie qui font l'un et l'autre partie de l'*Encyclopédie-Roret* complétera la somme de connaissances élémentaires qui sont utiles aux constructeurs : nous ne pousserons donc pas plus loin nos démonstrations, ayant d'ailleurs à offrir à nos lecteurs les élémens de pratique dont ils auront besoin plus fréquemment que de ces documens scientifiques qu'ils trouveront, d'ailleurs, aux sources que nous leur indiquons.

CHAPITRE IV.

TRAVAUX DE MAÇONNERIE.

§ Ier OUTILS DU MAÇON.

108. Dans la profession de la maçonnerie, comme dans presque toutes celles qui tiennent aux bâtimens, les entre-preneurs fournissent une partie des outils, c'est-à-dire, les équipages, comme boulins, écoperches, cables, cableaux, cordages et vingtaines, grues, cabestans, moufles et poulies, brouettes, chariots, diables, camions, bars, pinces, poinçons, masses et bouchardes. Les compagnons doivent être munis, pour arriver à l'atelier; 1° d'une truelle en cuivre (fig. 1), et s'il y a quelques travaux de limousinerie à faire, d'une deuxième truelle longue en fer pour cet usage (fig 2); 2° d'une hachette (fig. 3), pour couper les vieux plâtres, ébousiner et équar-rir le moellon, et démolir ou faire des trous dans les murs, dans les planchers, etc.; 3° d'une taloche en bois, garnie d'une poignée (fig. 4) pour faire les enduits; souvent c'est l'entre-preneur qui la fournit; 4° d'une règle méplate pour prendre les niveaux (fig 5), et une carrée pour les feuillures, celle-ci de 32 à 35 mil. (14 à 15 l.) sur les deux sens (fig. 6); 5° d'un marteau ayant une panne carrée d'un côté, et à pic de l'au-tre (fig. 7); 6° d'une auge d'environ 65 c. (2 pi.) de longueur sur 40 c. (15 po.) de largeur prise au bord extérieur. L'entre-preneur en fournit de plus grandes pour jeter les plafonds; 7° d'une truelle bretée (fig 9), dentelée d'un côté et tranchante de l'autre, avec laquelle on nettoie et on dresse les enduits, en pas-sant d'abord la partie dentelée de haut en bas, et obliquement de gauche à droite, et ensuite le côté tranchant pour dresser; 8° d'un riflard (fig. 10), de deux niveaux (fig. 11 et 12) dont le premier se place sur la rive d'une règle élevée verticale-ment pour s'assurer de l'aplomb, et le second sur la règle po-sée horizontalement pour vérifier le niveau; 9° d'un plomb

(fig. 13), lequel est en cuivre tourné, ayant la figure d'un cône tronqué; il est accompagné d'un chat *a* carré, aussi en cuivre, percé au milieu, pour pouvoir glisser le long des cordeaux, et dont chacun des côtés est égal au diamètre du *plomb* qu'il accompagne, afin qu'en tenant ce chat appliqué sur le haut d'une surface verticale, et laissant pendre et reposer le plomb au bas de cette surface, on reconnaisse si elle est d'aplomb, c'est-à-dire exactement perpendiculaire à l'horizon, et alors le bord du plomb touche cette surface comme le chat; si elle est en surplomb, ce bord *a* s'en éloigne de toute la différence de la perpendiculaire. Ainsi, le chat étant tenu à 6 m. 50 c. (20 pi.), et ce bord *b* étant isolé de 27 c. (10 po.) du bas de la surface que nous supposons un mur, il en résulte évidemment que ce mur surplombe de 41 mill. par mètre, (6 lig. par pi.). Si, au contraire, on est obligé d'éloigner le chat de l'extrémité supérieure du mur pour faire toucher le bord *b* au pied, il en résultera que la différence sera le fruit du mur. A ce plomb est toujours joint quelques mètres de fouet ou de ligne, qui est très utile au maçon. 9° Enfin, le maçon doit avoir une série de gouges et de fers pour pousser à la main les angles et retours des corniches, de chapiteaux ou autres moulures interrompues nécessairement dans les emplacemens où l'on ne peut faire glisser le calibre (fig. 14, 15 et 16); et un ou plusieurs compas en fer (fig. 17).

§ II. MURS DE FONDATION, MURS DE CLOTURE, VOUTES DE CAVES, etc.

109. Ce qu'il y a de plus important dans les constructions, c'est d'asseoir un bâtiment, c'est-à-dire, en d'autres termes, de le placer sur un bon fond, et d'apporter les plus grandes précautions aux premières assises.

110. Lorsque les fouilles sont avancées à la profondeur convenable, si le niveau donne du sable fin, égal et compact, on peut entreprendre les tranchées de fouille pour les murs, et il suffit pour les constructions ordinaires qu'elles soient de 33 à 55 c. (12 à 20 po.) plus bas que le sol des caves. Après avoir bien nivelé le fond de cette tranchée, le maçon choisit dans le moellon qu'il a à sa disposition, les plus forts, et après les avoir ébousinés et dressé un peu leur lit, il étend un lit de mortier sur ce fond de sable, et place ensuite en liaison

les uns dans les autres ces moellons choisis, à plomb des lignes qu'il a tendues d'avance sur les broches, et frappe chacun d'eux avec la panne de son marteau pour les bien asseoir et les bien imprégner de mortier, dont le surplus est ramassé avec la truelle et remis sur le lit du dessus, afin qu'il ne soit pas perdu. Si l'on peut donner un peu d'empatement à cette première assise, c'est-à-dire si le mur de fondation devant avoir 65 c. (24 po.), on peut donner à cette première 75 à 80 c. (28 à 30 po.), elle n'en sera que mieux, parce qu'elle aura plus d'assiette; on remet un lit de mortier sur toute sa surface et on replace de même, et toujours d'arrasement, une seconde assise que l'on frappe comme la première, et ainsi de suite jusqu'à 16 c. (6 po.) du sol extérieur : ces 16 c. étant réservés pour le placement du pavé et de sa forme.

111. Il est à remarquer que, pour que les fondations soient solides, et que le tassement soit égal, il faut bien faire attention de placer uniformément des matériaux de même densité partout, ou si quelques-uns sont plus tendres ou de médiocre qualité, avoir soin de ne pas les mettre au-dessous des parties supérieures qui devront supporter de fortes charges, parce que le poids qu'elles auraient à recevoir les ferait fléchir inégalement, ce qui occasionerait des craquemens et des déchiremens dans ces parties supérieures, et compromettrait gravement la solidité.

112 Lorsqu'il est question d'un édifice de quelque importance, ou d'un mur de terrasse élevé, destiné à retenir des terres, on place sur la surface nivelée du sol reconnu convenable, une large assise en pierre, dite *libage* (fig. 18) : ces pierres sont brutes, le lit de dessus ébousiné et les joints, aussi bruts, remplis en mortier. Si l'épaisseur du mur permet de les placer en parpaing, cette assise n'en sera que plus solide. Dans le cas contraire, on les place alternativement en boutisse, avec les morceaux alternés de manière à croiser les joints irrégulièrement : on peut mettre alors une seconde assise de ces libages, ainsi qu'on le voit à la fig. 19, en leur donnant l'un sur l'autre un peu d'empatement, ainsi que le montre la figure 20. On peut voir aussi la disposition en plan de ces deux assises (fig. 21).

Sur cette deuxième assise, ou sur la double assise de libage que l'on a toujours soin d'arraser parfaitement de niveau, on place le moellon ou la meulière à bain de mortier, et par assises également de niveau, en introduisant des garnis ou petits éclats de ces mêmes matériaux, pour remplir entièrement les vides que laissent les joints bruts. Chaque moellon doit être frappé avec la panne de la hachette , et les garnis placés et enfoncés à la main dans le mortier qui déjà doit remplir le joint. Cette opération faite avec soin, et ayant attention que les paremens ne dépassent pas les lignes, on étend une couche de mortier sur toute la surface de l'arrase et on monte une autre assise semblable, et ainsi de suite jusqu'à la hauteur fixée d'avance pour la retraite, tant sur les broches que sur des repères tracés sur les objets qui environnent le bâtiment à élever. On peut juger de cette disposition par la fig. 19, qui montre une partie du mur construit ainsi, et la fig. 20; qui présente le même mur, mais vu de profil.

113. Lorsqu'on veut donner plus de solidité à un mur de revêtement ou autre, on élève des chaines en pierre de distance en distance, et presque toujours à 5 ou 6 m. (15 ou 18 pi.) de milieu en milieu; ces pierres font ordinairement tout le parpaing ou l'épaisseur du mur, et on doit prendre la précaution de les alterner en courtes et longues, en commençant par une longue sur l'assise de libage, et de manière à ce qu'un joint de cette assise de libage se trouve directement au-dessous du milieu ou à peu près de ce premier morceau ; le deuxième est plus court d'à peu près 33 c. (1 pied); le troisieme revient jeter harpe d'environ 16 à 24 c. (6 à 9 po.) sur celui-ci ; et ainsi de suite jusqu'en haut; la fig. 18 offrant deux chaines construites ainsi, fait voir la nécessité de cette liaison entre les chaines de pierre et les remplissages en moellon des intervalles, afin de ne faire qu'un seul corps.

114. Il est bon d'observer que souvent on ne fait de ces chaines en pierre que sous les angles des bâtimens et à plomb des charges, comme trumeaux, écoinçons, murs de refend, poutres et enchevêtremens de planchers ; il faut alors les distribuer dans les fondations en raison de l'emplacement de ces parties de construction destinées à supporter le fardeau. On conçoit que, dans ce cas, il n'est plus question de conserver des distances égales entre ces chaines.

115. Si le terrain n'offre pas la solidité désirable, ou qu'il soit de nature à éprouver un affaissement sous la charge du bâtiment , il faut avoir recours aux racinaux a (fig. 19, 20 et 21); ce sont des pièces de charpente méplates, qui ont de lon-

gueur un peu plus que l'épaisseur du mur, et que l'on place
sur le sol compressible, à la distance de 1 m. à 1 m. 33 c. (3
ou 4 pi.) l'un de l'autre, et parfaitement de niveau entre elles.
Sur ces plates formes, on fixe, avec de forts clous ou des chevillettes un plancher en madriers de chêne de 8 c. (3 po.) d'épaisseur qui les recouvre entièrement, et c'est sur ce plancher dont
toutes les pièces ne peuvent plus se séparer, que l'on élève le
mur, ainsi que nous l'avons dit plus haut.

116. Il est bon, avant de fixer les plates-formes, de remplir les intervalles des racinaux en moellonnailles à bain de
plâtre, afin de les maintenir à leur place : on peut encore garnir ces intervalles en terre comprimée à l'aide de la batte ou
demoiselle du paveur, en prenant garde de dévoyer les pièces
qui ont été nivelées entr'elles d'une extrémité à l'autre de
toute la fondation.

117. Si enfin le fond est glaiseux ou vaseux, et n'offre aucune consistance, on a recours au pilotage. Ces pilots doivent
être en bois de chêne, ainsi que les racinaux et les plates-
formes ; ils doivent être aussi placés en quinconce à 1 m. ou
1 m. 33 c. (3 ou 4 pi.) d'intervalle sur la longueur de la fondation, et au moins à double rang sur la largeur. Ces pilots
s'enfoncent dans le terrain au moyen d'un mouton ou sonnette,
et jusqu'à ce qu'ils rencontrent une résistance qui leur assure
l'appui nécessaire.

118. C'est alors que l'on coupe de niveau entre elles toutes
les têtes de ces pilots, et que l'on place en travers de la fondation les racinaux _a_, en les fixant avec une chevillette, et sur
ces derniers un plancher de madriers en chêne _c_ qui enfin reçoit la première assise _d_ des libages en pierre ; les fig. 19, 20
et 21 de la planche première montrent ce travail vu en plan,
en coupe et en élévation.

119. Tous les intervalles entre les chaînes sont aussi remplis
en meulière si le pays en fournit ; il remplace le moellon et lui
est supérieur pour ces sortes de constructions, à cause de son
adhérence parfaite avec le mortier dont on a soin de remplir
toutes ses aspérités.

120. Lorsque les terres sont compactes et qu'elles peuvent
se couper perpendiculairement, on en profite quelquefois pour
creuser la tranchée précisément de l'épaisseur du mur de
fondation projeté, et après l'avoir vidée et bien nivelée, on
jette en blocage du mortier et de la meulière sans aucun ar-

rangement autre que de mettre cette meulière à plat, de bien garnir de mortier et de garnis, et de toujours suivre la fondation à niveau. On voit cet encaissement naturel en plan (fig. 22, pl. 1re).

121. Enfin, pour des constructions importantes, telles que digues de mer ou autres semblables, on fait souvent des encaissemens composés de piquets en bois de chêne, d'un équarrissage convenable, en raison de l'épaisseur du blocage ou massif de fondation, sur lesquels on fixe avec des chevillettes de fer, des madriers aussi de chêne, placés transversalement au-dessus les uns des autres, depuis le pied du mur jusqu'à son arrasement supérieur, et on bloque aussi les matériaux dont on peut disposer pour remplir cet encaissement, et toujours à bain de mortier, sans vides ni interstices libres, afin que tout ne fasse qu'un seul corps, et que l'encaissement venant à pourrir par le contact des mortiers et des terres humides, le mur construit ne forme plus qu'un bloc impossible à diviser. La fig. 23 présente le plan de cet encaissement, et la fig. 24 est l'un des côtés extérieurs vu en élévation.

122. Dans le but d'épargner les matériaux lorsqu'ils sont fort chers, on peut construire les fondations par piliers seulement à des intervalles donnés, lesquels sont reliés ensemble par des arcs plein cintre, ou surbaissés, comme on le voit fig. 25. On remplit ensuite les reins des voûtes en moellon ou en meulière, aussi à bain de mortier; on remplit en terre provenant des fouilles les intervalles laissés entre les arcs, et on élève au-dessus de ces derniers les murs supérieurs.

C'est aussi lorsqu'un aqueduc public passe dans un terrain où on veut construire, comme il arrive souvent à Paris, que l'on doit faire usage de ces arcades, afin d'isoler entièrement la construction particulière de celle qui doit être entretenue et réparée aux frais de la ville. La fig. 26 indique une arcade faite par ce motif, et qui interrompt une fondation pleine partout ailleurs : *a* est l'aqueduc, *b* le tuyau de fonte qui conduit les eaux, lequel est supporté au droit de chaque nœud sur des tasseaux en pierre.

Ces arcades peuvent se faire aussi en ogive, comme fig. 27, et toujours sur une ou deux assises de libage, avec empatement, comme la coupe fig. 28.

123. Comme il est indispensable que les entrepreneurs con-

naissent les obligations que les lois et ordonnances de police leur imposent, nous leur ferons connaître dans le courant de cet ouvrage les dispositions des actes de l'autorité qu'il ne leur est pas permis d'ignorer, afin qu'ils puissent toujours s'y conformer.

Voici, relativement aux fondations des bâtimens, l'extrait de l'ordonnance du 29 octobre 1685, à laquelle il n'est pas dérogé depuis par les réglemens postérieurs:

« Tous les murs en fondation, depuis le bon et solide fond jusqu'au rez-de-chaussée des rues ou cours, seront construits avec moellons et libages de bonne qualité bien ébousinés, les lits et joints piqués et élevés d'arrase en liaison jusqu'au rez-de-chaussée, lesquels murs en fondations seront maçonnés avec chaux et sable et d'épaisseur suffisante pour l'élévation qu'il y aura au-dessus, observant d'y mettre des parpaings et boutisses le plus qu'il se pourra.

» Il est pareillement ordonné que le mortier soit un composé de bon sable graveleux, dans lequel mortier il entrera les deux tiers de sable, et l'autre tiers de chaux éteinte.

» Les murs qui seront élevés au-dessus du rez-de-chaussée avec moellons et mortier de chaux et sable, seront de pareille qualité que ceux des fondations ci-dessus, en y observant les retraites ou empatemens au rez-de-chaussée, comme il est d'usage.

» Ainsi le mur de fondation qui aura soixante-cinq centimètres (deux pieds) d'épaisseur, portera au rez-de chaussée un mur de quarante-neuf centimètres (dix-huit pouces), lequel sera posé au milieu de l'épaisseur du premier, de manière à laisser déborder celui-ci de quatre-vingt-dix-huit millimètres (trois pouces) de chaque côté. Il ne sera fait ni construit de gros murs en fondations maçonnées avec plâtre.

» Quant aux murs que l'on construira avec moellons et plâtre, au rez-de-chaussée, on observera de même de piquer et tailler les moellons par assises et liaisons, ainsi qu'aux murs faits avec moellons et mortier de chaux et sable, vulgairement appelés de *limousinerie*, dont le plâtre que l'on emploiera à la construction desdits murs sera passé au crible ou panier; défense d'en user autrement à l'avenir, à peine d'amende contre les ouvriers contrevenans et de démolition de leurs ouvrages.

» Et pour plus grande solidité auxdits murs élevés en plâtre au-dessus du rez-de-chaussée, on posera au-dessus dudit rez-de-chaussée, une ou deux assises de pierre de bonne qualité, et principalement au mur du pignon. (Jugement du maître général des bâtimens sur les murs en fondation, du 29 octobre 1685). »

124. Voici ce que dit *Vitruve* relativement aux fondations :

« Il faut que les fondemens soient creusés dans le solide ou jusqu'au solide, autant que la grandeur de l'édifice le requiert; ils doivent être bâtis sur le fond de la tranchée qui a été faite, avec la solidité possible. Lorsqu'ils seront élevés hors de terre, on construira la muraille qui doit porter les colonnes, avec une largeur qui surpasse de la moitié celle des colonnes qui doivent être posées dessus, afin que cette partie basse qui s'appelle *stéréobate*, à cause qu'elle porte le faix, soit plus forte que le haut, et que la saillie des bases n'excède point le solide de ce mur; et tout de même l'épaisseur des murailles qui sont au-dessus doit être diminuée par la même proportion; mais il faut que les intervalles soient affermis par des arcs de voûte, la terre ayant été rendue plus solide en la battant avec *la machine dont on enfonce les pilotis;* que si l'on ne peut aller jusqu'à terre ferme, et que le lieu ne soit que des terres rapportées ou marécageuses, il le faudra creuser autant que l'on pourra, et y ficher des *pilotis* de bois d'aune, d'olivier ou de chêne un peu brûlé, et les enfoncer avec des machines fort près à près; ensuite remplir de charbon les entre-deux des pilotis, et bâtir dans toute la tranchée qui aura été creusée, une maçonnerie très solide. (Vitruve, liv. 3.)

» Il faut aussi faire en sorte que le poids des murs soit soulagé par des décharges faites de pierres taillées en manière de coins et disposées en voûtes; car les deux bouts de l'arcade de la décharge étant posés sur le bout du linteau ou du poitrail, le bois ne pliera point, parce qu'il sera déchargé d'une partie de son faix, et que s'il lui arrivait quelque défaut par la longueur du tems, on le pourrait rétablir sans qu'il fût besoin d'étayer. Mais pour les édifices qui sont bâtis sur des piles jointes par des arcades, il faut prendre garde que les piles des extrémités soient plus larges, afin qu'elles puissent résister à l'effort des pierres taillées en coins, qui se pressant l'une l'autre pour aller au centre, à cause du poids des murs qui sont au-dessus, pourraient pousser les *impostes :* car ces piles étant fort larges vers les coins, l'ouvrage en sera beaucoup plus ferme. (Vitruve, liv. 6.) »

MAÇON.   6

125. Lorsqu'on a voûté les caves, on remplit les reins des voûtes en moellonnaille, recoupes de pierres et autres menus matériaux que l'on a sous la main, et que l'on enfonce dans le mortier avec la paume de la hachette, ce remplissage est arrasé de niveau, de manière que la clé de la voûte soit libre ou du moins peu chargée, et sur cette arrase on pose le carreau ou le plancher sur lambourdes ainsi qu'il est marqué à la coupe fig. 29. La voûte de cette figure est cintrée en anse de panier: elle indique un soupirail vu de profil, et prenant jour dans la retraite extérieure du mur de face, et un autre vu de face qui en montre l'évasement, lequel devient insensible à une certaine hauteur du mur.

La fig. 30 est la coupe d'une cave dont les portes sont cintrées plein cintre en moellons, et rachetées dans la voûte du berceau : le plan de cette construction est la fig. 31.

126. Il faut moins de précautions pour construire des murs de clôture qui ne doivent recevoir aucune construction ; aussi 48 à 65 c. (18 po. à 2 pi.) de fondation suffisent dans ce dernier cas pour la profondeur de la fondation, et on ajoute seulement 54 à 80 mil. (2 à 3 po.) d'empatement à l'épaisseur : ainsi si le pied du mur a 40 c. (15 po.) pour être réduit à 33 c. (1 pi.) au sommet, la fondation peut n'avoir que 48 à 54 c. (18 à 20 po.) d'épaisseur Si ces murs de clôture sont construits sur un terrain en pente, on les fonde par redents horizontaux, selon l'inclinaison du sol, ainsi qu'on le voit fig 32, afin que la construction soit toujours bien assise, et ne tende pas à glisser vers les parties inférieures.

Les chaperons de ces murs se font à un ou à deux égoûts, selon que le mur est mitoyen ou non entre les deux voisins ; ces chaperons se font en plâtre ou en mortier de chaux et sable ; on en couvre aussi en tuile, en conservant une saillie de 8 à 10 c. (3 à 4 po.) pour garantir les enduits, ou en faitières à recouvrement, ou enfin en paille, fougère ou autre, que l'on construit avec un dos d'âne de terre franche : ces derniers se font ainsi pour couronner les murs sans importance de vergers, de clos, de marais, de fermes et bâtimens ruraux.

« Dans les villes et faubourgs, chacun peut contraindre son voisin à contribuer aux constructions et réparations de la clôture faisant séparation de leurs maisons, cours et jardins assis ès-dites villes et faubourgs : la hauteur de la clôture est fixée suivant les réglemens particuliers ou les usages constans et re-

connus, et à défaut d'usages et de réglemens, tout mur de séparation entre voisins qui sera construit ou rétabli à l'avenir,
doit avoir au moins 3 mètres 20 centimètres (10 pieds) de hauteur compris le chaperon, dans les villes de cinquante mille
ames et au-dessus, et 2 mètres 60 centimètres (8 pieds) dans
les autres. (Cod. civ. art. 663.) »

§ III. FOSSES D'AISANCES.

127. Les fosses d'aisances doivent être exécutées avec les
plus grandes précautions, et notamment dans les villes importantes et populeuses, à cause de leur voisinage avec les caves
et les puits voisins : elles se construisent le plus souvent au-
dessous ou près des escaliers, parce qu'en formant une portion
circulaire qui donne de la grace à cette partie d'une habitation, la conduite est cachée dans l'épaisseur que laisse le
demi-cercle. Cette conduite doit toujours être parfaitement
verticale ; inclinée elle s'engorgerait facilement ; elle corres-
pond à chaque cabinet au moyen de culottes en plomb ou en
terre cuite qui tiennent aux siéges. Leur moindre diamètre est
de 22 c. (8 po) ; il vaut mieux, si l'emplacement le permet, de
lui donner 24 et même 27 c. (9 ou 10 po.) Dans les bâtimens
quelqu'importance on fait ces conduits en fonte dont les joints
de jonction sont remplis en mastic de fontainiers ou équiva-
lent : ces conduites sont les meilleures et moins sujettes à réparation que celles en terre, en grès ou autres matières semblables.

128. Quant à la construction de la fosse, si le terrain est
assez sec pour permettre de la placer au-dessous des caves,
cette position n'en est que mieux, parce que si par suite il y a
quelqu'infiltration, il y a moins d'inconvénient que si elle
était au même sol. Du reste les divers réglemens de voirie de
chaque localité déterminant les précautions à prendre en pareil cas, nous nous bornerons à citer les ordonnances générales
qui s'appliquent à toutes les propriétés et celles obligatoires
seulement pour Paris. Les usages locaux seront ensuite consultés
pour les modifications à admettre.

129. La coutume de Paris, art. 193, veut que tout propriétaire de maisons de la ville et faubourgs de Paris ait des
latrines et *privés* suffisans en leurs maisons ; et l'art 191 ordonne que qui veut faire aisances de privés ou puits contre

un mur mitoyen, doit faire un contre-mur d'un pied d'épaisseur ; « et où il y a d'un chacun côté un puits d'un côté et aisances de l'autre, il suffit qu'il y ait quatre pieds (1 m. 30 c.) de maçonnerie d'épaisseur entre deux, comprenant les épaisseurs des murs d'une part et d'autre ; mais entre deux puits suffisent trois pieds (98 c.) pour le moins. »

130. Une ordonnance du 28 janvier 1741, enjoint à tout propriétaire de pourvoir aux réparations à faire, tant aux voûtes des caves qu'à celles des fosses d'aisances qui peuvent avoir été endommagées, et aux fondemens des maisons qui menaceraient du moindre danger. Une ordonnance de police du 24 pluviose an X reproduit les mêmes injonctions, sous peine de 400 francs d'amende.

131. Enfin l'ordonnance du roi en date du 24 septembre 1819, règle définitivement le mode de ces sortes de constructions pour Paris, et s'exprime ainsi :

SECTION 1re. *Des constructions neuves.*

« Art. 1er. A l'avenir, dans aucun des bâtimens publics ou particuliers de notre bonne ville de Paris et de leurs dépendances, on ne pourra employer pour fosses d'aisances, des puits, puisarts, égoûts, aqueducs ou carrières abandonnées sans y faire les constructions prescrites par le présent réglement.

» Art. 2. Lorsque les fosses seront placées sous le sol des caves, ces caves devront avoir une communication immédiate avec l'air extérieur.

» Art. 3. Les caves sous lesquelles seront construites les fosses d'aisance, devront être assez spacieuses pour contenir quatre travailleurs et leurs ustensiles, et avoir au moins deux mètres de hauteur sous voûte.

» Art. 4. Les murs, la voûte et le fond des fosses seront entièrement construits en pierres meulières maçonnées avec du mortier de chaux maigre et de sable de rivière bien lavé.

» Les parois des fosses seront enduites de pareil mortier lissé à la truelle.

» On ne pourra donner moins de trente à trente-cinq centimetres d'épaisseur aux voûtes, et moins de quarante-cinq ou cinquante centimètres aux massifs et aux murs.

» Art. 5. Il est défendu d'établir des compartimens ou divisions dans les fosses, d'y construire des piliers, et d'y faire des chaînes ou des arcs en pierres apparentes.

» Art. 6. Le fond des fosses d'aisances sera fait en forme de cuvette concave.

» Tous les angles intérieurs seront effacés par des arrondissemens de vingt-cinq centimètres de rayon.

» Art. 7. Autant que les localités le permettront, les fosses d'aisances seront construites sur un plan circulaire, elliptique ou rectangulaire.

» On ne permettra point la construction de fosses à angles rentrans, hors le seul cas où la surface de la fosse serait au moins de quatre mètres carrés de chaque côté de l'angle ; et alors il serait pratiqué, de l'un et de l'autre côté, une ouverture d'extraction.

» Art. 8. Les fosses, quelle que soit leur capacité, ne pourront avoir moins de deux mètres de hauteur sous clé.

» Art. 9. Les fosses seront couvertes par une voûte en plein cintre, ou qui n'en différera que d'un tiers de rayon.

» Art. 10. L'ouverture d'extraction des matières sera placée au milieu de la voûte, autant que les localités le permettront.

» La cheminée de cette ouverture ne devra pas excéder un mètre cinquante centimètres de hauteur, à moins que les localités n'exigent impérieusement une plus grande hauteur.

» Art. 11. L'ouverture d'extraction correspondant à une cheminée d'un mètre cinquante centimètres au plus de hauteur, ne pourra avoir moins d'un mètre en longueur sur soixante-cinq centimètres en largeur.

» Lorsque cette ouverture correspondra à une cheminée excédant un mètre cinquante centimètres de hauteur, les dimensions ci-dessus spécifiées seront augmentées de manière que l'une de ces dimensions soit égale aux deux tiers de la hauteur de la cheminée.

» Art. 12. Il sera placé en outre à la voûte, dans la partie la plus éloignée du tuyau de chute et de l'ouverture d'extraction, si elle n'est pas dans le milieu, un tampon mobile, dont le diamètre ne pourra être moindre de cinquante centimètres; ce tampon sera encastré dans un châssis en pierre, et garni dans son milieu d'un anneau en fer.

» Art. 13. Néanmoins ce tampon ne sera pas exigible pour les fosses dont la vidange sera au niveau du rez-de-chaussée, et qui auront sur ce même sol des cabinets d'aisances avec trémie ou siége sans bonde, et pour celles qui auront une superficie moindre de six mètres dans le fond , et dont l'ouverture d'extraction sera dans le milieu.

» Art. 14. Le tuyau de chute sera toujours vertical.

» Son diamètre intérieur ne pourra avoir moins de vingt-cinq centimètres s'il est en terre cuite, et vingt centimètres s'il est en fonte.

» Art. 15. Il sera établi parallèlement au tuyau de chute un tuyau d'évent, lequel sera conduit jusqu'à la hauteur des souches de cheminées de la maison ou de celles des maisons contiguës , si elles sont plus élevées.

» Le diamètre de ce tuyau d'évent sera de vingt-cinq centimètres au moins : s'il passe cette dimension, il dispensera du tampon mobile.

» Art. 16. L'orifice intérieur des tuyaux de chute et d'évent ne pourra être descendu au-dessous des points les plus élevés de l'intrados de la voûte.

SECTION II. *Des reconstructions des fosses d'aisances dans les maisons existantes.*

» Art. 17. Les fosses actuellement pratiquées dans des puits, puisarts, égoûts anciens, aqueducs ou carrières abandonnées, seront comblées et reconstruites à la première vidange.

»Art. 18. Les fosses situées sous le sol des caves, qui n'auraient point de communication immédiate avec l'air extérieur, seront comblées à la première vidange, si l'on ne peut pas établir cette communication.

» Art. 19. Les fosses actuellement existantes dont l'ouverture d'extraction, dans les deux cas déterminés par l'art. 11 , n'auraient pas et ne pourraient avoir les dimensions prescrites par le même article, celles dont la vidange ne peut avoir lieu que par des soupiraux ou des tuyaux, seront comblées à la première vidange.

» Art. 20. Les fosses à compartimens ou étranglemens seront comblées ou reconstruites à la première vidange, si l'on ne peut pas faire disparaitre ces étranglemens ou compartimens, et qu'ils soient reconnus dangereux.

» Art. 21. Toutes les fosses des maisons existantes qui seront reconstruites , le seront suivant le mode prescrit par la première section du présent réglement.

» Néanmoins le tuyau d'évent ne pourra être exigé que s'il

y a lieu à reconstruire un des murs en élévation au-dessus de
ceux de la fosse, ou si ce tuyau peut se placer intérieurement
ou extérieurement, sans altérer la décoration des maisons.

SECTION III. *Des réparations des fosses d'aisance.*

» Art. 22. Dans toutes les fosses existantes et lors de la
première vidange, l'ouverture d'extraction sera agrandie, si
elle n'a pas les dimensions prescrites par l'art. 2 de la présente
ordonnance.

» Art. 23. Dans toutes les fosses dont la voûte aura besoin de
réparations, il sera établi un tampon mobile, à moins qu'elles
ne se trouvent dans le cas d'exception prévu par l'art. 13.

» Art. 24. Les piliers isolés établis dans les fosses seront
supprimés à la première vidange, ou l'intervalle entre les piliers et les murs sera rempli en maçonnerie, toutes les fois
que le passage entre ces piliers et les murs aura moins de
soixante-dix centimètres de largeur.

» Art. 25. Les étranglemens existant dans les fosses, et qui
ne laisseraient pas un passage de soixante-dix centimètres au
moins de largeur, seront élargis à la première vidange autant
qu'il sera possible.

» Art. 26. Lorsque le tuyau de chute ne communiquera
avec la fosse que par un couloir ayant moins d'un mètre de
largeur, le fond de ce couloir sera établi en glacis jusqu'au
fond de la fosse, sous une inclinaison de quarante-cinq degrés
au moins.

» Art. 27. Toute fosse qui laisserait filtrer ses eaux par les
murs ou par le fond, sera réparée.

» Art. 28. Les réparations consistant à faire des rejointoiemens, à élargir l'ouverture d'extraction, placer un tampon
mobile, rétablir les tuyaux de chute ou d'évent, reprendre la
voûte et les murs, boucher ou élargir les étranglemens, réparer
le fond des fosses, supprimer des piliers, pourront être faits
suivant les procédés employés à la construction primitive de la
fosse.

» Art. 29. Les réparations consistant dans la reconstruction
entière d'un mur, de la voûte ou d'un massif du fond des fosses
d'aisance, ne pourront être faites que suivant le mode indiqué
ci-dessus pour les constructions neuves.

» Il en sera de même pour l'enduit général, s'il y a lieu à en
revêtir les fosses.

» Art. 3o. Les propriétaires des maisons dont les fosses seront supprimées en vertu de la présente ordonnance, seront tenus d'en faire reconstruire de nouvelles, conformément aux dispositions prescrites par les articles de la première section.

» Art. 31. Ne seront pas astreints aux constructions ci-dessus déterminées, les propriétaires qui, en supprimant leurs anciennes fosses, y substitueront les appareils connus sous le nom de fosses mobiles inodores, ou tous autres appareils que l'administration publique aurait reconnu par la suite pouvoir être employés concurremment avec ceux-ci.

» Art. 32. En cas de contravention aux dispositions de la présente ordonnance ou d'opposition de la part des propriétaires aux mesures prescrites par l'administration, il sera procédé, dans les formes voulues, devant le tribunal de police, ou le tribunal civil, suivant la nature de l'affaire.

ORDONNANCE DE POLICE POUR L'EXÉCUTION DE L'ORDONNANCE ROYALE QUI PRÉCÈDE, *du 23 octobre 1819.*

« Vu, 1° l'ordonnance du Roi, du 24 septembre 1819, etc.

» 2° L'ordonnance de police du 24 avril 1808, concernant les vidangeurs.

» 3° La loi du 16 — 24 août 1790, titre XI, article 3, § V.

4° L'art. 23, § 5 de l'arrêté du gouvernement, du 12 messidor, an VIII (1er juillet 1800).

» Art. Ier. L'ordonnance du Roi du 24 septembre 1819, contenant réglement pour les constructions, reconstructions et réparations des fosses d'aisances dans la ville de Paris, sera imprimée et affichée.

» Art. 2. Aucune fosse ne pourra être construite, reconstruite, réparée ou supprimée, sans déclaration préalable à la préfecture de police.

» Cette déclaration sera faite par le propriétaire ou par l'entrepreneur chargé de l'exécution des ouvrages.

» Dans le cas de construction ou de reconstruction, la déclaration devra être accompagnée du plan de la fosse à construire ou à reconstruire, et de celui de l'étage supérieur.

« Art. 3. La même déclaration sera faite, soit par les propriétaires qui feront établir dans leurs maisons les appareils connus sous le nom de fosses mobiles inodores, et tous autres appareils que l'administration publique approuverait par la suite, soit par les entrepreneurs de ces établissemens.

» Art. 4. Seront tenus à la même déclaration les propriétaires qui voudront combler des fosses d'aisances ou les convertir en caves, ou les entrepreneurs chargés des travaux relatifs à ces comblemens ou suppressions.

» Art. 5. Il est défendu, même après la déclaration faite à la préfecture, de commencer les travaux relatifs aux fosses d'aisances, ou à l'établissement d'appareils quelconques, sans avoir obtenu l'autorisation nécessaire à cet effet.

» Art. 6. Il est défendu aux propriétaires ou entrepreneurs d'extraire ou faire extraire, par leurs ouvriers ou tous autres, les eaux, vases et matières qui se trouveraient dans les fosses.

» Cette extraction ne pourra être faite que par un entre-preneur des vidanges.

» Art. 7. Il leur est également défendu de faire couler dans la rue les eaux claires et sans odeur qui reviendraient dans la fosse après la vidange, à moins d'y être spécialement autorisés.

» Art. 8. Tout propriétaire faisant procéder à la réparation ou à la démolition d'une fosse, ou tout entrepreneur chargé des mêmes travaux, sera tenu, tant que dureront la démolition et l'extraction des pierres, d'avoir à l'extérieur de la fosse autant d'ouvriers qu'il en emploiera dans l'intérieur.

» Art. 9. Chaque ouvrier travaillant à la démolition ou à l'extraction des pierres sera ceint d'un bridage dont l'attache sera tenue par un ouvrier à l'extérieur.

» Art. 10. Les propriétaires et les entrepreneurs sont, aux termes de la loi, responsables des effets des contraventions aux quatre articles précédens.

» Art. 11. Toute fosse, avant d'être comblée, sera vidée et curée à fond.

» Art. 12. Toute fosse destinée à être convertie en cave sera curée avec soin ; les joints en seront grattés à vif, et les parties en mauvais état réparées, en se conformant aux dispositions prescrites par les art. 6, 7, 8 et 9.

» Art. 13. Si un ouvrier est frappé d'asphyxie en travaillant dans une fosse, les travaux seront suspendus à l'instant, et déclaration en sera faite dans le jour, à la préfecture de police.

» Les travaux ne pourront être repris qu'avec les précautions et les mesures indiquées par l'autorité.

» Art. 14. Tous les matériaux provenant de la démolition des fosses d'aisances seront immédiatement enlevés.

» Art. 15. Il ne pourra être fait usage d'une fosse d'aisances nouvellement construite ou réparée qu'après la visite de l'architecte-commissaire de la petite voirie, qui délivrera son certificat constatant que les dispositions prescrites par l'autorité ont été exécutées.

» Toutefois, lorsqu'il y aura lieu à revêtir tout ou partie de la fosse, de l'enduit prescrit par le § II de l'article 4 de l'ordonnance royale du 24 septembre 1819, il devra être fait, par le même architecte, une visite préalable pour constater l'état des murs avant l'application de l'enduit.

» Art. 16. Tout propriétaire qui aura supprimé une ou plusieurs fosses d'aisances, pour établir des appareils quelconques en tenant lieu, et qui, par la suite, renoncerait à l'usage desdits appareils, sera tenu de rendre à leur première destination les fosses supprimées, ou d'en faire construire de nouvelles, en se conformant aux dispositions de l'ordonnance du Roi du 24 septembre 1819, et de la présente ordonnance.

» Art. 17. Les contraventions seront constatées par des procès-verbaux ou rapports qui nous seront transmis sans délai.

» Art. 18. Les commissaires de police, l'architecte-commissaire de la petite voirie, l'inspecteur-général de la salubrité et les autres préposés de la préfecture de police sont chargés de surveiller l'exécution de la présente ordonnance.

132. C'est d'après ces diverses dispositions que la coupe d'une fosse d'aisances (fig. 37, pl. 2) et son plan (fig. 38) ont été dessinés. La lettre *a*, dans ces deux figures, indique la descente ou conduite verticale; *b* la ventouse en terre cuite de 16 c. (6 po.) de diamètre, qui prend de la voûte de la fosse et s'élève jusqu'à l'extérieur du comble; *c*, est le châssis en pierre recevant à feuillure le tampon de l'extraction des matières; *d* est le tampon, qui a ordinairement 11 à 15 c.(4 à 5 po.) d'épaisseur, et qui est garni d'un anneau pour le soulever, au moyen d'un boulin qui le traverse et qui est mu comme un levier; *e* est la cheminée d'extraction; *f* est le mur ordinaire en moellon; *g* le contre-mur en meulière; *h* l'enduit en ciment. Ces deux figures comparées avec le texte des ordonnances ci-dessus citées, suffiront pour rendre palpables les conditions exigées par l'autorité, dans l'intérêt général des

habitans d'une grande cité ; mais qui sont nécessairement modifiées pour des localités de moindre importance.

§ IV. MURS EN ÉLÉVATION, DE FACE ET DE REFEND.

133. Les murs de face ne diffèrent pas quant à leur construction, des murs en fondation : on peut donc les ériger en pierre, en moellon, en meulière ou en briques, et même avec plusieurs de ces matières placées convenablement : savoir les jambes étrières, pieds-droits et encoignures en pierre, et les intervalles en moellon ou meulière, les parties formant dossier de cheminée, en briques, et ainsi de suite. Ces mélanges produisent aussi seuls une décoration qui imprime souvent à l'édifice le caractère qui annonce sa destination.

134. Il est bon d'observer cependant que ces murs, au lieu d'être élevés à plomb, comme ceux en fondation, doivent avoir une certaine inclinaison ou *fruit* ainsi que le disent les ouvriers, par exemple les murs de face doivent être construits exactement à plomb du côté du parement intérieur, mais à fruit d'à peu près 3 mill. par mètre (3 lig. par toise) au parement extérieur, de telle sorte que si ce mur avait 65 c. (24 po.) d'épaisseur au-dessus de sa fondation, il n'aurait plus que 62 c. (23 po.) à la hauteur de 7 m. 80 c. (24 pi.), que 60 c. (22 po.) à 15 m. 60 c. (48 pi), et que 58 cent. (21 po. 1/2) à 19 m. 50 c. (60 pi.); s'il n'avait que 49 cent. (18 po.) au pied, il n'aurait alors que 42 c. (15 po. 1/2) à cette même élévation, et ainsi de suite.

135. Les murs de refend, au contraire, doivent monter d'aplomb, ou s'ils sont diminués graduellement d'épaisseur, à partir du pied jusqu'au sommet, il faut qu'ils le soient également des deux côtés et dans les mêmes proportions que ci-dessus, à peu près ; ainsi un mur de cette espèce qui aurait comme le premier 65 c. (24 po.) d'épaisseur à sa base sur les fondations, diminuerait de 3 mill. de chaque côté par mètre, et n'aurait que 52 c. (19 po.) à 19 m. 50 c. (60 pi.) de hauteur, au lieu de 58 c. (21 po. 1/2) que conserverait le mur de face ; et celui de 49 c. (18 po.) n'aurait plus que 35 à 38 c. (13 à 14 po.) à cette même hauteur. On peut encore, pour obtenir le même résultat, les monter en retraite à chaque plancher.

136. Il est inutile de dire que, dans tous les cas, les murs de refend doivent être, ainsi que ceux de face, assis sur de bonnes fondations, et arrasés sur le même sol, parce qu'ayant

à supporter des souches de cheminée, des planchers, quelquefois des voûtes en voussures, des portées d'escalier, etc., il
est important qu'ils soient aussi solidement établis que les murs.
de face, et que leur tassement s'opère de la même manière.

137. On fait aussi des murs entièrement en briques ; voyez
les *ouvrages en briques* ci-après.

138. Les baies de portes et de croisées réservées dans ces
murs sont de diverses espèces. Les plus simples, dans les murs
en moellon ou en meulière, sont arrasées à la hauteur fixée
par les plans, et sont garnies de linteaux en charpente, chêne
de brin, de la largeur de la baie, plus un pied pour les deux
portées pour les écoinçons et trumeaux, ayant soin de les placer environ à 4 c. (15 lig.) plus haut que les mesures du plan,
afin d'avoir en-dessous l'épaisseur de la latte et de l'enduit du
recouvrement ; lorsqu'il y a des persiennes ou des volets à l'extérieur, la pièce de linteau de ce côté doit être refeuillée : ce
linteau de charpente est ordinairement en trois morceaux dont
deux, égaux en grosseur et de la longueur nécessaire pour
qu'il reste 16 c. (6 po.) au moins de portée tant dans le tableau que dans l'ébrasement. Ces deux premiers sont en retraite
sur le nu du mur, d'à peu près 27 mill. (1 po.) pour l'épaisseur du plâtre ; le dernier est un petit remplissage au milieu,
pour occuper la place vide s'il en reste : cette disposition se
voit dans le plan d'une baie (fig 39, pl. 2) et dans l'élévation
(fig. 40) de cette même baie.

136. Lorsqu'on ne met point de linteaux en charpente, on
construit une plate-bande légèrement cintrée avec des moellons durs taillés en coupe, et les ébrasemens en menuiserie
appliqués cachent cette partie cintrée. La fig. 41 montre la
disposition de cette plate-bande qui se fait quelquefois d'une
seule brique de hauteur, comme fig. 42 ; sur autant qu'il en
faut pour former toute l'épaisseur du mur, moins les plâtres
du ravelement extérieur et de l'enduit intérieur, ou en briques aussi posées verticalement, mais de deux briques de hauteur, comme fig. 43; ou enfin en claveaux de pierre, ainsi
qu'on le voit fig. 44, dont la moitié présente des claveaux
s'appuyant sans sommier sur un des pieds-droits en moellons,
et l'autre couronnant un pied-droit aussi en pierre, et s'appuyant sur un sommier qui reçoit la plate-bande droite.

140. Lorsque ces dernières plates-bandes sont d'une certaine largeur, on entaille sous l'intrados un ou deux lin-

teaux en fer qui ont leur portée sur les sommiers : ces linteaux sont peints avec soin à l'huile, pour éviter la rouille,
et on remplit en plâtre coloré couleur de pierre, les entailles
faites pour les recevoir, et dont la profondeur doit laisser
14 mil. (6 li.) pour l'épaisseur de ces plâtres. Il est bon que ces
barres de linteaux aient quelques aspérités faites au ciseau et
à chaud, pour retenir cet enduit. Pour les soulager, on construit aussi des arcs de décharge (fig. 45), soit en pierre, soit
en brique, ou même en moellon dur, de façon que toute la
charge est reportée sur les pieds-droits, et que la plate-bande
n'a véritablement à supporter que le remplissage *a*.

141. Enfin, lorsque ces baies sont cintrées, comme à la
fig. 46, on pose sur quatre poteaux *a* deux cintres en charpente *b* que l'on garnit ensuite à la circonférence, de petits
bouts de madriers; et l'on construit le cintre en moellon,
en brique ou en pierre sur ce bâtis, que l'on déplace lorsque
la clé *c* est posée, pour les replacer successivement à d'autres
baies de même dimension du même bâtiment.

§ V. DES ENDUITS, DES RAVALEMENS, DU BLANC-EN-BOURRE, DES BADIGEONS.

142. Les enduits et ravalemens se font généralement en plâtre, du moins partout où cette matière est abondante, et même
dans les localités où elle peut être transportée sans de trop
grands frais ; car c'est une des plus précieuses que nous possé-
dions. Cette pierre est tellement appréciée, qu'on en fait des
envois considérables dans le Nouveau-Monde.

143. Mais la qualité du plâtre dépend de la cuisson, et dans
un même four il y en a trois ou quatre sortes : c'est celui du
milieu qui est préférable si le feu a été bien conduit : il se
divise ensuite en plusieurs espèces; le plus beau est réservé
pour le moulage des sculptures si l'on en a besoin, sinon pour
les bâtimens; mais un carrier adroit fait une part de son four
des parties du milieu, une autre part du dessus et du dessous, et enfin, une troisième de son fond de four, mêlé de
braise et de poussière, pour les ouvrages médiocres, comme
hourdis de pans de bois et de murs, scellemens provisoires et
autres, les premières qualités étant réservées pour les enduits,
plafonds, corniches et autres ouvrages qui constituent la décoration des bâtimens, etc.

144. Il faut que le plâtre soit toujours placé dans un endroit exempt de toute humidité, et le moins possible en contact avec l'air atmosphérique, car alors il se détériore promptement et perd insensiblement cette faculté si précieuse de se solidifier en quelques instans, quoique mêlé avec une quantité convenable d'eau. Nous ne saurions trop recommander ces petits soins aux maçons qui sont obligés d'avoir un gâchoir permanent, où le plâtre du jour ou de la veille ne se consomme que plusieurs jours après sa sortie du four; car c'est surtout par sa force de cohésion avec le liquide, qu'il est propre à tous les ouvrages qui doivent recevoir des arêtes vives, et dont les surfaces doivent être parfaitement dressées et unies.

145. Mais il est encore une condition essentielle à observer pour que le plâtre soit propre aux ouvrages divers auxquels on le destine; c'est d'être gâché comme il doit l'être, et à cet égard, la pratique donne aux bons manœuvres une habileté de coup-d'œil que la théorie ne remplace pas; par exemple, pour le hourdis des murs, il faut qu'il soit gâché un peu serré; pour les enduits, un peu plus clair; pour les plafonds, plus clair encore, c'est-à-dire mêlé d'une plus grande portion d'eau; pour les corniches, il faut gâcher serré pour faire les saillies-masses qui doivent recevoir les moulures, et toujours traîner le rabot armé du profil, le long du chemin préparé pour traîner, afin que cette saillie-masse laisse toujours libre le passage du calibre, plus l'épaisseur du plâtre qui formera les moulures; les seconds plâtres, passés au tamis pour traîner, doivent être plus clairs, et enfin, le dernier, destiné à lisser la corniche, et qui est posé avec la main et toujours en glissant, doit être plus clair encore, et seulement à la consistance d'une crême épaisse. C'est donc la pratique seule qui peut donner au bon maçon l'habitude nécessaire pour employer son plâtre avec sagacité, et alors il fait choix d'un garçon ou manœuvre qui le comprend bien et lui obéit facilement, parce qu'il connaît sa manière.

146. Les murs étant montés et jointoyés, il s'agit de crépir et enduire. Si ce travail est en plâtre, on commence à mouiller avec un balai trempé dans de l'eau, la surface à crépir; ensuite on fait gâcher clair et à pleine augée, et avec un autre balai, on couvre cette surface de ce plâtre, qui donne des aspérités que l'on rabat un peu en traînant légèrement le tranchant de la truelle de cuivre (fig. 1re; pl. 110), de manière

que quoique droite et dressée à la règle, elle ne soit pas unie; ce qui est facile, parce que cette opération se faisant en plâtre au panier, le tranchant de la truelle, en entraînant les gros grains, trace des lignes creuses qui servent à retenir et à gripper l'enduit, qui se fait avec du plâtre passé au tamis.

147. Pour que ces enduits soient parfaitement solides, on fait gâcher le plâtre un peu serré, et le maçon le prend dans l'auge en en remplissant sa truelle, et le reprenant de là avec l'autre main, et l'étendant également sur le crépi ; lorsque sa truelle est vidée ainsi, il appuye fortement avec le plein de cette truelle le plâtre qu'il vient d'étendre, en le conduisant de droite à gauche et de gauche à droite ; il en reprend une autre, et ainsi de suite pendant à peu près un quart d'heure : alors, le plâtre étant pris, il dresse son enduit avec la truelle bretelée (fig. 9, pl. 1re), d'abord avec le côté bretelé, et ensuite avec la partie tranchante : c'est le dernier travail ; alors l'enduit est terminé.

148. Depuis quelques années, on a recours à un moyen plus expéditif, c'est de jeter l'enduit au balai comme le crépi, et avec du plâtre gâché clair absolument de même, et de se servir de la taloche (fig. 4, pl. 1re), au lieu de la truelle pour appuyer l'enduit : cet usage est toléré à tort, parce que d'abord le plâtre étant noyé, a moins de consistance que le premier ; et ensuite il est moins adhérent qu'avec la truelle ; aussi, forme-t-il souvent des cloches et des vides entre le crépi et l'enduit, qui se détache par parcelles après quelques mois.

149. Si les enduits se font en mortier, comme ils ne sont jamais lisses comme ceux en plâtre, ils ne peuvent guère être considérés que comme des crépis ; ces mortiers se composent d'un tiers de chaux éteinte et deux tiers de sable, bien mêlés et sans eau, le sable en contenant assez pour la liaison des deux matières : on mouille de même la surface du mur, et on applique une couche de ce mortier qu'on étend ensuite avec la truelle de fer (fig. 2, pl. 1re). Si on veut faire un enduit, il faut en remettre une deuxième couche faite avec du sable plus fin, pour qu'il puisse être plus facilement dressé à la règle, et former une surface plus lisse.

150. Enfin, si on veut le faire en mortier de ciment, comme pour les soubassemens, il ne s'agit que d'introduire

du ciment au lieu de sable dans la chaux éteinte. Les doses et le travail sont les mêmes que pour le mortier de sable.

151. Dans les pays où il n'est possible de se procurer du plâtre qu'à un très haut prix, on y supplée en quelque sorte avec le blanc-en-bourre, mélange de mortier de chaux et sable ou de chaux et d'argile douce et de bourre, appliqué pour des plafonds sur un lattis jointif cloué sous les solives, comme pour recevoir le plâtre; et sur les murs, comme des enduits aussi en plâtre.

« Ce travail exige quelques précautions.

» Le bassin qui reçoit la chaux éteinte doit être disposé de façon que cette matière passe seule par une grille qui ne laisse échapper aucun biscuit ni pierre, ni autre matière étrangère.

» Le mortier doit être fait avec cette chaux et du sable très fin (notamment pour la dernière couche), d'une bonne qualité et dans les quantités déterminées; quelquefois on remplace le sable par une argile pure et douce; mais le blanc-en-bourre est alors de beaucoup inférieur à celui fait avec le mortier de chaux et de sable.

» Lorsque le mortier est fait, on jette à plusieurs reprises de la bourre rousse, en remuant toujours le mélange avec un bâton, jusqu'à ce qu'il ait acquis une certaine consistance. Cette bourre rousse sert pour la première couche, et même pour les deux premières, si on en met trois; elle coûte moins cher que la blanche.

» De toutes les bourres, la préférable est celle de veau, parce qu'elle a plus de liant et d'élasticité que les autres.

» On pose cette bourre saturée de mortier, avec la truelle, sur un lattis jointif préparé et fixé aux solives, de manière que ces lattes ne se touchent pas immédiatement, afin que le mortier puisse passer par les intervalles et s'accrocher en séchant.

» La première couche doit avoir 18 à 20 mill. (8 à 9 l.) d'épaisseur; la seconde, que l'on pose lorsque celle-ci est seulement à moitié sèche, pour qu'elle ait plus d'adhérence, n'a que 7 mill. (3 l.) environ; et enfin la troisième, 2 à 3 millim. (1 l. à 1 l. $\frac{1}{2}$): cette dernière est en mortier plus fin et en bourre blanche. Il faut avoir soin de passer la truelle plusieurs fois sur chaque couche, à mesure qu'elle sèche, pour boucher les crevasses et les gerçures qui s'y forment par le retrait du mortier, et particulièrement sur la dernière, qui devient, lorsqu'elle est faite avec soin, aussi unie et aussi lisse que nos stucs.

» Cette troisième couche (ou la deuxième, si on n'en met que deux) doit être faite en chaux très pure, mêlée avec de la bourre de veau blanc; elle doit être très légère et à consistance seulement de plâtre pour gobeter.

» Ces sortes d'ouvrages se font le plus ordinairement à deux couches; mais il faut les exécuter comme nous l'indiquons ici, pour qu'ils réussissent parfaitement.

» Les plafonneurs en ce genre font aussi, avec la même matière, des corniches de plafonds et des moulures de lambris; c'est particulièrement dans les départemens du Nord et du Pas-de-Calais, que ces ouvriers sont très adroits.

» Lorsqu'on veut peindre les enduits en blanc-en-bourre, il est bon de ne le faire que l'année d'ensuite et dans la belle saison. (*Mémento des Architectes*, tom, 1er). »

152. Les ravalemens se font toujours de haut en bas; ceux en pierre consistent à mettre la dernière main, c'est-à-dire, à dresser et layer les paremens, à faire les joints en mortier ou en plâtre coloré en teinte de pierre, à tailler les moulures qui n'ont été qu'épannelées et ébauchées avant la mise en place, à creuser les refends s'il doit y en avoir, à sculpter les parties qui doivent l'être; enfin, à réparer toutes les parties de cette construction extérieure, qui ont été endommagées pendant le cours des travaux.

153. Pour les ravalemens en plâtre, le travail consiste à faire tous les crépis et enduits des murs, les arêtes, tableaux, corniches, bandeaux, chambranles, impostes, archivoltes, en un mot tout ce qui compose la décoration extérieure des façades. Et ici, comme nous l'avons dit dans notre Avant-propos, nous multiplierons les exemples que nos planches présenteront un peu en grand, parce que c'est surtout de modèles de bon goût, dont on sent la nécessité dans les localités éloignées de la capitale. Quant à la manière d'exécuter ces ravalemens, ce sont toujours des enduits dressés à la règle avec les cueillies nécessaires pour les tableaux et les diverses décorations que les dessins représentent.

154. Si, dans un ravalement ou dans les décorations inté-

*

rieures, il se trouve des frontons à exécuter, il faut toujours les faire triangulaires, ceux à corniche circulaire étant abandonnés aujourd'hui ; leur hauteur se fixe ainsi : le point A (pl. 7, , fig. 123) étant l'axe de la cimaise supérieure de la corniche horizontale sur laquelle il s'agit d'élever un fronton ; on prend la distance de ce point à B ou à C, que l'on reporte en D, de manière que les distances A B, A C et A D sont égales ; de ce point D fixé sur la ligne milieu du fronton à établir, on ouvre le compas ou le trousquin de D à B ou à C, et on reporte cette ouverture en E sur l'axe : alors, la distance verticale A E est la hauteur de la pointe du fronton. C'est le principe général ; du reste, on s'en écarte dans certains cas ; c'est-à-dire, que l'on fait les frontons un peu plus ou un peu moins inclinés que cette règle ; mais le mieux est de s'y tenir ; car plus l'on s'éloigne d'une règle établie, moins on fait bien.

155. Lorsqu'un ravalement en plâtre s'exécute, on le badigeonne au fur et à mesure, c'est-à-dire avant de descendre et de supprimer les échafauds.

156. Le badigeon est utile pour la conservation des paremens extérieurs des murs neufs enduits en plâtre, et pour redonner aux anciens un aspect neuf et agréable ; il est mis en usage aussi pour certains intérieurs. Il se fait de différentes manières, afin d'obtenir des tons qui se raccordent avec les constructions du pays. « Dans beaucoup de contrées, » dit M. Brard dans sa *Minéralogie* intéressante à laquelle nous avons fait déjà quelques emprunts, « et surtout dans les campagnes, le badigeon est blanc, et il se pose à l'intérieur comme au dehors ; mais ce n'est plus ici un simple ornement, c'est un usage utile et salubre ; car en blanchissant l'intérieur des habitations, on parvient, d'une manière très efficace à les assainir pour long-tems, en y détruisant les insectes qui s'y multiplient à l'infini, et en répandant plus de jour dans les pièces qui sont généralement mal éclairées. D'ailleurs, la chaux vive qu'on emploie ordinairement à cet usage, a la faculté de désinfecter les lieux qui sont habités par les hommes ou les animaux. L'on ne saurait donc trop recommander le soin de passer au blanc l'intérieur des bâtimens de la campagne, au moins une fois par an.

« L'usage de blanchir l'extérieur des bâtimens champêtres donne au paysage un aspect riant qui influe beaucoup sur la sensation qu'il fait éprouver au voyageur ; les contrées qui l'ont adopté paraissent beaucoup plus riches et beaucoup plus peuplées que les autres, parce que le soleil, en éclairant fortement toutes ces fabriques blanchies, les fait ressortir sur le fond vert et rembruni du sol, à travers le feuillage des arbres qui les entourent, qu'aucune n'est perdue pour l'œil, et que tous les plans du tableau en sont successivement enrichis. Enfin, comme on ne badigeonne que les murs qui sont crépis et frottés, cela désigne toujours une bâtisse plus soignée et plus durable que ces misérables habitations que l'eau des pluies ne cesse de dégrader, dont les pierres sont désunies, qui servent de retraite aux animaux les plus dégoûtans, et qui offrent partout l'aspect triste et délabré des ruines prématurées.

Les badigeons colorés sont composés d'une laitance de chaux dans laquelle on introduit une certaine dose soit d'ocre jaune, d'ocre rouge ou de charbon pilé ; on y ajoute quelquefois un peu d'alun pour le rendre plus solide, et un peu de colle de Flandre pour celui que l'on pose dans l'intérieur des maisons ; sans cette précaution, il tache quand on y touche.

Le badigeon ordinaire de Paris se pose à l'aide d'une corde à nœuds que l'on fixe au faîte des maisons, et à laquelle les ouvriers se suspendent ; ils l'étendent avec de grosses brosses attachées à l'extrémité d'une perche, et le font payer à raison de 12 à 15 cent. le mètre carré (5o à 6o centim. la toise.)

» Le badigeon rouge qui sert encore à Paris pour colorer les carreaux des appartemens, est fait avec l'ocre rouge dit rouge de Prusse; la cire frottée en avive la couleur et s'oppose à ce que l'eau ne le délaie. L'on en prépare aussi qui porte son lustre, et qui n'a pas besoin d'être ciré et frotté ; d'autres se posent sur une couche d'huile.

» Le badigeon blanc se fait ordinairement à la chaux vive, et se pose à la brosse ou au balai ; ce dernier, qui n'est jamais uni, s'appelle rustique. On se sert aussi, dans quelques contrées, d'une pierre calcaire blanche et farineuse qui se délaie aisément dans l'eau, et qui produit un beau blanc. On donne une grande solidité au badigeon ordinaire, en dissolvant la chaux ou les ocres qui servent à le colorer dans de l'eau que l'on a fait bouillir avec des pommes de pin. L'extractif résineux qui est insoluble à l'eau froide, fait ici l'office de mordant, et résiste parfaitement à la pluie. Ce moyen

est praticable dans tous les pays où il y a des pins ou des sa-
pins, et l'épreuve en a été faite depuis long-tems sur le château de Bursinel, au bord du lac de Genève. En Perse, suivant
Chardin, le badigeon extérieur des maisons opulentes se fait
avec une terre blanche qui se dissout facilement dans l'eau,
et qui parait être une marne ou une craie, tandis que les maisons des pauvres sont enduites avec une terrre jaune qui se
trouve aussi dans le pays. Quant à l'intérieur des édifices soi-
gnés, il paraît qu'après en avoir frotté les murs avec un mélange de terre et de paille finement hachée, on les recouvre
d'une couche de plâtre, et qu'on frotte le tout ensuite avec de
la chaux et du talc pulvérisé. Cette dernière substance procure aux murs et à l'intérieur des dômes un aspect argenté
fort agréable. Feu *Bachelier*, directeur de l'école gratuite de
dessin de Paris, fit, en 1755, quelques recherches sur la
composition d'un badigeon conservateur, et fut autorisé par
l'intendant des bâtimens de la couronne ; à en faire l'épreuve
sur trois colonnes de la cour du Louvre. En effet, on endui-
sit ces colonnes à moitié de leur hauteur, du badigeon de Bachelier, et elles se sont fait remarquer par leur teinte uniforme et assez semblable à celle de la pierre neuve, jusqu'en
juillet 1808, époque à laquelle on termina les parties du Louvre, qui n'étaient qu'ébauchées, et où le grattage mit le tout
en harmonie.

» Ce ne fut qu'à cette époque, c'est-à-dire après cinquante-
trois années d'épreuve, qu'un membre de l'Institut ramena
l'attention sur cette découverte, et qu'on rechercha à en con-
naitre la composition, Bachelier n'existait plus, mais son fils
donna quelques renseignemens précis, et l'analyse chimique
de ce qui fut enlevé de dessus les colonnes, acheva de démon-
trer que ce badigeon conservateur, qui a parfaitement rempli
le but qu'on se proposait pendant l'espace de plus d'un demi-
siècle, était composé, savoir :

Chaux vive.....................	56,66
Plâtre cuit.....................	23,34
Céruse ou carbonate de plomb...	20,00
	100,00

» Le tout délayé dans la partie caséeuse du lait, vulgairement nommé fromage à la pie. Cette substance animale

bouchait non seulement tous les pores de la pierre, mais servait d'intermède entre elle et les substances colorantes, et les fixait fortement et irrévocablement à sa surface, sans toutefois nuire en rien à la délicatesse et à la franchise des profils et des ornemens.

On voit donc, d'après ce qui a été rapporté ci-dessus, que les badigeons ne sont pas toujours réservés à satisfaire un simple mouvement de vanité ; qu'il serait à souhaiter que le badigeon blanc fût introduit dans toutes les maisons de la campagne : que celui qui s'emploie à l'extérieur, et qui est peu coûteux, contribue à la décoration générale du paysage, et qu'enfin il peut servir aussi à la conservation des monumens les plus précieux, en les préservant du grattage, qui ne peut point se répéter sans altérer les formes et les proportions de leurs ornemens.

157. Les ravalemens sont souvent décorés de joints tirés au crochet, lesquels n'ont que 7 à 9 mil. (3 à 4 li.) de largeur, et creusés dans les enduits de 5 à 7 mil. (2 à 3 li.) seulement, lesquels se font au moyen d'un fer courbé en crochet, dont le talon tranchant a la largeur que l'on veut donner aux joints figurés, que l'on creuse horizontalement à des distances égales pour figurer les lits des assises en pierre ; on fait aussi quelquefois des joints montans et des claveaux feints au droit des baies des portes et des croisées. Il en est de même pour les refends : seulement ceux-ci, au lieu d'être tirés au crochet après que le ravalement est fait, sont figurés au moyen de règles carrées ou angulaires que l'on place en faisant des enduits comme pour les feuillures : ces refends sont de plusieurs sortes au gré des constructeurs ; on en fait de triangulaires, comme ceux pl. 6, fig. 92, des carrés qui ont 27 à 34 mil. (1 po. à 15 li.) de largeur et de profondeur, comme ceux fig. 93 ; d'autres, aussi carrés au fond, mais avec les arêtes abattues en pan coupé, comme fig. 94 ; des carrés à doubles tables, comme ceux fig. 95. Enfin ces sortes de décorations se compliquent en raison du caractère que l'on a l'intention de donner à l'édifice. Ces joints se font aussi dans la pierre, et même quelquefois sans avoir égard à la hauteur des assises, de sorte que souvent le véritable joint se trouve au milieu de la hauteur de l'assise figurée par les refends : il est plus convenable cependant de régler la hauteur d'appareil en raison de celle des refends.

A côté des quatre figures 92, 93, 94 et 95, qui montrent ces refends de face, on voit leur coupe.

Les joints au crochet se comptent pour 3 po. par pied (25 c. par mètre) courant ; les refends carrés pour un pied (mètre pour mètre) les autres 2 ou 3 pieds par pied linéaire (2 ou 3 mètres par mètre linéaire.)

158. Les ravalemens se composent encore des parties de fausse brique : il ne s'agit pour obtenir ces sortes d'effets que de faire un enduit en plâtre mêlé d'ocre rouge, et de creuser après coup, avec un crochet comme pour les joints blancs dont il a été parlé ci-dessus, tous les joints des briques feintes que l'on veut figurer ; ensuite on couvre le tout d'un deuxième enduit très mince en plâtre blanc, et en dressant à la truelle bretelée, le ton de brique de l'enduit rouge reparaît, et les joints étant remplis restent blancs.

159. On fait aussi des tables renfoncées, ou des parties encadrées de montans et de bandeaux enduits en plâtre blanc. Ces tables se font en plâtre gris mêlé avec de l'eau rendue noire au moyen du noir de charbon, ou rouge avec de l'ocre ; ces crépis se jettent au balai comme pour les plafonds, et sont ensuite chiquetés avec un autre balai dont les brins sont coupés assez près du lien. Ces sortes de décorations rustiques réussissent assez bien lorsqu'elles sont disposées avec goût et quelque symétrie ; mais il ne faut pas en abuser.

La figure 118, pl. 7, est un calibre E vu en perspective, ferré de petites feuilles de tôle *a* sur les bords, monté de son sabot *b* et placé sur les deux règles *c* que les ouvriers appellent *chemin*, parce que ces règles sur lesquelles les entailles *d* du sabot glissent constamment pour traîner les moulures, le dirigent toujours sans pouvoir laisser dévier le calibre.

La fig. 119 est le même calibre, mais vu de profil sur les règles avec la masse de l'entablement préparé pour recevoir les plâtres : lorsque le profil touche partout, on pose à la main du plâtre passé au tamis fin, pour terminer et lisser les moulures et former les arêtes. Les mêmes lettres de cette figure indiquent les mêmes objets qu'au dessin en perspective qui précède.

La fig. 122 est un calibre monté sur une tige *a* et tournant sur une broche *b* comme centre, pour traîner des archivoltes et des corniches circulaires.

160. Les ravalemens en plâtre se comptent dans le toisé, pour un peu plus que moitié du prix des légers ouvrages ; toutes,

moulures, saillies, arêtes, feuillures, embrâsures, joints au crochet, refends, etc., comptés en plus value de l'enduit.

161. Dans la planche 6, fig. 89, nous avons donné le profil d'un entablement dont la partie inférieure peut être en plâtre, et la cimaise supérieure doit être exécutée en pierre; dans ce cas, les réglemens de voirie exigent que la pierre ait autant de queue sur le mur que de saillie sur le parement extérieur du mur, afin qu'elle soit bien basculée : ainsi la partie *b c* doit être de la même longueur que celle en dehors *a b*, quelle que soit d'ailleurs l'épaisseur du mur qui reçoit cette cimaise. (Voir ci-après le réglement du 1er juillet 1712.)

La fig. 90 représente la coupe d'un autre entablement qui aurait à peu près la même saillie que celui-ci, mais qui serait construit en moellon : on choisit dans ce cas des moellons en plaquette de la plus grande dimension possible, afin qu'ils puissent faire queue ou parpaing dans toute l'épaisseur du mur ou à peu près, et on place de distance en distance des *queues de carpe* en fer plat *a* qui ont des scellemens ouverts en T à chaque extrémité, afin de maintenir la bascule de la saillie. Du reste, ces entablemens construits en moellon lorsqu'ils ont plus de 16 c. (6 po.) de saillie sur la voie publique, sont prohibés à Paris; il faut alors les ériger en pierre avec les précautions ci-dessus indiquées.

La fig. 91 est le plan du même entablement où l'on voit des queues de carpe à leur place.

Notre planche 5 offre quelques modèles que le maçon fera bien de consulter. Ainsi que nous l'avons dit dans notre avant-propos, ce sont les exemples qui manquent dans les départemens, c'est pourquoi nous nous sommes attaché, pour les objets de détail, à les multiplier sur une échelle assez grande pour que l'on puisse y comprendre la corrélation intime qu'il y a entre chaque moulure, afin d'arriver à un ensemble satisfaisant : il ne s'agira donc, pour l'ouvrier intelligent qui interrogera ces détails, que de leur conserver leurs proportions relatives pour ne pas en dénaturer le caractère : ainsi cette planche 5e offre dans la fig. 55 un chambranle de porte surmonté d'une frise unie qui peut au besoin recevoir des ornemens en relief, et terminé par un couronnement. La fig. 56 montre le profil en grand du chambranle, et la fig. 57 celui de la corniche qui surmonte la frise. Pour recevoir les eaux pluviales, si la porte est extérieure, on peut faire le filet et le quart de rond du haut formant cimaise supérieure, en pierre dure et le surplus en plâtre ; si la totalité de la corniche est en plâtre, il faut avoir soin de jeter en saillie de grands moellons au droit de cette cimaise et du carré du larmier.

La fig. 58 est un chambranle de croisée dont le côté A est à crossettes.

La fig. 59 montre un autre couronnement de porte, mais beaucoup plus riche que le précédent, tant à cause de la multiplicité des moulures que du bandeau d'avant-corps qui accompagne les chambranles et les consoles. L'un des côtés de ce couronnement est une corniche en fronton à denticules, avec console simple à l'extrémité; l'autre côté, plus riche, présente à peu près la même corniche, mais ornée de modillons galbés et d'une belle console sculptée à enroulemens, filets, etc. La fig. 62 montre la coupe prise au milieu de cette porte ; la fig. 63 est le profil pris à l'extérieur de la première partie de cette corniche : la fig. 61 est le profil en grand de la corniche à modillons; la fig. 60 est le plan du tout.

Le surplus de la planche est occupé par une série de quinze entablemens, graduée depuis le plus simple, c'est-à-dire une capucine (fig. 64) que l'on fait sous les égoûts des bâtimens ruraux ou autres de peu d'importance, jusqu'à un entablement à modillons sculptés : nous offrons ces corniches comme exemples à suivre lorsqu'on aura des ravalemens en plâtre à faire, en conservant, ainsi que nous l'avons dit plus haut, non seulement la disposition réciproque de chaque moulure, mais aussi leurs dimensions et leurs saillies relatives, en ayant aussi l'attention de proportionner ces dimensions à la grandeur générale de l'édifice que l'entablement doit terminer, et à sa hauteur à partir du sol : en remplissant ces conditions qui exigent un peu d'habitude et de goût, on sera certain de réussir. Du reste, lorsque la décoration réclame quelques soins, on peut, sur un mur voisin, et à la même hauteur que l'exécution, faire un essai que l'on corrige ensuite sur le calibre, si on juge que le profil en soit susceptible : on fait ainsi des essais de tout un ravalement entier, afin de juger d'avance de son effet.

Par la figure 116, planche 7, nous avons représenté le moule d'un modillon que le menuisier du bâtiment fait de cinq pièces, savoir : celle du fond a, galbée à l'intérieur selon le dessin ; les deux côtés *b* : le dessus *c*, maintenu par une entaille en biseau dans le fond, et enfin l'about *d*. Ces pièces se réunissent facilement et se serrent avec un lien que retiennent trois clous ; on graisse les parois intérieures, et on coule le modillon, en prenant le soin de presser le plâtre avec la main dans les angles, pour éviter les vides : on forme des creux du côté du scellement, pour recevoir le plâtre de ce scellement ; et enfin, lorsque le plâtre est pris dans le moule, on ôte le lien, on frappe de petits coups sur les pièces, et le modillon en sort facilement. Il faut, pour le poser, hacher la place, mettre deux ou trois clous et sceller en plâtre. La fig. 117 est un modillon sorti du moule.

162. Les moulures traînées en plâtre comptent chacune pour 16 c. (6 po.) de légers ouvrages, c'est-à-dire que douze moulures superposées les unes sur les autres, produisent par mètre de longueur de 1 m. 95 c. carrés de légers (c'est une toise superficielle par toise de longueur) : chaque arête compte pour une moulure ; on dit aussi que toute moulure couronnée compte pour 33 c. courans (1 pi.) ; tel est l'usage, et puisqu'il prévaut encore malgré sa bizarrerie, il faut bien s'y conformer jusqu'à ce que les praticiens en aient enfin reconnu l'absurdité (1).

Ainsi la capucine (fig. 64) compte pour 33 c. (1 pi.) courans de légers, la corniche suivante (fig. 65) comprenant un filet et un cavet, comptant, comme moulure couronnée, pour 33 c. (1 p.) courant, et le filet au-dessous pour 16 c. (6 po.) produit 49 c. (18 po.) de léger par mètre linéaire. Celle figure 66 composée d'une doucine couronnée et d'un talon aussi couronné, et celle 71, comptent pour 65 c. par m. courant (ou $\frac{1}{3}$ de toise superficielle par toise courante). Les fig. 67 et 72 pour 98 c., les fig. 68 et 69 pour 81 c. ; celle 73 pour 1 mètre 15 c. Les deux cannelures du larmier comptent chacune pour 16 c. (6 po.) ; l'entablement (fig. 74) pour 1 m. 62 c. (5 p. ou les $\frac{5}{6}$ d'une toise superficielle par toise courante) ; celui fig. 75 pour 1 m. 78 c. (5 pi. 6 po.) ; celui fig. 76 pour 1 m. 62 c. (5 pi.), et chaque denticule refendue avec sa languette inférieure, de 16 à 24 c. (6 à 9 po.) selon la grandeur. L'entablement (fig. 77) 1 m 95 c. carrés par mètre

(1) Voyez à cet égard ce que nous disons de cet usage dans le *Memento des Architectes*, tome I, 1re partie, page 172, en ajoutant toutefois une omission indiquée à l'erratum de la page 321.

courant (une toise carrée par toise courante), c'est-à-dire que 1 m. courant produit 1 m. 96 c. superficiels de légers ouvrages : enfin, l'entablement plus compliqué (fig. 78) 5 p. non compris la refente des denticules comptées à la pièce comme celui 76, et la plus value des modillons moulés avec un talon de couronnement, y compris pose et scellement de 65 c. à 1 m. 30 c. (2 à 4 p.) chaque, en raison de leur richesse.

163. Comme le type général des proportions des moulures se trouve dans les ordres d'architecture, nous croyons devoir reproduire dans ce Manuel spécial pour la maçonnerie, les quatre ordres principaux, dans une dimension convenable, pour indiquer les mesures relatives et les saillies de chaque moulure, et rendre palpable aux ouvriers l'ensemble général et l'aspect particulier de chacun d'eux ; c'est l'objet des figures 47 à 50 qui occupent la planche 3e.

164. Dans le Manuel d'Architecture, nous avions indiqué, seulement dans le texte, les mesures à donner aux portiques et aux entre-colonnemens de chaque ordre. Par celui-ci qui s'adresse plus particulièrement aux praticiens, nous les avons représentés (fig. 51 à 54, pl. 4) en élévation avec les plans au-dessous ; les entre-colonnemens font le motif de l'angle d'un édifice qui est supposé être percé d'une suite d'arcades décorées de pilastres sur les murs de face, et être entouré de colonnes isolées dont les retours donnent l'axe de chaque entre-colonnement : ainsi ces dimensions réciproques seront plus faciles à comprendre, et l'application s'en fera plus aisément par ceux qui ouvriront le Manuel du Maçon.

§ VI. DES CLOISONS ET PANS DE BOIS.

165. Les cloisons et pans de bois sont exécutés par les charpentiers ou les menuisiers, sur des parpaings en pierre préparés par le tailleur de pierre ; l'office du maçon ou du plâtrier est de les hourder, c'est-à-dire de les latter en clouant chaque latte à 11 c. (4 po.) de distance des autres, et de remplir l'épaisseur des bois avec des plâtras et des garnis provenant des éclats des pierres du chantier, scellés avec du gros plâtre au panier. Le lattis étant alors terminé des deux côtés, on gobète aussi en gros plâtre, et on fait les enduits en recouvrant tous les bois s'il s'agit de pans de bois ; mais pour les cloisons légères, ces enduits affleurent les huisseries et montans. La figure 79, pl. 6 fait voir un pan de bois hourdé et latté prêt

à recevoir le gobetage et les enduits ; ce pan de bois supporté sur ses parpaings en pierre et sa fondation en moellon. La fig. 80 est le plan du même pan de bois, et la figure 81 sa coupe. *a*, dans ces trois figures, sont les poteaux, *b* les sablières ; *c* les tournisses ; *d* la décharge ; *e* les solives du plancher supérieur, *f* les parpaings ; *g* les murs de fondation ; *h* le hourdis ; *i* le lattis : *j* l'enduit.

La figure 82 représente les bâtis d'huisserie d'une cloison en menuiserie, et celle 83 le plan de cette cloison ; *a*, dans ces deux figures, sont les montans et traverse d'une porte, quarderonnés du côté 1, refeuillés du côté 2 pour recevoir la porte, et nervés en 3 pour encastrer les bouts des lattes et contenir le plâtre de l'enduit ; le chiffre 4 indique les scellemens des montans dans le carreau du plancher inférieur *b* et dans le plafond du plancher supérieur *c* ; *d* sont les traverses haut et bas que l'on se dispense quelquefois d'ajouter, par économie : alors il faut faire une tranchée dans le carreau et dans le plafond, pour recevoir les abouts des remplissages *e* en planches de bois de bateau refendues, lesquels ne se trouvent cloués alors que sur la traverse du milieu *f* ; *g* est le lattis ; *h* le hourdis. Ces ouvrages préparatoires terminés, le maçon fait ses enduits des deux côtés à l'affleurement des bois.

166. Dans le toisé, les pans de bois hourdés et enduits comptent mètre pour mètre de léger, ainsi que les cloisons légères ; mais si ces dernières, au lieu d'être hourdées en plâtras, sont restées creuses, et sont par conséquent lattées jointives des deux côtés, chaque côté vaut mètre pour mètre de léger ; c'est-à-dire qu'un mètre superficiel compte pour deux.

167. Lorsqu'on veut éviter l'humidité résultant des plâtres neufs, et que l'on n'a pas besoin d'une grande solidité, on fait des cloisons intérieures en carreaux de plâtre, coulés d'avance dans des moules, et rainés au pourtour afin de recevoir du plâtre gâché pour les lier les uns aux autres. Presque tous les maîtres maçons ont de ces moules, et préparent d'avance une certaine quantité de ces carreaux pour servir au besoin.

168. Voici l'extrait du réglement du maître-général des bâtimens, du 1er juillet 1712, relativement aux pans de bois; aux murs en moellon et en pierre, et aux entablemens.

» Ordonnons qu'à l'avenir, dans la construction de tous les bâtimens, les entrepreneurs, ouvriers et autres qui se trouveront employés, seront tenus, à l'égard de la maçonnerie qui se fera sur les pans de bois, outre la latte qui doit s'y mettre de quatre pouces suivant les réglemens, d'y mettre des clous de charrettes, de bateaux et des chevilles de fer, en quantité et enfoncés suffisamment pour soutenir les entablemens, plinthes, corps, avant-corps et autres saillies.

» Pour les murs de face des bâtimens qui se construiront avec moellon et plâtre, ou mortier de chaux et sable, outre les moellons en saillies dans lesdites plinthes et entablemens, aussi suivant les réglemens, ils seront pareillement tenus d'y mettre des fentons de fer, aussi en quantité suffisante pour soutenir lesdites plinthes et entablemens, corps et avant-corps, et autres saillies.

» Et quant aux bâtimens qui se construiront en pierres de taille, les entablemens porteront le parpaing du mur outre la saillie; et au cas que la saillie de l'entablement soit si grande qu'elle puisse emporter la bascule du derrière, ils seront tenus d'y mettre des crampons de fer pour les retenir dans le mur de face au-dessus.

» Le tout à peine contre chacun des contrevenans, entrepreneurs abusant et mésusant de l'art de la maçonnerie, de demeurer garans et responsables, en leurs propres et privés noms, des dommages et intérêts des parties, sans préjudice de plus grande peine si le cas y échéait.

§ VII. PLANCHERS, PLAFONDS ET CORNICHES INTÉRIEURES.

169. Les planchers se garnissent de plusieurs manières, savoir : hourdés pleins entre les solives avec des plâtras et des recoupes de pierre, lattés de 11 c. en 11 c. (4 en 4 po.) par dessous et plafonnés; l'aire du dessus en plâtre pour recevoir le carreau, comme il est figuré planche 6e, fig. 84. La seconde manière est de latter jointif le dessus des solives, et de faire une aire dessus comme au précédent, de laisser vide l'épaisseur des solives, et de plafonner dessous aussi à lattis jointif : ce sont les planchers creux (voy. fig. 85); le troisième genre de plancher et celui le plus usité, parce qu'il entretient et bande bien les solives ensemble, est de latter le plafond de 8 c. en 8 c. (3 en 3 po.), cintrer avec des planches, faire des augets en caniveau entre les solives, faire l'aire sur lattis jointif, quatre lattes clouées en travers des autres, ou sur un bon bardeau de chêne ou de douves de tonneau, et enfin plafonner comme on le voit à la coupe fig. 86. Quelquefois les ou-

vriers, au lieu de faire les augets en caniveau, au moyen
d'une bouteille qu'ils traînent dessus en guise de truelle, les
font très plats sur le lattis, et seulement pour recevoir les
plâtres du plafond ; il faut prendre garde, dans ce cas, qu'ils
aient au moins 34 à 41 mil. (15 à 18 li.) d'épaisseur, car, pour
épargner leur tems et leur plâtre, ils ne leur donnent souvent
que 7 à 9 mill.(3 à 4 li.): c'est la 4e manière ; la 5e, qui est
en usage dans les bâtimens ruraux et dans les campagnes, est
de faire une aire sur le bardeau, et de garnir les entrevoux seulement à une épaisseur de 27 à 54 mil. (1 à 2 po.) en plâtre, en
mortier ou en blanc-en-bourre (voy. fig. 87) ; enfin, on garnit
de clous les parois des solives, que l'on hourdit plein, en laissant le parement du dessous apparent, et on fait l'aire sans
bardeau en même tems, comme à la fig. 88.

Aux cinq figures qui donnent la coupe des planchers, *a* indique les solives vues par les abouts ; *b* le hourdis plein ; *c*
l'aire ; *d* les augets ; les entrevoux ; *f* le plafond.

Les plafonds lattés jointifs comptent mètre pour mètre de légers.

Ceux avec augets plats, 1 mètre par mètre.

Ceux avec augets en caniveau, 1 mètre ¦ par mètre.

Ceux hourdés et plafonnés avec aire dessus, 1 mètre ½ par
mètre.

Ceux hourdés à solives apparentes par dessous, avec aire sans
lattis dessus ; les entrevoux garnis de clous, 1 mètre ¦ par mètre,

Ceux avec aire et entrevoux, seulement $\frac{2}{5}$ de mètre par mètre.

170. Nous donnons ici (pl. 6, fig. de 96 à 107 inclusive-
ment) douze modèles de corniches intérieures pour plafonds :
ces corniches s'étendent ordinairement dans le sens horizontal ;
mais on leur donne peu de hauteur. Ces exemples peuvent
être suivis en toute assurance ; l'effet en sera agréable, si on
conserve la proportion que nous leur avons donnée. Quant à
leur valeur, elles se comptent comme celles extérieures dont il
a été parlé dans le paragraphe 5 de ce chapitre, qui traite des
ravalemens ; ainsi, nous engageons nos lecteurs à le consulter,
afin de nous éviter, à nous, des répétitions fastidieuses.

§ VIII. MAÇONNERIE EN BRIQUES, CHEMINÉES, FOURS ET
DALLAGE.

171. La brique est d'un usage presque général pour les constructions, parce que cette matière est très solide, se lie et

adhère fortement au plâtre et aux mortiers, et qu'elle est d'une grande durée : dans les contrées où la pierre est rare et chère, la brique, lorsqu'elle est fabriquée en bonne terre, c'est-à-dire qu'elle est dure, bien cuite et n'absorbe point l'humidité, la remplace avec avantage, en ce qu'un mur en briques est moins épais que ceux en pierre ou en moellon. Ainsi on fait des languettes en briques posées de champ que l'on enduit des deux côtés, et qui, y compris ces enduits, n'occupent que 11 c. (4 po.) d'épaisseur (fig. 127, pl. 8) ou en briques posées de plat, et qui n'ont que 16 c. (6 po.) aussi compris l'enduit; de deux briques de largeur (fig. 128 et 129) ; de trois briques, comme (fig. 130 et 131) ; de quatre briques (fig. 132 et 133). Toutes ces nouvelles figures sont composées d'une éléva- tion et du plan de deux assises superposées, afin de faire voir comment on doit les liaisonner de manière à ne former qu'un corps solide et inséparable.

172. On pratique aussi des carrelages en briques, notam- ment dans les buanderies et autres lieux où on répand beau- coup d'eau : les briques se placent de champ ou de plat, sur une forme de bon ciment dont les joints sont également rem- plis, mais plus fin que pour la forme, afin de les remplir par- faitement : ces sortes de carrelages sont extrêmement solides et presqu'indestructibles si la brique employée est de bonne qualité et que le mortier soit bien fait : de plat on peut les dis- poser ainsi qu'on les voit à la figure 124, pl. 7, en commen- çant par les deux briques *aa* du milieu, et en s'approchant ainsi graduellement des parois de la pièce : ici les côtés ne sont pas égaux quant à la disposition des briques, afin de montrer plusieurs manières en une seule figure ; mais il est convenable de faire tous les côtés absolument semblables, pour obtenir la régularité que l'on doit rechercher dans ces sortes d'ou- vrages.

173. Si les briques sont de champ, on peut les disposer par carrés, ainsi qu'on le voit fig. 125 ou en épis dit *point d'Hongrie*, comme à la figure 126. Cette dernière disposition peut également s'exécuter en briques de plat.

174. Les cheminées se construisent le plus souvent en plâtre pigeonné, c'est-à-dire en languettes de 8 c. (3 po.) d'épais- seur, enduites à l'intérieur, pour empêcher la suie de s'y atta- cher, et extérieurement, parce que les tuyaux pigeonnés ainsi, faisant saillie dans les appartemens, reçoivent les ten-

tures et les papiers : c'est ainsi qu'on les fait presque toujours lorsqu'elles sont adossées à un mur mitoyen ou qui est suscep- tible de le devenir, parce que, dans ce cas, on ne peut pas les contenir dans l'épaisseur de ces sortes de murs.

175. Ces tuyaux de cheminée sont quelquefois droits, c'est- à-dire montés perpendiculairement comme ceux a, fig. 33, pl. 2, qui représente la coupe générale d'un bâtiment ayant quatre étages carrés, un étage de cave, et un dans le comble, mais on est presque toujours obligé de les dévoyer, c'est-à- dire de les incliner plus ou moins pour leur passage dans les trémies des planchers, qui ne peuvent avoir des chevêtres b de plus de 9 pi.(2 m. 93) de longueur, maximum déterminé par les ordonnances de police, et pour échapper les pannes c, le faîtage d et les autres pièces du comble.

176. L'ordonnance du Châtelet en date du 26 janvier 1672 sur la construction des cheminées s'exprime ainsi :

Article 1er. Ordonnons qu'à l'avenir, tant aux bâtimens qu'en tout rétablissement de maisons, il sera fait des enchevê- trures au-dessous de tout âtre de foyers de cheminées, de quelque grandeur que puissent être lesdites cheminées et mai- sons où elles seront faites.

Art. 2. Que pour lesdits âtres et foyers, il sera laissé 4 pi. (1 m. 30 c.) d'ouverture au moins, et 3 pi. (95 c.) de pro- fondeur depuis le mur jusqu'au chevêtre qui portera les solives.

Art. 3. Qu'il y aura 6 po. (16 c.) de recouvrement de toute part, tant auxdites chevêtres qu'aux solives d'enchevêtrure, et que pour soutenir ledit recouvrement, les chevêtres et solives d'enchevêtrure seront garnies suffisamment de chevilles de fer de 6 à 7 po. de longueur (16 à 18 c.) et de clous de bateaux : en sorte qu'après le recouvrement il puisse rester, pour les tuyaux des cheminées, au moins 3 pi. (98 c.) d'ouverture dans œuvre (elles sont tolérées aujourd'hui à 20 po. (54 c.) seulement), et 9 à 10 po. (24 à 27 c.) de largeur aux tuyaux aussi dans œuvre.

Art. 4. Seront faites pareilles enchevêtrures dans tous les étages, à l'endroit des tuyaux de cheminées, de 4 pi. (1 m. 30) c.) d'ouverture, à la réserve néanmoins de la profondeur, qui ne sera que de 16 po. (43 c.) seulement depuis le mur jusqu'au chevêtre, et lequel chevêtre sera recouvert de plâtre de 5 à 6 po. (14 à 16 c.) : en sorte qu'il se trouve toujours 9 à 10 po. (24 à 27 c.) audit tuyau.

Art. 5. Que les languettes des cheminées qui seront faites

(92)

de plâtre auront deux pouces et demi d'épaisseur au moins, en toute leur élévation.

Art. 6. Qu'en tous bâtimens neufs seront laissés des moellons sortant du mur pour faire liaison des jambages de cheminées, et où ils ne pourraient être laissés ; seront employés des clous de fer hachés à chaud, de longueur au moins de 9 po. (24 c.) et ne seront pour ce employés, tant auxdits bâtimens neufs qu'aux rétablissemens, aucunes chevilles ou fentons en bois........ Enjoignons en outre très expressément à tous propriétaires ou locataires de maisons, de faire tenir nettes les cheminées des lieux qu'ils habitent, à peine de cent livres d'amende contre ceux qui se trouveront habiter les maisons ou chambres dans les cheminées desquelles le feu aura pris à faute d'avoir été nettoyées, encore qu'aucun autre accident ne s'en fût suivi.

L'*ordonnance de police* sur la reconstruction des maisons faisant encoignures, les âtres et manteaux de cheminées, etc. du 1er septembre 1779, ordonne.

Article 6. Faisons très expresses inhibitions et défenses à tous propriétaires, architectes, entrepreneurs, maîtres maçons, charpentiers et autres ouvriers, de construire ou faire construire à l'avenir aucuns manteaux de cheminées en bois, ni aucuns tuyaux de cheminées, adossés contre des cloisons de charpenterie ; de poser des âtres de cheminées sur les solives des planchers, et de placer aucune pièce de bois dans les tuyaux de cheminées, lesquels ils construiront de manière que les enchevêtrures et les solives soient à la distance de trois pieds des gros murs.

Ordonnons que les tuyaux de cheminées auront toujours. et dans tous les cas, 10 po. (27 c.) de largeur et 2 pi. et demi (81 c.) de longueur, ou du moins 2 pi. un quart (73 c.) dans les petites pièces, à moins qu'il ne soit question de réparer d'anciens bâtimens, auquel cas, on pourra ne donner que 2 pi. (65 c.) de longueur aux tuyaux de cheminées, lorsqu'on y sera nécessité, pour éviter de jeter les propriétaires dans la reconstruction des planchers, et ce non compris les 6 po. (16 c.) de plâtre qui seront contre lesdits bois de chaque côté ; le tout revenant à 3 pi. 1 po. (1 mèt.) d'ouverture pour les nouveaux bâtimens, et à 2 pieds 10 po. (92 c.) pour les anciens, au moins, et en cas de nécessité, entre lesdits bois, dont le recouvrement de plâtre, tant sur les solives, chevêtres et autres bois, sera de 10 po.(27 c.), en sorte qu'il n'en puisse arriver aucun incendie; le tout conformément à ce qui est prescrit par l'ordonnance de la Chambre des bâtimens , du 19 juillet , 1765. (Elle se trouve reproduite par la présente.)

Art. 7. Défendons aux propriétaires, de souffrir qu'il soit fait aucune malfacon de la qualité ci-dessus , le tout à peine de mille livres d'amende , tant contre lesdits propriétaires que contre les maîtres maçons , charpentiers et autres ouvriers ; d'être en outre , lesdits propriétaires tenus de faire abattre à leurs frais et dépens les tuyaux et manteaux de cheminées qui ne se trouveront pas conformes à ce qui est ci-dessus pres-crit. Pourront même les compagnons et ouvriers travaillant à la journée être emprisonnés en cas de contravention.

177. On remarquera que plusieurs dispositions de ces or-donnances ne sont plus appliquables aux constructions nou-velles : néanmoins toutes les injonctions relativement aux ga-ranties contre les incendies sont maintenues.

178. La coupe fig. 33 contient onze cheminées adossées à un mur supposé mitoyen , et fait comprendre la disposition des solives d'enchevêtrure e , des chevêtres b , et enfin du sys-tème des tuyaux droits et dévoyés qui viennent se ranger les uns à côté des autres, pour former ensemble plusieurs souches au-dessus du comble. On voit que le mur-dossier doit être élevé jusqu'à la plinthe supérieure f qui contient la fermeture des tuyaux, et que les mitres seules dépassent l'arrase de ce mur.

179. Le mur-dossier des cheminées est ordinairement con-struit en plâtras et plâtre , quelquefois en moellon , et les ailes h sont enduites en plâtre. Souvent on les arme d'ar-doises pour leur conservation : ces têtes de mur i peuvent être aussi , pour plus de solidité , construits en pierre tendre jetant harpe dans le moellon ou dans les briques qui composent les tuyaux lorsqu'ils sont encastrés.

180. Les manteaux de ces cheminées sont érigés ou en plâ-tras et plâtre , ou en brique , et revêtus de chambranles en pierre ou en marbre , plus ou moins riches , selon l'impor-tance de l'habitation.

181. Lorsque l'on construit des tuyaux de cheminée dans un mur de refend, ils sont presque toujours encastrés dans l'é-paisseur de ce mur : alors il y a plusieurs manières de les construire, savoir : en briques de plat formant deux languettes de 4 pouces , non compris les enduits , comme on le voit en a

fig. 34, même planche 2ᵉ. Ces tuyaux dont les briques se lient avec le moellon qui forme le reste du mur, doivent avoir 25 c. (9 po.) de vide sur au moins 54 à 70 c. (20 à 26 po.) Le tuyau du manteau *b*, même figure, se trouve à côté de celui-ci et n'en est séparé que par une languette semblable, de 11 c. (4 po.). Ce plan montre la disposition de la trémie *c* que le charpentier laisse vide au droit du foyer de la cheminée qui porte sur le plancher, et du tuyau passant *a* qui vient de l'un des étages inférieurs. Cette trémie est armée par le serrurier de trois bandes de trémie dont les deux transversales portant d'un bout sur le mur et la languette, et de l'autre coudée sur le chevêtre *d*, soutient la plus grande, placée dans le sens de sa longueur sur les deux solives d'enchevêtrure *e*. Le maçon remplit ensuite en plâtras hourdé à bain de plâtre, tout ce vide, pour soutenir le foyer.

182. Les terrains sont d'un prix si élevé à Paris, que l'on doit profiter de toute la superficie sans en perdre la plus petite parcelle. C'est ce qui a fait imaginer, à cause de la multiplicité des appartemens resserrés et s'entassant les uns sur les autres, de faire des tuyaux de cheminée qui occupent encore moins de place que les précédens. Ainsi on introduit dans l'épaisseur des murs des tuyaux *ronds* ou *ovales* en fonte de fer, de 22, 24 ou 28 c. (8, 9 ou 10 po.) de diamètre, comme *a* (fig. 35), ou encore on les érige au moyen d'un mandrin cylindrique d'environ 65 a 98 c. (2 à 3 pi.) de longueur, que l'on place sur le mur et que l'on entoure de moellon et d'un enduit de plâtre au fur et à mesure de la construction. Ce cylindre se séparant ensuite par parties, on le remonte successivement au-dessus de la portion de tuyau déjà faite, et on recommence ainsi jusqu'à la fermeture. (Voy. pl. 7, fig. 120 et 121, le mandrin monté avec lequel les maçons érigent ces sortes de tuyaux.)

183. Un architecte de Paris, M. *Gourlier*, a inventé il y a quelques années, des briques dont les différentes fermes sont combinées de manière à compléter ensemble l'épaisseur des murs ordinaires et des tuyaux cylindriques, soit isolés, soit placés à côté les uns des autres, en même tems qu'elles jettent harpe dans le surplus du mur en moellon, ce qui rend ces briques très commodes, solides, et d'un usage très fréquent : on voit cette ingénieuse disposition au plan fig. 36, même pl. 2., ces sortes de tuyaux dans lesquels un ramoneur ne peut s'introduire pour en nettoyer la suie au moyen d'un racloir, se ramonent avec

une corde au milieu de laquelle est un paquet de fils de fer qui présentent une multitude de pointes, et à laquelle, du haut du tuyau sur le comble et à l'orifice inférieur, on imprime un mouvement de va et vient, qui nettoie parfaitement les parois circulaires du passage de la fumée.

Le manteau des cheminées est maintenu par une barre de fer carrée A (coupe fig. 109, et le plan fig. 110 planche 7) que l'on place horizontalement sur les deux jambages B (fig. 108, 109 et 110). La gorge C est ensuite arrondie pour conduire la fumée sans obstacle dans le tuyau : on rétrécit presque toujours le contre-cœur en languettes G montées en briques de champ jusque sur le manteau, afin de rejeter le calorique dans l'intérieur de la pièce, et on amène l'air froid par un conduit en petits tuyaux qui le prend sur le ravalement extérieur du mur ou dans les planchers, et qui, le faisant circuler entre les deux languettes de plâtre E, se raréfie constamment et alimente la chaleur. La plaque de fonte F qui garnit le contre-cœur pour préserver le mur, est scellée avec trois pattes coudées, ainsi qu'on le voit à l'élévation de face (fig. 108), et coulée par derrière en plâtre fin gâché clair. Quelquefois aussi, lorsque l'orifice du tuyau est trop large, cette plaque est inclinée sur le devant, comme on le voit en F (fig. 109) et alors elle est mobile et s'appuie sur les languettes de rétrécissement G; et lorsqu'on veut faire passer le ramoneur dans le tuyau, il suffit de la repousser sur le contre-cœur et de la redresser verticalement, pour faciliter son introduction.

Les cheminées en hotte (fig. 111) des cuisines dont la traverse est élevée de 2 m. à 2 m. 25 c. (de 6 à 7 pi. environ) du sol, se construisent en pierre ou en brique, sans rétrécissement ; l'orifice doit être très large et se diminuer graduellement en entonnoir; des consoles sont érigées en saillie, pour supporter le bâtis du manteau qui est ordinairement composé de trois pièces de bois carrées, qui est scellé dans le mur du dossier et recouvert en plâtre; c'est du dessus de ce bâtis que l'on fait partir la naissance de la hotte inclinée, en laissant une partie horizontale qui sert de tablette pour placer quelques menus ustensiles de cuisine.

184. Nous donnons aussi, même planche, fig. 113, 114 et 115, les plans, coupe, élévation d'un four de cuisine : ces sortes de constructions s'élèvent ordinairement en briques ou en matériaux équivalens en usage dans le pays. Le premier plancher

A et la pierre de chapelle E doivent être à 81 c. (30 po.) du sol ; la voûte ou calotte C du four est construite en tuileaux, elle ne doit avoir à la clé que 35 à 40 c. (13 à 15 po.), et doit être extradossé horizontalement pour contenir la chaleur. La hotte D au-devant, pour l'expulsion de la fumée, doit être dirigée dans le tuyan de la cheminée à côté de laquelle ces fours sont toujours érigés ; et la bouche E doit être placée de manière à ce que l'on puisse enfourner sans difficulté ; le cendrier F est ordinairement voûté, et l'aire G, qui reçoit le feu et les pâtes à cuire, est ordinairement carrelé en carreaux épais de Bourgogne ou en briques de champ. Du reste, l'inspection de ces trois figures rendra palpable la disposition de ces fours.

§ IX. EXEMPLES GÉNÉRAUX.

185. Les ordres romains étant considérés comme le type des proportions de l'architecture, nous n'avons pu nous dispenser de les graver ici, et nous en avons fait l'objet de la pl. 3e. La fig. 49 présente d'un côté la masse de la volute ionique telle que les tailleurs de pierre la laissent lorsque les filets des spirales doivent être élégis par les sculpteurs; il en est de même de la masse du chapiteau corinthien.

186. La planche 4e donne des dimensions des portiques et des entablemens de chacun de ces ordres, accompagnées de leur plan, afin de bien faire comprendre ces figures qui sont essentielles pour ne pas s'éloigner des écartemens qu'ils expriment.

187. Les planches 9 et 10 présentent le dessin de sept maisons particulières ; la première contient quatre façades de petites maisons de chacune 8 mètres (24 pieds ou 4 toises) de largeur, afin de faire voir combien il est facile de modifier la même surface sans faire de grands frais de décoration et de moulures : la première (fig. 148) est décorée seulement de deux pilastres à refends sur les angles, le surplus en briques feintes ou véritables sur pieds-droits enduits et ravalés en plâtre ou en mortier jusqu'au premier étage, et cet étage en meulière apparente jointoyé en mortier ou en plâtre chiqueté de couleur grise ou rouge.

Le deuxième dessin, (fig. 149) est plus architectural : des ch^branles et des couronnemens décorent les trois croisées du rez-de-chaussée; celles du premier étage sont simples et terminées par des appuis saillans supportés sur des consoles.

Le troisième (fig. 150) est décoré tout en briques, et surmonté d'un fronton supporté sur deux piédroits angulaires. Au-devant de la porte est un perron à marches retournées d'équerre.

Enfin, la dernière figure (fig. 155) de cette planche offre un quatrième bâtiment de même dimension que les précédens, mais avec une porte cochère cintrée en plein-cintre avec claveaux saillans figurés et alternés de pointes de diamant. Le comble est à deux égoûts sans moulures, et saillant, sur chevrons apparens.

188. La planche 10 contient trois autres maisons graduées de dimensions : la première (fig. 152) de 10 mètres (5 toises) de face, est à porte cochère avec avant-corps, refends et pavillon au milieu, s'élevant plus que les arrières-corps. La fig. 153 a six toises, à cinq croisées de face comme celle-ci ; mais sans avant-corps et plus simple aussi de décoration : enfin, la dernière (fig 154) est en partie en pierre, partie en brique, et est couronnée d'un pignon à redents ou à la hollandaise.

Ces exemples donneront lieu à ceux de nos lecteurs qui voudront composer eux-mêmes quelques façades, de remarquer que la régularité et la symétrie sont une des conditions de ces sortes d'études. Il s'agit donc de faire concorder l'intérieur avec l'extérieur et réciproquement, sans que d'une part la localité en soufre, et qu'ensuite la recherche ne s'y fasse pas sentir.

§ X. TABLES COMPARATIVES.

189. Souvent les architectes, notamment lorsqu'il s'agit de travaux publics, communaux ou autres, et toujours MM. les ingénieurs qui, dans les provinces sont aussi appelés à diriger des constructions particulières, dressent leurs devis aux mesures métriques, avec lesquelles les entrepreneurs ne sont pas familiers. Il faut cependant que ces ouvriers se rendent compte du rapport réciproque de ces mesures avec l'ancienne toise qu'ils connaissent, afin de pouvoir se présenter aux adjudications, comparer les prix accordés, examiner avec fruit le cahier des charges, et enfin soumissionner ces travaux, si les conditions leur conviennent.

C'est dans la vue de leur éviter d'avoir recours dans ces circonstances à des toiseurs que souvent on ne trouve pas sous la main, et qui d'ailleurs feraient payer cet examen, ce qui deviendrait une dépense inutile si l'on ne se rendait pas adjudicataire, que nous avons dressé les deux tables qui suivent, qui ne se trouvent nulle part que dans notre *Mémento des*

Architectes (1) ouvrage qui est d'un prix trop élevé pour la plupart des praticiens; elles y sont d'ailleurs beaucoup plus étendues, parce que dans cet ouvrage, qui traite à fond de la théorie et de la pratique des constructions, elles s'adressent à toutes les professions du bâtiment en général.

La première de ces tables offre la comparaison relative des mètres linéaires, superficiels ou cubiques avec le nombre des toises qui y correspondent; et la deuxième, le prix comparatif des uns et des autres : l'usage de ces tables sera d'une utilité inappréciable dans tous les cas dont nous venons de parler.

La première n'étant conduite que jusqu'à 50 mètres, pourrait d'ailleurs paraître insuffisante dans un grand nombre de circonstances; mais on reconnaîtra bientôt qu'elle suffit à tout : ainsi, par exemple, un ouvrage de terrasse mis à prix par les ingénieurs des ponts et chaussées, présentant en cube 224 mètres, est estimé au cahier des charges 1 fr. 40 c. le mètre. L'entrepreneur qui ne connaît pas le système décimal, veut savoir ce que c'est que 224 mètres cubes : il consulte la première table, mais elle ne lui donne que 50 mètres; il prend alors :

	t.	p.	o.	l,
50 mètres qui équivalent à.........	6	4	6	3
En reportant encore 3 fois la même quantité, il aura 150 mètres......	20	1	6	9
Ajoutant 24 mètres qui complèteront les 224 mètres, il aura.........	3	1	5	5
Ce qui donnera 224 mètres égal à....	30	1	6	5

Interrogeant ensuite la deuxième table, il verra que le mètre cube à 1 fr. 40 c. donne pour la toise cube 10 fr. 36 c., qui est le prix accordé pour le travail désigné, il saura alors précisément à quoi s'en tenir sur le rabais qu'il pourra faire, afin d'obtenir la préférence.

---

(1) *Memento des Architectes et Ingénieurs, des Entrepreneurs, Toiseurs-vérificateurs et des personnes qui font bâtir;* par Toussaint, architecte, etc., contenant plus de 6000 détails de prix des travaux des 33 professions de bâtimens; la législation complète des bâtimens, chemins, usines, plantations, voisinages, servitudes, garanties, hypothèques; enfin un *Code complet de la propriété;* modèles d'expertise, théorie générale, règles et exemples pour la composition des habitations, des bâtimens ruraux et des jardins; géométrie; tableaux de réduction, etc., etc. 6 vol. et un atlas de 200 planches contenant plus de 300 figures. Prix 50 fr., chez Roret, rue Hautefeuille. 5 vol. et 130 pl. sont publiés. L'ouvrage coûtera 60 fr. après la publication du sixième et dernier volume.

TABLE DU PRODUIT COMPARATIF

*Des mètres linéaires, superficiels et cubiques, avec les toises
et fractions de toises correspondantes.*

NOMBRE des MÈTRES.		NOMBRES CORRESPONDANS EN TOISES										
		LINÉAIRES.			SUPERFICIELLES.				CUBIQUES.			
m.	c.	t.	pi.	po.	t		pi.	po.	t.	pi.	po.	l.
1	00	0	3	1	0	0	9	9	0	0	9	9
1	25	0	3	10	0	0	11	10	0	1	0	2
1	50	0	4	7	0	0	14	2	0	1	2	7
1	75	0	5	5	0	0	16	6	0	1	5	2
2	00	1	0	2	0	$\frac{1}{2}$	1	0	0	1	7	6
2	25	1	0	11	0	$\frac{1}{2}$	3	4	0	1	10	0
2	50	1	1	9	0	$\frac{1}{2}$	5	8	0	2	0	5
2	75	1	2	6	0	$\frac{1}{2}$	8	0	0	2	2	10
3	00	1	3	3	0	$\frac{1}{2}$	10	5	0	2	5	3
3	25	1	4	0	0	$\frac{1}{2}$	12	9	0	2	7	8
3	50	1	4	10	0	$\frac{1}{2}$	15	1	0	2	10	1
3	75	1	5	8	0	$\frac{1}{2}$	17	5	0	3	0	7
4	00	2	0	4	1	0	1	11	0	3	2	11
4	25	2	1	1	1	0	4	3	0	3	5	4
4	50	2	1	10	1	0	6	7	0	3	7	9
4	75	2	2	8	1	0	8	11	0	3	10	3
5	00	2	3	5	1	0	13	5	0	4	0	8
5	25	2	4	2	1	0	15	9	0	4	3	2
5	50	2	5	0	1	$\frac{1}{2}$	0	1	0	4	5	6
5	75	2	5	10	1	$\frac{1}{2}$	2	5	0	4	8	0

NOMBRE des MÈTRES.	NOMBRES CORRESPONDANS EN TOISES										
	LINÉAIRES.			SUPERFICIELLES.				CUBIQUES.			
m. c.	t.	pi.	po.	t.		pi.	po.	t.	pi.	po.	l.
6 00	3	0	6	1	$\frac{1}{2}$	3	10	0	4	10	4
6 25	3	1	3	1	$\frac{1}{2}$	5	2	0	5	0	9
6 50	3	2	0	1	$\frac{1}{2}$	7	6	0	5	3	2
6 75	3	2	10	1	$\frac{1}{2}$	9	10	0	5	5	8
7 00	3	3	7	1	$\frac{1}{2}$	12	5	0	5	7	0
7 25	3	4	4	1	$\frac{1}{2}$	14	9	0	5	9	5
7 50	3	5	2	1	$\frac{1}{2}$	17	1	0	5	11	10
7 75	4	0	0	2	0	1	5	1	0	2	4
8 00	4	0	8	2	0	3	10	1	0	5	10
8 25	4	1	5	2	0	6	2	1	0	8	3
8 50	4	2	2	2	0	8	6	1	0	10	8
8 75	4	3	0	2	0	10	10	1	1	1	2
9 00	4	3	9	2	0	13	3	1	1	3	6
9 25	4	4	6	2	0	15	7	1	1	6	0
9 50	4	5	3	2	0	17	11	1	1	8	4
9 75	5	0	1	2	$\frac{1}{2}$	2	3	1	1	10	10
10 00	5	0	10	2	$\frac{1}{2}$	4	9	1	2	1	3
10 25	5	1	7	2	$\frac{1}{2}$	7	1	1	2	3	8
10 50	5	2	4	2	$\frac{1}{2}$	9	5	1	2	6	2
10 75	5	3	2	2	$\frac{1}{2}$	11	9	1	2	8	7
11 00	5	3	11	2	$\frac{1}{2}$	14	3	1	2	11	0
11 25	5	4	8	2	$\frac{1}{2}$	16	7	1	3	1	5
11 50	5	5	6	3	0	0	11	1	3	3	10
11 75	6	0	4	3	0	3	3	1	3	6	4

NOMBRE des MÈTRES.		NOMBRES CORRESPONDANS EN TOISES										
		LINÉAIRES.			SUPERFICIELLES.				CUBIQUES.			
m.	c.	t.	pi.	po.	t.		pi.	po.	t.	pi.	po.	l.
12	00	6	1	0	3	0	5	9	1	3	8	8
12	25	6	1	9	3	0	8	1	1	3	11	2
12	50	6	2	6	3	0	10	5	1	4	1	6
12	75	6	3	4	3	0	14	9	1	4	4	0
13	00	6	4	1	3	0	15	2	1	4	6	5
13	25	6	4	10	3	0	17	6	1	4	8	10
13	50	6	5	8	3	$\frac{1}{2}$	1	10	1	4	11	3
13	75	7	0	6	3	$\frac{1}{2}$	4	2	1	5	1	9
14	00	7	1	2	3	$\frac{1}{2}$	6	8	1	5	4	2
14	25	7	1	10	3	$\frac{1}{2}$	9	0	1	5	6	7
14	50	7	2	8	3	$\frac{1}{2}$	11	4	1	5	9	0
14	75	7	3	6	3	$\frac{1}{2}$	13	8	1	5	11	6
15	00	7	4	2	3	$\frac{1}{2}$	16	2	2	0	1	11
15	25	7	4	11	4	0	0	6	2	2	4	4
15	50	7	5	8	4	0	2	10	2	0	6	9
15	75	8	0	6	4	0	5	2	2	0	9	3
16	00	8	1	3	4	0	7	8	2	0	11	7
16	25	8	2	0	4	0	10	0	2	1	2	0
16	50	8	2	9	4	0	12	4	2	1	4	6
16	75	8	3	6	4	0	14	8	2	1	6	11
17	00	8	4	4	4	0	17	1	2	1	9	4
17	25	8	5	1	4	$\frac{1}{2}$	1	5	2	1	11	9
17	50	8	5	10	4	$\frac{1}{2}$	3	9	2	2	2	2
17	75	9	0	8	4	$\frac{1}{2}$	6	2	2	2	4	8

NOMBRE des MÈTRES.		NOMBRES CORRESPONDANS EN TOISES									
		LINÉAIRES.			SUPERFICIELLES.			CUBIQUES.			
m.	c.	t.	pi.	po.	t.	pi.	po.	t.	pi.	po.	l.
18	00	9	1	5	4 ½	8	7	2	2	7	1
18	25	9	2	2	4 ½	10	11	2	2	9	6
18	50	9	2	11	4 ½	13	3	2	3	0	0
18	75	9	3	9	4 ½	15	7	2	3	2	5
19	00	9	4	6	5	0	0	1	2	3	4	9
19	25	9	5	3	5	0	2	5	2	3	7	2
19	50	10	0	0	5	0	4	9	2	3	9	8
19	75	10	0	10	5	0	7	1	2	4	0	1
20	00	10	1	7	5	0	9	7	2	4	2	6
20	25	10	2	4	5	0	11	11	2	4	5	0
20	50	10	3	1	5	0	14	3	2	4	7	4
20	75	10	3	11	5	0	16	7	2	4	9	10
21	00	10	4	8	5 ½	1	0	2	5	0	3
21	25	10	5	5	5 ½	3	4	2	5	2	8
21	50	11	0	2	5 ½	5	8	2	5	5	2
21	75	11	0	11	5 ½	8	0	2	5	7	7
22	00	11	1	9	5 ½	10	6	2	5	9	11
22	25	11	2	6	5 ½	12	10	3	0	0	4
22	50	11	3	3	5 ½	15	2	3	0	2	9
22	75	11	4	0	5 ½	17	6	3	0	5	3
23	00	11	4	10	6	0	2	0	3	0	7	8
23	25	11	5	7	6	0	4	4	3	0	10	2
23	50	12	0	4	6	0	6	8	3	1	0	6
23	75	12	1	1	6	0	9	0	3	1	3	0

NOMBRE des MÈTRES.		NOMBRES CORRESPONDANS EN TOISES									
		LINÉAIRES.			SUPERFICIELLES.				CUBIQUES.			
m.	c.	t.	pi.	po.	t.		pi.	po.	t.	pi.	po.	l.
24	00	12	1	11	6		0 11	6	3	1	5	5
24	25	12	2	8	6		0 13	10	3	1	7	10
24	50	12	3	5	6		0 16	2	3	1	10	3
24	75	12	4	3	6	$1/2$	0	6	3	2	0	9
25	00	12	5	0	6	$1/2$	2	11	3	2	3	2
25	25	12	5	9	6	$1/2$	5	3	3	2	5	7
25	50	13	0	6	6	$1/2$	7	7	3	2	8	0
25	75	13	1	3	6	$1/2$	9	11	3	2	10	6
26	00	13	2	1	6	$1/2$	12	5	3	3	0	10
26	25	13	2	10	6	$1/2$	14	9	3	3	3	3
26	50	13	3	7	6	$1/2$	17	1	3	3	5	8
26	75	13	4	5	7		0 1	5	3	3	8	2
27	00	13	5	2	7		0 3	11	3	3	10	7
27	25	13	5	11	7		0 6	3	3	4	1	0
27	50	14	0	8	7		0 8	7	3	4	3	6
27	75	14	1	6	7		0 10	11	3	4	5	11
28	00	14	2	2	7		0 13	5	3	4	8	4
28	25	14	2	11	7		0 15	9	3	4	10	9
28	50	14	3	8	7	$1/2$	0	1	3	5	1	2
28	75	14	4	6	7	$1/2$	2	5	3	5	3	8
29	00	14	5	3	7	$1/2$	4	10	3	5	6	0
29	25	15	0	0	7	$1/2$	7	2	3	5	8	5
29	50	15	0	9	7	$1/2$	9	6	3	5	10	10
29	75	15	1	6	7	$1/2$	11	10	4	0	1	4

NOMBRE des MÈTRES.		NOMBRES CORRESPONDANS EN TOISES									
		LINÉAIRES.			SUPERFICIELLES.				CUBIQUES.		
m.	c.	t.	pi.	po.	t.		pi.	po.	t.	pi.	po.	l.
30	00	15	2	4	7	$\frac{1}{2}$	14	4	4	0	3	9
30	25	15	3	1	7	$\frac{1}{2}$	16	8	4	0	6	2
30	50	15	3	10	8	0	1	0	4	0	8	8
30	75	15	4	8	8	0	3	4	4	0	11	1
31	00	15	5	5	8	0	5	10	4	1	1	6
31	25	16	0	2	8	0	8	2	4	1	4	0
31	50	16	0	11	8	0	10	6	4	1	6	4
31	75	16	1	9	8	0	12	10	4	1	8	10
32	00	16	2	6	8	0	15	4	4	1	11	2
32	25	16	3	3	8	0	17	8	4	2	1	7
32	50	16	4	0	8	$\frac{1}{2}$	2	0	4	2	4	0
32	75	16	4	10	8	$\frac{1}{2}$	4	4	4	2	6	6
33	00	16	5	7	8	$\frac{1}{2}$	6	9	4	2	8	11
33	25	17	0	4	8	$\frac{1}{2}$	9	1	4	2	11	4
33	50	17	1	1	8	$\frac{1}{2}$	11	5	4	3	1	9
33	75	17	1	11	8	$\frac{1}{2}$	13	9	4	3	4	3
34	00	17	2	8	8	$\frac{1}{2}$	16	3	4	3	6	8
34	25	17	3	5	9	0	0	7	4	3	9	2
34	50	17	4	2	9	0	2	11	4	3	11	6
34	75	17	5	0	9	0	5	3	4	4	2	0
35	00	17	5	9	9	0	7	9	4	4	4	5
35	25	18	0	6	9	0	10	1	4	4	8	10
35	50	18	1	3	9	0	12	5	4	4	9	3
35	75	18	2	1	9	0	14	9	4	4	11	9

NOMBRE des MÈTRES.		NOMBRES CORRESPONDANS EN TOISES									
		LINÉAIRES.			SUPERFICIELLES.			CUBIQUES.			
m.	c.	t.	pi.	po.	t.	pi.	po.	t.	pi.	po.	l.
36	00	18	2	10	9	0	17	3	4	5	2	1
36	25	18	3	7	9 ½	1	7		4	5	4	6
36	50	18	4	4	9 ½	3	11		4	5	7	0
36	75	18	5	2	9 ½	6	3		4	5	9	5
37	00	18	5	11	9 ½	8	8		4	5	11	10
37	25	19	0	8	9 ½	11	0		5	0	1	3
37	50	19	1	5	9 ½	13	4		5	0	4	8
37	75	19	2	3	9 ½	15	8		5	0	7	2
38	00	19	3	0	10	0	0	2	5	0	9	6
38	25	19	3	9	10	0	2	6	5	1	0	0
38	50	19	4	6	10	0	4	10	5	1	2	4
38	75	19	5	4	10	0	7	2	5	1	4	10
39	00	20	0	1	10	0	9	8	5	1	7	3
39	25	20	0	10	10	0	12	0	5	1	9	8
39	50	20	1	7	10	0	14	4	5	2	0	2
39	75	20	2	5	10	0	16	8	5	2	2	7
40	00	20	3	2	10 ½	1	2		5	2	5	0
40	25	20	3	11	10 ½	3	6		5	2	7	5
40	50	20	4	8	10 ½	5	10		5	2	9	10
40	75	20	5	6	10 ½	8	2		5	3	0	4
41	00	21	0	3	10 ½	10	7		5	3	2	9
41	25	21	1	0	10 ½	12	11		5	3	5	2
41	50	21	1	9	10 ½	15	3		5	3	7	9
41	75	21	2	7	10 ½	17	7		5	3	10	3

NOMBRE des MÈTRES.		NOMBRES CORRESPONDANS EN TOISES										
		LINÉAIRES.			SUPERFICIELLES.				CUBIQUES.			
m.	c.	t.	pi.	po.	t.		pi.	po.	t.	pi.	po.	l.
42	00	21	3	4	11	0	2	1	5	4	0	5
42	25	21	4	1	11	0	4	5	5	4	2	10
42	50	21	4	10	11	0	6	9	5	4	5	3
42	75	21	5	8	11	0	9	1	5	4	7	9
43	00	22	0	5	11	0	11	7	5	4	10	2
43	25	22	1	2	11	0	13	11	5	5	0	7
43	50	22	1	11	11	0	16	3	5	5	3	0
43	75	22	2	9	11	½	0	7	5	5	5	6
44	00	22	3	5	11	½	3	1	5	5	7	11
44	25	22	4	2	11	½	5	5	5	5	10	4
44	50	22	4	11	11	½	7	9	6	0	0	9
44	75	22	5	9	11	½	10	1	6	0	3	3
45	00	23	0	6	11	½	12	6	6	0	5	7
45	25	23	1	3	11	½	14	10	6	0	8	0
45	50	23	2	0	11	½	17	2	6	0	10	6
45	75	23	2	10	12	0	1	6	6	1	0	11
46	00	23	3	7	12	0	4	0	6	1	3	4
46	25	23	4	4	12	0	6	4	6	1	5	9
46	50	23	5	1	12	0	8	8	6	1	8	2
46	75	23	5	11	12	0	11	0	6	1	10	8
47	00	24	0	8	12	0	13	6	6	2	1	1
47	25	24	1	5	12	0	15	10	6	2	3	6
47	50	24	2	2	12	½	0	2	6	2	6	0
47	75	24	2	11	12	½	2	6	6	2	8	5

NOMBRE des MÈTRES.	NOMBRES CORRESPONDANS EN TOISES		
	LINÉAIRES.	SUPERFICIELLES.	CUBIQUES.

m.	c.	t.	p.	po.	t.	pi.	po.	l.	t.	pi.	po.	l.
48	00	24	3	9	12	$^1/_2$	5	0	6	2	10	10
48	25	24	4	6	12	$^1/_2$	7	4	6	3	1	3
48	50	24	5	3	12	$^1/_2$	9	8	6	3	3	8
48	75	25	0	1	12	$^1/_2$	12	0	6	3	6	2
49	00	25	0	10	12	$^1/_2$	14	5	6	3	8	6
49	25	25	1	7	12	$^1/_2$	16	9	6	3	11	0
49	50	25	2	4	13	0	1	1	6	4	1	4
49	75	25	3	2	13	0	3	5	6	4	3	10
50	00	25	3	11	13	0	5	11	6	4	6	3

TABLEAU COMPARATIF

Du prix de la toise linéaire, superficielle ou cubique d'un ouvrage quelconque avec celui du mètre.

Nota. Nous n'avons poussé cette table que jusqu'à 50 fr. par mètre, parce qu'il sera facile d'assembler plusieurs sommes pour obtenir le produit que l'on cherchera, dans le cas ou le prix serait plus élevé.

Par exemple, le prix d'un mètre cube de mur en pierre est fixé dans le cahier des charges à 113 fr. 60 c., on prendra d'abord 50 fr., et on verra qu'un mètre cube à ce prix représente pour la toise................ 370 fr. 20 c.

On portera une seconde fois la même somme pour 50 fr.................... 370   20

On prendra ensuite la somme correspondante au surplus 13 fr. 60 c., et on aura.. 100   70

On aura donc pour le prix de la toise cube d'un ouvrage dont un mètre vaut 113 fr. 60 c. la somme de........... 841   20

LE MÈTRE étant à	PRIX DE LA TOISE		
	LINÉAIRE.	SUPERFICIELLE.	CUBIQUE.
fr.　cent.	fr.　c.	fr.　c.	fr.　c.
1　00	1　95	3　80	7　40
1　20	2　35	4　55	8　90
1　40	2　73	5　32	10　36
1　60	3　12	6　08	11　84
1　80	3　51	6　84	13　32
2　00	3　90	7　60	14　81
2　20	4　30	8　35	16　30
2　40	4　68	9　12	17　77
2　60	5　07	9　88	19　25
2　80	5　46	10　64	20　73
3　00	5　85	11　40	22　21
3　20	6　25	12　15	23　70
3　40	6　63	12　92	25　17
3　60	7　02	13　68	26　70
3　80	7　41	14　44	28　13
4　00	7　80	15　20	29　62
4　20	8　20	15　95	31　10
4　40	8　58	16　72	32　58
4　60	8　97	17　48	34　06
4　80	9　36	18　24	35　54
5　00	9　75	19　00	37　02
5　20	10　15	19　75	38　50
5　40	10　53	20　52	39　98
5　60	10　92	21　30	41　46
5　80	10　31	22　04	42　94

MAÇON.

LE MÈTRE étant à	PRIX DE LA TOISE		
	LINÉAIRE.	SUPERFICIELLE.	CUBIQUE.
fr. c.	fr. c.	fr. c.	fr. c.
6 00	11 80	22 70	44 42
6 20	12 10	23 55	45 90
6 40	12 48	24 32	47 38
6 60	12 87	25 08	48 86
6 80	13 26	25 84	50 34
7 00	13 65	26 60	51 83
7 20	14 05	27 35	53 30
7 40	14 43	28 12	54 80
7 60	14 82	28 88	56 27
7 80	15 21	29 64	57 75
8 00	15 60	30 40	59 24
8 20	16 30	31 15	60 75
8 40	16 38	31 92	62 20
8 60	16 75	32 68	63 70
8 80	17 16	33 44	65 16
9 00	17 55	34 20	66 65
9 20	17 95	34 95	68 15
9 40	18 33	35 72	69 60
9 60	18 72	36 50	71 10
9 80	19 10	37 24	72 57
10 00	19 50	38 00	74 05
10 20	19 90	38 75	75 55
10 40	20 28	39 52	77 00
10 60	20 65	40 50	78 50
10 80	21 05	41 04	79 97

LE MÈTRE étant à	PRIX DE LA TOISE		
	LINÉAIRE.	SUPERFICIELLE.	CUBIQUE.
fr. c.	fr. c.	fr. c.	fr. c.
11 00	21 45	41 80	81 45
11 20	21 85	42 55	82 95
11 40	22 23	43 32	84 40
11 60	22 60	44 10	85 90
11 80	23 00	44 84	87 37
12 00	23 40	45 60	88 85
12 20	23 80	46 35	90 35
12 40	24 18	47 12	91 80
12 60	24 57	47 90	92 90
12 80	24 96	48 64	94 77
13 00	25 35	49 38	96 25
13 20	25 75	50 15	97 75
13 40	26 13	50 90	99 20
13 60	26 50	51 65	100 70
13 80	26 90	52 42	102 17
14 00	27 30	53 18	103 65
14 20	27 70	53 95	105 15
14 40	28 18	54 70	106 60
14 60	28 45	55 45	108 10
14 80	28 86	55 22	109 57
15 00	29 25	56 97	111 05
15 20	29 65	57 75	112 55
15 40	30 05	58 50	114 00
15 60	30 42	59 25	115 50
15 80	30 80	60 00	116 97

LE MÈTRE étant à		PRIX DE LA TOISE				
		LINÉAIRE.		SUPERFICIELLE.		CUBIQUE.
fr.	c.	fr.	c.	fr.	c.	fr. c.
16	00	31	18	60	80	118 45
16	20	31	60	61	55	119 95
16	40	31	95	62	32	120 40
16	60	32	35	63	10	122 90
16	80	32	74	63	85	124 37
17	00	33	13	64	58	125 85
17	20	33	52	65	35	127 35
17	40	33	90	66	10	128 80
17	60	34	70	66	85	130 30
17	80	34	45	67	62	131 78
18	00	35	08	68	40	133 25
18	20	35	50	69	15	134 75
18	40	35	85	69	90	136 20
18	60	36	25	70	70	137 70
18	80	36	65	71	45	139 18
19	00	37	05	72	18	140 66
19	20	37	44	72	95	142 15
19	40	37	85	73	70	143 65
19	60	38	20	74	45	145 10
19	80	38	60	75	22	146 58
20	00	38	98	75	98	148 10
20	20	39	40	76	75	149 60
20	40	39	75	77	50	151 05
20	60	40	15	78	25	152 55
20	80	40	55	79	02	154 02

LE MÈTRE étant à		PRIX DE LA TOISE			
		LINÉAIRE.	SUPERFICIELLE.		CUBIQUE.
fr.	c.	fr. c.	fr.	c.	fr. c.
21	00	40 95	79	78	155 50
21	20	41 35	80	75	157 00
21	40	41 75	81	30	158 45
21	60	42 10	82	05	159 95
21	80	42 50	82	82	161 42
22	00	42 90	83	58	162 88
22	20	43 30	84	35	164 35
22	40	43 70	85	10	165 85
22	60	44 05	85	85	167 30
22	80	44 46	86	62	168 80
23	00	44 85	87	40	170 30
23	20	45 25	88	15	171 80
23	40	45 65	88	90	173 25
23	60	46 00	89	70	174 75
23	80	46 40	90	45	176 22
24	00	46 80	91	18	177 70
24	20	47 20	91	95	179 20
24	40	47 60	92	70	180 65
24	60	48 00	93	45	182 15
24	80	48 35	94	22	183 62
25	00	48 75	94	98	185 10
25	20	49 15	95	75	186 60
25	40	49 55	96	50	188 05
25	60	49 90	97	25	189 55
25	80	50 30	98	02	191 00

LE MÈTRE étant à	PRIX DE LA TOISE		
	LINÉAIRE.	SUPERFICIELLE.	CUBIQUE.
fr. c.	fr. c.	fr. c.	fr. c.
26 00	50 70	98 80	192 50
26 20	51 10	99 55	194 00
26 40	51 50	100 30	195 45
26 60	51 85	101 10	196 95
26 80	52 25	101 85	198 42
27 00	52 60	102 60	199 90
27 20	53 00	103 35	201 40
27 40	53 40	104 10	202 85
27 60	53 75	104 90	204 35
27 80	54 15	105 65	205 82
28 00	54 60	106 35	207 30
28 20	55 00	107 10	208 90
28 40	55 40	107 85	210 25
28 60	55 75	108 65	211 75
28 80	56 15	109 40	213 22
29 00	56 50	110 25	214 70
29 20	56 90	111 00	216 20
29 40	57 30	111 75	217 65
29 60	57 65	112 55	219 15
29 80	58 05	113 30	220 60
30 00	58 50	113 95	222 10
30 20	58 90	114 70	223 60
30 40	59 30	115 45	225 05
30 60	59 65	116 25	226 55
30 80	60 05	117 00	228 00

LE MÈTRE étant à	PRIX DE LA TOISE		
	LINÉAIRE.	SUPERFICIELLE.	CUBIQUE.
fr. c.	fr. c.	fr. c.	fr. c.
31 00	60 40	117 75	229 50
31 20	60 80	118 50	231 00
31 40	61 20	119 25	232 45
31 60	61 55	120 05	233 95
31 80	61 95	120 80	235 40
32 00	62 38	121 55	236 90
32 20	62 75	122 30	238 40
32 40	63 15	123 05	239 85
32 60	63 55	123 85	241 35
32 80	64 05	124 60	242 80
53 00	64 30	125 40	244 30
33 20	64 70	126 15	245 80
33 40	65 10	126 90	247 25
33 60	65 45	127 65	248 75
33 80	65 85	128 45	250 20
34 00	66 25	129 15	251 75
34 20	66 65	129 90	253 25
34 40	67 05	130 70	254 70
34 60	67 40	131 45	256 20
34 80	67 80	132 20	257 67
35 00	68 20	132 95	259 15
35 20	68 60	133 70	260 65
35 40	69 00	134 50	262 10
35 60	69 40	135 25	263 60
35 80	69 75	136 00	265 05

LE MÈTRE	PRIX DE LA TOISE		
étant à	LINÉAIRE.	SUPERFICIELLE.	CUBIQUE.
fr. c.	fr. c.	fr. c.	fr. c.
36 00	70 15	136 75	266 55
36 20	70 55	137 50	268 05
36 40	70 90	138 27	269 50
36 60	71 30	139 05	271 00
36 80	71 70	139 80	272 45
37 00	72 10	140 55	273 95
37 20	72 50	141 30	275 45
37 40	72 90	142 05	276 90
37 60	73 25	142 85	278 40
37 80	73 65	143 60	279 85
38 00	74 05	144 35	281 35
38 20	74 45	145 10	282 85
38 40	74 85	145 90	284 30
38 60	75 22	146 63	285 90
38 80	75 60	148 40	287 25
39 00	76 00	148 15	288 75
39 20	76 40	148 90	290 25
39 40	76 80	149 70	291 70
39 60	77 17	150 43	293 20
39 80	77 55	151 20	294 65
40 00	77 95	151 95	295 15
40 20	78 35	152 70	296 55
40 40	78 75	153 50	298 10
40 60	79 12	154 23	299 60
40 80	79 50	155 00	301 05

LE MÈTRE étant à	PRIX DE LA TOISE		
	LINÉAIRE.	SUPERFICIELLE.	CUBIQUE.
fr. c.	fr. c.	fr. c	fr. c.
41 00	79 90	155 75	303 55
41 20	80 30	156 50	305 05
41 40	80 70	157 30	306 50
41 60	81 05	158 03	308 00
41 80	81 45	158 80	309 45
42 00	81 85	159 55	310 95
42 20	82 25	160 30	312 45
42 40	82 60	161 10	313 90
42 60	83 00	161 80	315 40
42 80	83 40	162 60	316 85
43 00	83 80	163 35	318 35
43 20	84 20	164 10	319 85
43 40	84 60	164 90	321 30
43 60	84 97	165 63	322 80
43 80	85 35	166 40	524 25
44 00	85 75	167 15	325 75
44 20	86 15	167 90	327 25
44 40	86 55	168 70	328 70
44 60	86 92	169 43	330 20
44 80	87 30	170 20	331 65
45 00	87 70	170 95	333 20
45 20	88 10	171 70	334 70
45 40	88 50	172 50	336 15
45 60	88 87	173 23	337 65
45 80	89 25	174 00	339 10

LE MÈTRE étant à	PRIX DE LA TOISE		
	LINÉAIRE.	SUPERFICIELLE.	CUBIQUE.
fr. c.	fr. c.	fr. c.	fr. c.
46 00	89 65	175 75	340 60
46 20	90 05	176 50	342 10
46 40	90 40	177 30	343 55
46 60	90 82	178 03	345 05
46 80	91 21	178 80	346 50
47 00	91 60	178 55	348 00
47 20	92 00	179 30	349 50
47 40	92 40	180 10	350 95
47 60	92 77	180 83	352 45
47 80	93 15	181 60	353 90
48 00	93 55	182 35	355 40
48 20	93 95	183 10	356 90
48 40	94 35	183 90	358 35
48 60	94 72	184 63	359 85
48 80	95 10	185 40	361 30
49 00	95 50	186 15	362 80
49 20	95 90	186 90	364 30
49 40	96 30	187 70	365 75
49 60	96 70	188 43	366 25
49 80	97 05	189 20	368 70
50 00	97 50	190 00	370 20

~~~~~~

CHAPITRE V.

CARRELAGE.

190. Nous avons fait connaître, au paragraphe 6 du chapitre 2ᵉ, quelles étaient les terres propres à la fabrication du carreau, et à quels signes on reconnaissait celui de bonne qualité ; nous y renvoyons donc nos lecteurs.

191. Quant au travail manuel des carreleurs, il se réduit à peu de chose, aussi la plupart des maçons font le carrelage, non pas avec autant de dextérité qu'un carreleur qui exerce spécialement cette profession, mais souvent aussi bien.

Un carreleur doit d'abord s'assurer du niveau de la pièce qu'il doit carreler, afin de faire répandre sur l'aire deux pouces d'épaisseur de poussière provenant de démolitions d'ouvrages en plâtre et de recoupes de pierre qu'il fait passer au panier par son garçon ; c'est la forme sur laquelle il pose son carreau.

On mêle dans le plâtre une certaine quantité de suie, de manière à ce que l'augée devienne de couleur roussâtre : ce mélange empêche le plâtre de prendre aussi vite que lorsque les maçons l'emploient, et laisse le tems au carreleur de procéder à l'arrangement de son carreau sur la couche de ce plâtre qu'il étend sur la poussière au fur et à mesure de son travail.

192. Le niveau est pris, si c'est au rez-de-chaussée, au droit des seuils des portes extérieures ; si c'est dans les étages supérieurs, il est pris du dessus de la marche palière de l'étage ; ensuite le carreleur pose sa première augée au milieu de la pièce et ordinairement sur la longueur, et de là il continue à droite et à gauche, au moyen de points de repère qu'il a disposés à la longueur de sa règle avec des carreaux isolés de distance en distance, et sur lesquels il reporte constamment sa règle pour asseoir les carreaux de sa deuxième rangée, et ainsi de suite jusqu'à l'extrémité de chaque pièce : quelquefois en frappant ainsi cette règle un carreau se casse ; il le remplace alors et se sert de ces morceaux pour les approches le long des murs et des cloisons.

193. S'il y a un foyer à la cheminée, on s'en approche avec des joints préparés avec soin, et l'âtre est carrelé en carreaux carrés, qui, alors se compte à part et se paie eu égard à sa grandeur. Quant aux pièces carrelées, elles sont comptées en superficie, toutes embrasures de portes et de croisées comprises, et le foyer déduit, s'il y en a.

194. On pose aussi le carreau sur du mortier de chaux et de sable, dans les contrées où il n'y a point de plâtre, et encore lorsque cette matière est trop chère. On le pose même aussi sur une couche ou une aire de terre franche, dans les bâtimens ruraux.

La forme, quelle qu'elle soit, plâtre, mortier ou terre, est toujours comprise dans le prix de la toise ou du mètre superficiel du carreau.

195. On fabrique du carreau presque partout en France; dans tous les environs de Paris, les tuileries se sont multipliées considérablement depuis plusieurs années. C'est celui de Massy près Palaiseau qui est préférable à tous les autres. Mais le meilleur est sans contredit celui de Montereau ou de Bourgogne; mais il est aussi beaucoup plus cher : aussi s'en emploie-t-il peu dans la capitale.

196. La dimension générale du carreau de forme hexagone est de 16 c. (6 po.) pris d'un côté à l'autre, et de 18 à 20 mil. (8 à 9 li.) d'épaisseur; c'est celui que l'on emploie généralement pour les appartemens. On en fait aussi de carrés de 16 et 21 c. (6 et 8 po.) carrés, que l'on appelle carreau d'âtre, et carreau à bande, avec lequel on fait les âtres et les fours; enfin quelques fabriques livrent au commerce des carreaux bâtards de 12 à 13 c. (4 po. $\frac{1}{2}$ à 5 po.) et d'autres dimensions.

On fait aussi, dans des cuisines, des buanderies, magasins et autres, des carrelages en briques de champ ou de plat; mais comme on en charge ordinairement les maçons, nous en avons parlé dans le paragraphe 8 du chapitre 4 ci-dessus.

197. La façon du carrelage se paie généralement aux ouvriers 40 c. par mètre superficiel (1 fr. 50 c. par toise). Cependant, dans des pièces d'une grande étendue, les coupes et les raccordemens étant plus rares, la pose va très vite, et alors on peut le faire pour 26 à 32 centimes. (1 fr. à 1 fr. 20 centimes la toise.) Du reste l'entrepreneur débat son prix avec son tâcheron avant de le mettre en œuvre, et il lui fournit le plâtre et le carreau. Le tâcheron fournit ses outils, consistant

en une truelle , un crible ou panier , une règle et un niveau ;
l'entrepreneur fournit le déceintoir s'il faut décarreler, la hachette pour le décrotter, les brouettes et autres équipages, s'il
en faut. Ce dernier doit aussi faire venir à pied-d'œuvre, c'est-
à-dire à l'endroit à carreler, les poussières nécessaires pour faire
la forme.

198. Pour un mètre superficiel de carreaux hexagones
de 16 c. (6 po.), il faut 41 carreaux et un peu plus d'un demi-
sac de plâtre, (c'est 165 carreaux et 2 sacs par toise) ; un ouvrier, en deux heures et demie pose 3 m. 80 c. carrés (1 toise)
dans les pièces ordinaires; il y met quelquefois trois heures lorsqu'il faut faire de nombreux raccordemens, foyers de cloisons,
d'embrasures , etc. Quelquefois aussi, mais dans de vastes salles , il n'y emploie que deux heures.

Avec le carreau de 11 c. (4 po. 1⁄4) il faut 85 carreaux par mètre (324 par toise,) mais le terme moyen de la
façon est de quarante-sept minutes , (trois heures par toise.)
Le carreau carré dit *à bande* de 16 c. (6 po.) en emploie
38 toujours compris le déchet, et celui de 22 c. 22 (c'est par
toise 145 de 6 po. et 82 de 8 po.) le tems est pour tous à peu
près le même que pour les premiers , lorsque les coupes ne sont
pas trop multipliées. L'emploi du plâtre est aussi à très peu de
chose près le même.

CHAPITRE VI.

OUVRAGES DE COUVERTURE.

199. Les matériaux employés par les couvreurs se réduisent 1° à la latte de cœur de chêne, la même dont les maçons se servent pour les légers ouvrages ; 2° la volige, faite de peuplier, de blanc de Hollande ou d'autres bois tendres équivalans, et qui se vend au cent de 1 m. 95 c. (6 pi.) de longueur sur 11 à 16 c. (4 à 6 po.) de largeur ; 3° la tuile, qui est de plusieurs échantillons en raison des contrées où les ouvrages s'exécutent, et dont les principaux sont : le petit moule, de 16 à 19 c. (6 à 7 po.) de largeur sur 24 à 27 c. (9 à 10 po.) de hauteur, et le grand moule, de 22 à 23 c. (8 po. à 8 po. et demi) de largeur sur 30 à 32 c. (11 à 12 po.) de hauteur ; 4° l'ardoise, qui a aussi deux échantillons, savoir la quartelette dont on se sert seulement pour les combles circulaires, à cause de son peu de largeur, 16 c. (6 po.), et la grande carrée, d'environ 22 c. (8 po.) sur 30 c. (11 po.) de hauteur ; 5° enfin, les clous à latte, à volige et à ardoise, le plâtre et le mortier.

200. La tuile se fabrique dans les mêmes établissemens que la brique et le carreau, et, pour cet objet, nous renvoyons nos lecteurs au paragraphe 6 du chapitre 2e, page 34.

201. On en fait encore de diverses formes, telles que celles en nouelles, en S, creuses, plates, rondes, gironnées, etc., mais n'étant en usage en France que dans quelques localités particulières, nous n'avons pas à nous en occuper.

Les tuiles des fabriques de Bourgogne et de Montereau sont infiniment supérieures à toutes les autres.

202. Quant aux ardoises, on les distingue, dit le savant *Brard* dans sa minéralogie déjà citée, par rapport à leurs qualités extérieures, c'est-à-dire, par la finessse de leur grain, leur légèreté, leur peu d'épaisseur, leur dureté, leur couleur, leur grandeur, etc.; mais les naturalistes, qui s'attachent plus particulièrement à la nature intime de cette roche éminemment schisteuse et feuilletée, et plus encore à ses différens gisemens, distinguent les ardoises sous ce dernier point de vue, en les

désignant par les noms de phyllades, de schistes primitifs, secondaires, ou de transition, suivant qu'ils font partie des terrains granitiques ou des terrains plus modernes. Les schistes
qui appartiennent à ces dernières formations sont susceptibles
de renfermer sur leurs feuillets des empreintes de corps organisés, et particulièrement de poissons et de plantes, qui sont
quelquefois si parfaitement conservés, qu'on peut en déterminer les genres et quelquefois même les espèces. Les ardoises
des terrains primitifs, au contraire, ne renferment jamais aucune trace d'êtres organisés ; car il ne faut pas confondre avec
les vraies empreintes végétales, certaines herborisations pyri-
teuses qui ne sont que des dendrites, et qui n'ont absolument
rien de commun avec les plantes.

L'ardoise ordinaire est d'un gris foncé, qui tire sur le bleuâtre : elle présente au soleil une multitude infinie de petits
points brillans, alongés, qui sont tous dirigés dans le même
sens, et qui ont fait penser à quelques minéralogistes que cette
roche n'était qu'un mica compacte, cristallisé confusément.
Cette ardoise est sonore, ne se laisse point attaquer par les
acides, et se raie en gris cendré par une simple pointe de fer.

L'ardoise ne reçoit point un brillant poli, mais on parvient
aisément à l'adoucir avec la ponce, et dans cet état, elle
est onctueuse au toucher. Au reste, tous les schistes ou roches
analogues, de quelques couleurs qu'ils puissent être, peuvent
servir à fabriquer des ardoises, pourvu qu'ils soient susceptibles de se laisser diviser en feuillets minces, droits et sonores ;
qu'ils permettent qu'on les taille et qu'on les perce sans se briser, et qu'ils n'absorbent point l'eau quand on les y fait sé
journer, car s'il en était ainsi, la gelée les détruirait bientôt
quelle que fût d'ailleurs leur dureté et leur solidité apparente.

Les schistes argileux ou bitumineux, les phyllades ou les
micaschistes, qui sont les roches dont on extrait les meilleures ardoises, varient infiniment de couleurs ; il en existe de
blanchâtres, de verdâtres, de bleuâtres, de noires, de violettes:
mais la couleur par excellence, celle qui a reçu le nom spécifique de gris d'ardoise, appartient aux schistes qui fournissent les meilleures qualités : c'est la teinte des ardoises d'Angers, qui sont les plus communément employées en France, et
particulièrement à Paris.

Ces différentes roches feuilletées forment dans les divers
terrains que nous avons cités ci-dessus, des couches plus ou

moins épaisses, dont l'inclinaison est souvent très forte, et qui s'approche même quelquefois de la situation verticale. De cette inclinaison et de l'épaisseur des couches dépend le mode adopté dans les exploitations des ardoisières : aussi serait-il assez difficile de prescrire des règles générales pour l'extrac-tion de ces roches, puisque tel gisement exige un travail par galeries souterraines, tel autre des puits ou des rampes, tel autre encore un travail à ciel ouvert, etc. Ce sont donc les circonstances locales qui doivent déterminer ; et c'est à l'intel-ligence et à l'instruction des exploitans qu'il est réservé d'ap-pliquer le mode de travail qui convient à tel ou tel gisement de la roche dont on veut extraire de l'ardoise.

Les feuillets dont les couches schisteuses sont composées, ne sont pas toujours parallèles à ces mêmes couches. Patrin remarque qu'ils leur sont presque perpendiculaires dans les terrains secondaires ; tandis qu'ils suivent la même inclinaison dans les terrains primitifs. Enfin l'on observe aussi que la masse entière de ces couches schisteuses est subdivisée par des retraits qui se croisent sous des angles assez constans, et qui donnent naissance à des blocs cuboïdes ou rhomboïdaux, qui sont quelquefois séparés par des filets de quarz ou de cal-caire spathique blanc qu'on nomme cordons, crins, fils, poils ou fronts. Cette dernière expression, qui est employée dans les Alpes, désigne plus particulièrement la tranche unie et naturelle des feuillets schisteux.

Les principales ardoises connues sont celles d'Angers et de Charleville, en France ; de Lavagna sur la côte de Gênes ; de Platzberg en Suisse ; d'Eisleben en Saxe ; de Lautenthal et de Goslar, au Hartz ; du comté de Caernarvan, dans la principauté de Galles en Angleterre, et des îles d'Easdale et de Fysdale, près de l'île de Jura, sur la côte occidentale de l'Ecosse. Mais outre ces grandes exploitations, qui exportent leurs produits au loin, il en existe une infinité d'autres qui fournissent aux besoins des pays dans lesquels on les a ou-vertes. Ainsi, pour la France seulement, on peut citer en-core les ardoisières de Saint-Lô et de Cherbourg département de la Manche, celles des environs de Grenoble, département de l'Isère ; celles de Traversac et de Villac, près de Brives, départemens de la Dordogne et de la Corrèze ; celles de Blâ-mont, près Lunéville, département de la Meurthe ; de Redon, département d'Ille-et-Vilaine ; celles de Kayserscch dans l'électorat de Mayence ; celles de Taninge et de Conflans, en Savoie, et enfin dans toutes les petites ardoisières qui sont ouvertes dans presque toutes les vallées des Alpes et des Pyrénées.

Les ardoisières d'Angers, département de Maine-et-Loire, sont ouvertes sur une couche de schiste argileux secondaire, d'une épaisseur énorme, qui se montre sur une étendue de deux lieues, à partir d'Avrillé jusqu'à Treluzé, en passant sous le sol de la ville d'Angers, où la Mayenne le coupe à angle droit. Ces ardoisières, au nombre de huit, sont sur la même ligne, et placées dans la direction où le banc de schiste se trouve le plus près de la surface du sol, c'est-à-dire de l'est à l'ouest. Immédiatement au-dessous de la terre végétale, on trouve un premier banc qui n'est composé que d'un schiste pourri, qu'on nomme cosse ; vient ensuite la pierre à bâtir, qui est un schiste non susceptible de se réduire en feuillets minces, et qui est employée comme moellon ; enfin, à quatorze ou quinze pieds au-dessous de la surface, on trouve le franc quartier, ou la bonne ardoise, qui est légère, sonore et d'un gris foncé bleuâtre. On l'exploite par tranchées de quatre cents pieds de large, et jusqu'à la profondeur de trois cents pieds seulement, laissant au-dessous de ce niveau une épaisseur inconnue, qui est d'autant plus à regretter que c'est précisément vers les parties inférieures de la couche que la pierre se trouve de meilleure qualité. Toute cette grande masse schisteuse présente des lits qui la croisent en deux sens et qui la divisent en rhomboïdes énormes, qui sont composés de lames ou feuilles parallèles entre elles, ainsi qu'à deux faces opposées aux lits qui les enveloppent ; ce sont ces blocs que l'on refend ordinairement sur place avant qu'ils aient été desséchés par l'air ; car on a remarqué qu'après qu'ils ont perdu leur humidité naturelle, leur eau de carrière, ils se divisent plus difficilement que quand ils sont nouvellement extraits ; on s'est également assuré que la gelée favorise aussi cette division, pourvu cependant qu'elle n'ait point été répétée à plusieurs reprises sur les mêmes blocs. (Patrin.)

Les ardoises qui proviennent de ces carrières se font remarquer par la finesse de leur grain, leur peu d'épaisseur, leur légèreté, et la manière soignée avec laquelle on les fabrique ; il s'en fait une exportation considérable ; toute l'ardoise qu'on emploie à Paris vient d'Angers, elles ont sept à huit pouces de large et un pied de long La plus petite, nommée cartelette, est employée à couvrir les pavillons, et se taille quelquefois en forme d'écaille de poisson.

Les ardoisières de Charleville, département des Ardennes, sont situées à peu de distance de la ville, et s'étendent le long de la Meuse jusqu'à Fumay. La principale est ouverte à Rimogne, vers le sommet d'une colline dont le noyau est primitif, mais dont les flancs sont couverts de couches coquillères. La couche schisteuse qu'on exploite est inclinée à l'horizon de quarante degrés, en sorte qu'on l'attaque par des rampes ou par des galeries souterraines, qui plongent à quatre cents pieds de profondeur, et sont accompagnées de galeries latérales, qui s'étendent à droite et à gauche de la voie principale. Ce banc, que les ouvriers nomment la planche, a soixante pieds d'épaisseur; mais il n'y en a guère que quarante qui puissent se laisser diviser et tailler en ardoises, l'autre tiers est intraitable; la pierre s'extrait des galeries en blocs à peu près carrés, du poids de deux cents livres, que l'on nomme faix, et qui se transportent à dos d'homme jusqu'à l'atelier où les refendeurs les divisent en feuillets épais, qu'on nomme repartons, en ayant soin, comme à Angers, d'éviter que ces blocs ne se dessèchent et ne perdent la propriété de s'effeuiller à l'aide d'une lame et d'un maillet que l'on fait agir sur la tranche des blocs.

Les ardoises de Charleville sont les plus estimées après celles d'Angers; il s'en fait aussi une grande consommation, tant en France qu'en Hollande et dans les Pays-Bas.

M. l'ingénieur Vialet a fait torréfier de ces ardoises jusqu'à leur communiquer une teinte rougeâtre, et il a augmenté leur dureté par cette cuisson, de manière à leur assurer une durée double de celle qu'elles ont ordinairement.

203. Les couvreurs, outre leurs échelles, quelques cordages, quelques chevalets faits en bois brut et dont ils se servent peu, et une corde nouée pour quelques occasions peu fréquentes comme les réparations des flèches de clochers, ont très peu d'outils : une petite auge et une truelle pour faire les solins, les ruellées et le scellement de leurs pièces d'égoût et autres; un marteau à manche plat et tranchant, nommé essette, pour travailler l'ardoise sur l'enclume, ayant une pointe d'un côté pour tracer et percer les trous des clous, et une tête méplate de l'autre pour les frapper; l'enclume en forme de T, dont un côté est à pointe, pour être piquée sur

les chevrons, et l'autre affilé en lame pour couper l'ardoise selon l'emplacement qu'elle doit occuper ; un tire-clou pour arracher, lors des recherches, les clous des pièces à remplacer ; enfin, un compas de fer pour tracer les pureaux, et un cordeau pour les tringler.

204. Pour exécuter une couverture en tuile, le couvreur commence à sceller une broche à chaque angle de l'entablement à couvrir, et tend une ligne qui fixe la saillie de son égout ; il présente alors chaque tuile sur cette ligne ou sur une règle mobile qui lui sert de régulateur, et après avoir étendu une poignée de plâtre sur l'entablement, il la met en place, l'appuie et la fixe de manière à ce que le crochet soit scellé. Lorsque la ligne est complète, il prend des tuiles cassées à moitié, c'est-à-dire dont le crochet est ôté, remet un peu de plâtre à la tête de son égout, et place ce second et quelquefois un troisième rang au même alignement que le premier, ce qui forme un égout qui prend le nom du nombre de tuiles qui le compose et qui sont superposées les unes sur les autres ; ce qui forme une épaisseur qui garantit l'entablement des eaux pluviales, et qui a la consistance nécessaire pour supporter sans bris le haut des échelles.

205. On a le soin de donner une couche en noir à l'huile au dessous apparent de l'égout lorsqu'on veut que l'ouvrage ait quelque propreté : cette couleur détache et fait valoir les moulures de la corniche.

206. Lorsque cet égout est terminé, on mesure 11 c. (4 po.) à partir du bord du dessous que l'on porte à chaque extrémité, et tendant le cordeau frotté de blanc, on tringle toute la longueur. Cette ligne blanche est le bord du premier rang d'ardoises que l'on fixe avec deux clous sur chaque volige préparée pour les recevoir. Le second rang en remontant se fait de même, et ainsi de suite jusqu'au faîtage ; que l'on garnit en faîtières que l'on scelle ensuite en plâtre ou en mortier, après avoir bien rempli le dessous.

207. Les noues sur les couvertures en tuiles, sont faites avec les mêmes faîtières renversées, ou même des tuiles simples qui sont arrangées de manière à ne pas laisser pénétrer les eaux pluviales ; mais dans les couvertures en ardoises, on les fait en plomb en table, sur une forme en plâtre, ayant soin de laisser à la jonction de chaque morceau un recouvrement de trois à quatre pouces.

208. Les derrières de cheminées, les bavettes de lucarnes et de châssis se font de même en plomb, ainsi que les rives des frontons de mansardes. Les faîtages de ces lucarnes, et même le faîtage du comble se garnissent aussi de la même manière lorsqu'on veut de l'ouvrage solide et que l'on peut se dispenser d'économie.

209. On fait des égoûts de plusieurs sortes, savoir les moindres, composés de deux tuiles et d'une ardoise jusqu'à 4 et 5 tuiles.

210. Chacun de ces égoûts, ainsi que tous les autres travaux de couverture, ont une valeur d'usage dans le toisé. Ainsi, un égoût de deux tuiles est compté pour 32 c. (1 pied courant); c'est-à-dire que 11 m. 69 c. (36 pi.) linéaires de ce travail produisent 3 m. 80 c. (une toise superficielle).

Un égoût de deux tuiles et une ardoise compte pour 49 c. (1 pi. 6 po.)

Un égoût de quatre tuiles, pour 65 c. (2 pi.)

Un, idem de quatre tuiles et un doublis pour 81 c. (2 pi. 6 po.)

Un idem de trois tuiles et deux ardoises, pour 81 c. (2 p. 6 po.)

Un idem de quatre tuiles et deux ardoises pour 98 c. (3 pi.) courans.

Un tranchis de noue en tuile, compte pour 16 c. (6 po.) de tuile.

Un idem sur une couverture en ardoise compte aussi pour 16 c. (6 po.) linéaires d'ardoise neuve.

Un batellement d'une ardoise compte pour 16 c. (6 po.) de cette couverture; s'il est de deux ardoises, il est compté pour 32 c. (1 pi.)

Si ce batellement est en tuile, il compte pour 16 c. (6 po.) de couverture en tuile; s'il est de deux tuiles, il est porté pour 32 c. (1 pi.) courant.

Une dévirure en ardoise vaut 32 c. (1 pi.) courant; une ruellée en plâtre sur tuile neuve ou vieille, vaut aussi 32 c. (1 pi.)

Un arêtier double en ardoise ou en tuile, compte pour 32 c. (1 pi.) la couverture à laquelle il appartient.

Un faîtage neuf en tuile compte pour 65 c. (2 pi.) courans; si les plâtres seulement sont refaits, sans renouvellement des faîtières, ils ne comptent que pour moitié, c'est-à-dire pour 32 c. (1 pi.) courant.

Enfin, les solins sur couverture en tuile ou en ardoise, avec pente dessous, se comptent pour 32 c. (1 pi.) courant.

211. Toutes les dimensions linéaires telles qu'elles sont exprimées ci-dessus sont ajoutées au mesurage d'un comble; c'est ce qu'on appelle les usages; ainsi, par exemple, un long pan qui se termine par un égoût de deux tuiles et une ardoise, et qui étant en appentis est couronné d'un solin sur sa largeur, les deux rives soient terminées par une ruellée de chaque côté; si ce comble d'appentis a 7 m. 80 c. (24 pi.) de long de dimension claire sur 3 m. 25 c. (10 p.) de hauteur, on le toise d'après ce qui vient d'être dit ci-dessus, comme s'il y avait en effet 8 m. 60 c. (26 pi. 6 po) sur 3 m. 89 c. (12 pi.) Ainsi de toutes les dimensions partielles d'un comble quel qu'il soit,

212. On toise maintenant toutes les lucarnes, mansardes, œils-de-bœuf, etc., pour ce qu'ils valent, en y ajoutant ces usages. Une vue de faîtière est comptée pour 63 c. superficiels (6 pi. carrés ou 1/6 de toise) ainsi qu'un poinçon armé d'ardoise.

213. Il est essentiel, lorsque l'on fait une couverture neuve en ardoise, de faire placer à quelques pieds du faîtage, des crochets, de distance en distance, pour accrocher les échelles de couvreur; cette précaution ménage bien la couverture et préserve les ouvriers des dangers auxquels ils sont constamment exposés. Lorsque ces crochets peuvent être fixés sur de bons et forts chevrons en chêne, il suffit de les y attacher avec deux ou trois bons clous ou chevillettes dentelées : il en est de même s'ils peuvent être adaptés aux arbalétriers; mais si les pièces de bois ne sont pas solides, ou que les chevrons soient en sapin, il faut un boulon à écrou, afin d'être assuré que lorsque le couvreur y suspendra une échelle, le clou qui l'attache ne manquera pas, ce qui compromettrait la vie de l'ouvrier.

214. D'après l'ordonnance de police du 1er décembre 1755, renouvelée le 28 janvier 1786, il est enjoint aux maîtres couvreurs faisant travailler aux couvertures des maisons « de faire pendre au-devant d'icelles deux lattes en forme de croix au bout d'une corde, et d'attacher auxdites lattes un morceau de drap d'une couleur voyante; leur enjoignons aussi, et à tous autres qui font travailler dans le haut des maisons, lorsqu'il y aura le moindre danger pour les passans, de faire tenir dans la rue un homme pour avertir du travail et prévenir les accidens de pierre, plâtre, tuiles et autres matériaux qui pourraient échapper dans le cours de leurs travaux.

~~~~~~

CHAPITRE VII.

PAVAGE.

215. La profession de paveur exige peu d'outils : des niveaux ; quelques jalons, une batte à ciment, une demoiselle pour frapper et enfoncer le pavé, quelques marteaux, couperets à refendre, et plusieurs pinces ; enfin des brouettes, seaux, cribles, etc.

216. Le pavé est préparé à la carrière par des *fendeurs* qui s'occupent spécialement de sa refente et de son équarrissage ; ils n'en font généralement que d'un seul échantillon qui a 22 c. (8 po.) carrés sur tous les sens, et que l'on appelle *gros pavé* ou *pavé de route*. Cependant les entrepreneurs en commandent aux échantillons dont ils ont besoin ; ces gros pavés se refendent ensuite en pavés de deux et de trois, pour les usages ordinaires et pour les endroits où les voitures n'ont pas d'accès.

217. Les fendeurs font aussi du gros pavé de bordure qui a 38 à 40 c. (14 à 15 po.) carrés sur 24 à 27 c. (9 à 10 po.) d'épaisseur, et qui sert à accotter le pavé des chaussées des grandes routes, lesquelles bordures comptent chacune pour quatre pavés. On trouve aussi, aux mêmes carrières, du *pavé bâtard*, plus petit que la dimension ordinaire, inégal et mal équarri, ainsi que des écales provenant des restes des blocs, dans lesquels les fendeurs ne peuvent plus trouver un pavé de mesure.

218. Il y a plusieurs espèces de grès, mais ceux que l'on emploie le plus communément pour les travaux de pavage et même pour la construction, sont ceux de Fontainebleau, d'Orsay, de Marly, de Pontoise et de plusieurs autres contrées aux environs de Paris.

Cette matière se compose de sable solidifié par la seule force d'adhésion ou par l'intermède d'un ciment naturel, il forme des masses et des blocs quelquefois isolés, et seulement engagés dans du sablon, et quelquefois par des bancs d'une très grande étendue.

219. Il y a beaucoup de dépôts de grès en France; mais tous ne sont pas propres au pavage, mais seulement aux constructions; des villes entières, telles que Brives, Carcassonne, etc., sont construites avec cette matière. Elle a été employée dans une partie des immenses ouvrages du célèbre canal du Languedoc, pour les ponts de Nevers et de Moulins, et dans un grand nombre d'édifices publics et particuliers, pour les chaines et encoignures des bâtimens, les marches d'escaliers, les bornes, les dallages, les meules, les travaux hydrauliques et les fours des manufactures; les grès employés ainsi peuvent ne pas convenir au pavage, et voici ce que dit le savant Brard déjà cité précédemment, sur le choix de cette matière.

220. « Pour fabriquer le pavé, on recherche les pierres qui sont susceptibles de se casser régulièrement et avec facilité; parmi celles dont on fait habituellement usage dans différens pays, aucune ne se prête aussi bien à cet emploi que les grès blancs quartzeux qu'on exploite aux environs de Paris; car ils réunissent à une dureté qui les rend capables de résister long-tems au frottement des roues, la propriété de se laisser débiter aisément en masses cubiques, à l'aide d'un très lourd marteau d'acier dont les ouvriers se servent pour étonner le bloc, et qu'ils achèvent de diviser par un simple coup du manche.

» Ces grès, qui sont généralement assez blancs, dont le grain est égal et fin, ne présentent aucune apparence de ciment; ils se trouvent en bancs continus, ou en grosses masses isolées, au milieu d'un sablon fin et mobile, qui prend en s'agglutinant de plus en plus, la consistance du grès le plus vif et le plus tenace. Les ouvriers qui travaillent au pavé, dans la forêt de Fontainebleau, pour désigner dans leur langage ces diverses qualités du grès qu'ils taillent journellement, ont adopté pour s'entendre entr'eux, les noms de *grès pif*, de *grès paf* et de *grès pouf;* le premier, qui se nomme aussi *grisard* à cause de sa couleur plus foncée, est trop dur pour servir au pavé; le second est celui qu'on exploite pour cet usage; et le troisième se réduit en sablon quand on le frappe avec la masse.

» Paris, Versailles, Orléans, Fontainebleau, Saint-Denis

Pontoise, Saint-Germain et toutes les grandes routes qui traversent ces villes sont pavées avec ces grès cubiques, qui se
posent sur un sol battu nommé *forme*. Les principales carrières
qui les fournissent sont celles de Palaiseau, Fontainebleau et
Pontoise. C'est à Fontainebleau seulement qu'on trouve les
cristaux de grès rhomboïdaux groupés ou isolés qui sont si
recherchés par les amateurs. (*Minéralogie appliquée*).

221. Les paveurs préparent quatre sortes de formes pour
sceller leur pavé : la première à sec ou en sable seulement,
comme se font les chemins publics et les rues des villes ; la
seconde en salpêtre, pour les cuisines, buanderies, lavoirs et
autres localités intérieures ; et la troisième en mortier de chaux
et sable, pour les cours des maisons d'habitation ; enfin la
quatrième et dernière, en mortier de chaux et ciment, pour
les revers des maisons et sous les égouts des toits, pour résister à la chute des eaux pluviales.

222. La pratique du paveur ne peut guère s'acquérir qu'en
travaillant ; elle se réduit à observer certaines précautions
qui sont consignées dans le *Mémento des Architectes*, et que
nous croyons devoir reproduire ici.

223. « Le gros pavé de ville ou de route se pose ordinairement à sec sur une forme en sable de rivière ; mais à son défaut, on emploie du sable de ravines, lorsque la localité permet de s'en procurer, ou enfin avec du sable de plaine ; cette
forme doit toujours avoir de 20 à 25 centimètres (7 à 9 po.)
d'épaisseur. Il est essentiel pour établir un pavé solide, et notamment pour les routes ou autres endroits de passage fré-
quentés par des voitures pesantes, de considérer la nature du
terrain, et de faire un bon encaissement d'une épaisseur convenable pour le recevoir.

« Pour le pavé refendu, on prépare et on nivelle convenablement la terrasse qui doit le recevoir, et on garnit le dessus
de chaque rang de pavé déjà posé d'une quantité de sable ou
de mortier, de manière qu'en le ramenant avec la truelle il
puisse remplir les joints ; si c'est du mortier ou du salpêtre,
il faut que chaque pavé soit entièrement enveloppé de ce
mortier, excepté à sa surface apparente, c'est-à-dire qu'il
faut en couvrir la forme et en garnir tous les joints ; lorsque
l'ouvrage est terminé, on étend sur toute la superficie une
couche de sable de rivière, de plaine ou de ravines.

224. « Pour le pavé des cours, il est bon, avant d'étendre

le sable, de saupoudrer sur toute la superficie du vieux grès pulvérisé, afin de hâter la siccité du mortier encore frais ; mais peu de paveurs ont cette précaution.

225. » Les paveurs qui tiennent à faire de bons travaux font battre le ciment chez eux dans la morte saison, pour employer quelques ouvriers, et même pendant toute l'année par des batteurs de ciment attachés à leur chantier, parce que les cimentiers n'en fournissent que de mauvais, mêlés de matières mal cuites, ou le vendent trop cher lorsqu'on veut avoir le choix des argiles.

Nous ne saurions trop répéter que la solidité du pavé dépend essentiellement de la composition du mortier avec lequel il est scellé, et de la manière dont il est employé ; et à cet égard les architectes et leurs agens ne sauraient apporter trop de surveillance pour empêcher les nombreuses fraudes qui sont passées en habitude chez la plupart des entrepreneurs, lesquels, au lieu de faire leur ciment en pure tuile de Bourgogne, comme ils l'annoncent dans leurs mémoires, et comme il devrait être en effet, le composent d'un mélange de débris de mauvaises briques, tuiles et carreaux de pays, de plâtras et autres fragmens de démolition, de vieux cimens provenant d'anciens pavages et de chappes de voûtes détruites, auxquels ils ajoutent un peu de sable de plaine passé à la claie. Ce mélange frauduleux est ensuite broyé avec une petite quantité de chaux, noyée à l'avance pour la faire foisonner, et qui, par conséquent, a perdu ses qualités, ce qui produit une apparence de mortier, mais maigre et sans aucune consistance, parce qu'il ne peut jamais former un corps compacte, ni se lier en aucune manière au pavé, ni durcir entièrement, parce que la partie liquide privée du gluten que forment les sels de la chaux lorsqu'elle est en quantité suffisante, mêlée d'une bonne argile bien cuite, telle que la tuile de Bourgogne, s'évapore facilement ; il ne reste plus que des grains et une poussière qui laissent les joints du pavage sans aucune liaison entre eux.

226. » On doit apporter aussi une attention très scrupuleuse à la manière dont le mortier est employé. Presque tous les paveurs posent le pavé *à sec* sur la forme de terre ou de sable, après avoir étendu adroitement avec la truelle sur les trois côtés de jonction, tout juste autant de mortier qu'il en faut pour en garnir ces joints ; lequel pavé étant posé et

frappé au marteau, fait souffler l'excédant au-dessus, de façon que l'ouvrage n'est lié que dans les joints seulement, au lieu d'être assis et consolidé comme il doit l'être, par une couche générale de ce mortier, qui, se liant avec celui des joints, enveloppe tout l'ouvrage et produit en durcissant un corps solide; lorsque l'ouvrier voit s'approcher l'architecte ou l'inspecteur chargé de surveiller les travaux, il amène plus de ciment, et pose son pavé à bain de mortier comme il devrait toujours le faire; mais ce n'est qu'une ruse, car aussitôt que le surveillant tourne le dos, il reprend l'habitude du métier : il est donc essentiel, lorsqu'on ne peut pas présider spéciale- ment à la pose du pavé, de faire lever par-ci par-là quelques pavés, pour s'assurer si la totalité du pavage repose sur une couche d'un pouce au moins d'épaisseur de mortier, ou s'il est à *cu-nu* sur le sable.

227. » Les paveurs mêlent aussi très souvent un quart ou un tiers de *pavés de trois* dans le *pavé de deux* qu'on leur commande, et comptent toute la superficie en pavés de deux; ce qui leur procure un bénéfice illicite assez considérable : lorsque l'architecte ou l'inspecteur visite les matériaux et leur en fait un reproche, ils répondent que c'est pour faire des *traversins*. Un traversin est un petit pavé que l'on pose en clausoir, le long des murs pour fermer les vides que laissent les pavés entiers de deux l'un, ou sur la ligne d'un ruisseau. Il ne faut pas s'y laisser tromper; on doit faire trier devant soi ceux qui n'ont pas l'épaisseur convenable, et les faire sor- tir de la maison, ou du moins les mettre à part et les comp- ter, afin que le même nombre, à quelques-uns près, soit pré- senté après les travaux; autrement on sera dupe, puisque l'entrepreneur trouvera toujours le moment de les placer à l'insu des personnes qui le surveillent, et dira qu'il les a enle- vés. Il faut aussi prendre garde de laisser poser des pavés en grès tendre.

228. » En général, tous les travaux de pavage se mesurent en superficie : néanmoins, lorsque quelques pavés neufs ont été posés partiellement, soit dans des parties de remanié, soit dans des pavages où il n'aurait été fait que cette seule répa- ration, ils sont comptés à la pièce; dans ce dernier cas, si ce sont de vieux pavés appartenant au propriétaire, ils comptent chacun pour 264 centimètres carrés (6 pouces) et sont por-

tés hors-ligne au mémoire, dans la classe des remaniés auxquels ils appartiennent.

229. On classe séparément les ouvrages de pavage, en raison, 1° de l'échantillon du pavé employé; 2° de l'espèce et de l'épaisseur de sa forme; 3° et enfin de la qualité du mortier avec lequel il est scellé. Pour les ouvrages en remanié, on a soin d'expliquer si le pavé a été retaillé, et si l'ancienne forme a été conservée, piochée et réglée, ou si elle a été refaite et renouvelée.

230. « La dépose du pavé, lorsqu'il a été reposé, n'est jamais comptée séparément du remanié, et les terrassemens faits pour préparer et régler la forme, lorsque la hauteur du déblai et du remblai n'excède pas 16 c. (6°) d'épaisseur, fait aussi partie de la valeur du pavage; lorsque ces déblais sont plus considérables, le surplus est payé en cube, comme déblai et remblai, en raison du travail fait, auquel on ajoute le prix des relais s'il y en a. » (*Memento des Architectes*, 3ᵉ partie.)

FIN DE LA PREMIÈRE PARTIE.

VOCABULAIRE

DES TERMES EMPLOYÉS DANS LA MAÇONNERIE, LA COUVERTURE, LE CARRELAGE ET LE PAVAGE,

auxquels on a joint

LES PRINCIPALES EXPRESSIONS DE L'ART DE L'ARCHITECTURE

ET AUTRES QUI SE RATTACHENT A LA CONSTRUCTION,

ET QU'UN MAÇON DOIT COMPRENDRE.

A.

ABAT-JOUR. Baie de croisée dont le plafond ou l'appui, et quelquefois les deux à la fois sont inclinés à l'horizon, en dedans ou en dehors, soit en ligne droite, soit en ligne courbe, pour rendre plus clairs les lieux bas, tels que caves, offices, cuisines souterraines, magasins, etc.

ABATTAGE. Sorte de manœuvre que font les ouvriers pour retourner ou soulever une pierre ou une pièce de bois ; ils introduisent l'extrémité d'un levier ou d'un boulin sous la pierre, mettent ensuite une cale sous le levier à certaine distance, et enfin à force de bras ou par le moyen d'une corde attachée à l'extrémité supérieure de ce levier, ils le tirent en bas, pour soulever le fardeau qu'il s'agit de retourner.

ABATTIS. Fragmens de pavé provenant de leur taille sur les carrières ; et que les ouvriers nomment *écales*.

ABAT-VENT. Petites planches placées horizontalement dans une baie de croisée, inclinées et posées au-dessus les unes des autres, pour garantir l'intérieur des pluies et des vents ; on en voit notamment aux clochers.

A BOUT *(remanié).* On appelle ainsi la dépose des tuiles et ardoises d'une couverture, et la repose de ces mêmes matériaux sur un lattis neuf ; en pavage, c'est la dépose du pavé et la repose sur une forme neuve.

ABOUTIR. Signifie tenir lieu de terme, limite, borne, par exemple une plinthe, ou une corniche aboutit à un mur

*.

en aile ou en retour, parce qu'elle s'arrête au point où s'élève le mur en aile ou en retour.

ABOUTISSANT. Ce qui termine, ce qui borne. On ne se sert pas de ce terme sans celui de *tenant*, par exemple : on dit les tenans et aboutissans d'un héritage ; ce qui signifie les points qui forment les limites de cet héritage.

ABREUVER. C'est répandre de l'eau avec la truelle ou avec une brosse sur un vieux mur dégarni de son enduit, pour y attacher un nouvel enduit qu'on veut y mettre, ou sur l'aire d'un plancher qu'on a haché, pour que le plâtre du nouveau carreau forme liaison avec cette aire.

ABREUVOIR. Bassin dont le fond est incliné en pente douce, et qui reçoit les eaux pluviales et autres, pour faire boire et baigner les bestiaux.

ACCOTEMENT. On appelle ainsi la partie des chaussées des rues qui se trouve depuis le ruisseau jusqu'aux maisons. Sur les routes, c'est l'espace en pente compris entre la bordure des pavés et les fossés.

ACCOUPLER. Poser des colonnes ou des pilastres très près l'un de l'autre, comme on en voit dans les ruines de Palmyre et à la façade du Louvre, par Perrault.

ACHÈVEMENT. Fin d'un ouvrage. On dit qu'on travaille à l'achèvement du Louvre, et il est probable qu'on en parlera long tems encore avant qu'il soit achevé réellement.

ACROTÈRES. Assises au-dessus de l'entablement d'une façade de bâtiment ; les acrotères sont quelquefois composés de piédestaux, avec balustrades et tablettes en pierre au-dessus.

ADOSSER. Joindre, appuyer contre, adosser un appentis contre un mur ou une maison, adosser une maison à une autre.

ADOUCISSEMENT. Cette expression signifie la manière dont on raccorde un corps de bâtiment avec un autre, comme une moulure avec le nu d'un mur, ou le fût d'une colonne, par le moyen d'un congé ou chanfrein, etc.

AFFAIBLIR. C'est enlever à un mur sa force primitive, en diminuant son épaisseur, ou en supprimant des contre-forts qui s'y trouvaient joints de distance en distance. On affaiblit un pièce de charpente en en diminuant la grosseur, relativement à sa longueur.

AFFAISSÉ. Qui est enfoncé en terre, ou penché. Un bâtiment s'affaisse par sa propre pesanteur, quand il est de mauvaise construction, ou élevé sur un fond peu solide ;

de là surviennent les fractures des voûtes et des murs, et l'irrégularité du niveau des planchers.

En conséquence, dans les grands édifices, il est convenable de laisser les fondemens s'affaisser, et les mortiers prendre corps, avant de les élever hors de terre. Les ouvrages de terrasses, tels que ceux de fortification, et les chaussées des chemins, faites de terres rapportées, s'affaissent beaucoup. Les planchers faits de solives trop faibles relativement à leur longueur, ou dont le bois n'est pas sec avant d'être mis en œuvre, sont sujets à s'affaisser dans leur milieu.

AFFAISSEMENT. C'est l'effet naturel que produit une construction neuve par la pression des matériaux. Un affaissement égal dans toutes ses parties se nomme *tassement*. (Voyez ce mot).

AFFERMIR. Rendre plus solide, fortifier un terrain pour recevoir des fondations, soit par des pilotis, soit par des arcs renversés.

AFFLEURER. C'est mettre plusieurs corps à la même surface, sans aucune saillie l'une sur l'autre. On affleure un plancher en mettant de niveau toutes les solives qui le composent. Affleurer une porte, c'est en applanir toutes les parties, de manière à ce qu'elles forment une surface unie.

AFFUTER. *Aiguiser, affiler* des outils, les rendre plus coupans et plus tranchans, en les repassant sur des grès tendres, ou des pierres d'une autre nature propres à affûter, ou sur une meule.

AGRAFE. C'est en architecture, un ornement qui décore la clé d'une plate-bande ou d'une arcade; on ne l'emploie plus que très rarement.

AIDE. On appelle ainsi l'ouvrier qui sert les maçons, on le nomme aussi *manœuvre* ou *garçon*.

AILERON. Signifie en général *petite aile*; on donne ce nom aux petites consoles en amortissement, ou avec enroulement, dont on décorait autrefois les lucarnes en maçonnerie ou en charpente. Quelquefois on appelle ainsi de grandes consoles avec enroulemens posées à côté du second ordre d'un portail, ayant moins d'étendue que le premier ordre, comme on le remarque à presque tous les portails des églises de Paris, composés de deux ordres, et notamment à Saint-Gervais; cet ornement est de mauvais goût; il ajoutait à la solidité du portail et masquait les arcs-boutans élevés sur les bas-côtés pour le soutenement des murs de la nef.

AILES *d'une cheminée*. Ce sont les parties du mur-dossier qui excèdent les deux côtés du tuyau; on appelle également *ailes de bâtiment* les corps de logis en retour du pavillon principal. *Les ailes de lucarne* sont les côtés d'une lucarne, ayant la forme d'un triangle; les ouvriers les désignent sous le nom de *jouées de lucarne*. Les *ailes de pont* sont les évasemens circulaires ou triangulaires pratiqués sur les culées pour élargir les issues d'arrivée. *Ailes d'une chaussée*, ce sont les deux côtés en pente d'une chaussée pavée, depuis le tas droit jusqu'aux bordures ou jusqu'aux ruisseaux, s'il y a des revers ou des trottoirs.

AIRE. S'entend généralement d'une surface plane et horizontale.

Une *aire de plancher* est un enduit en plâtre au panier pour recevoir le carrelage. On le fait quelquefois en mortier et même en terre franche mêlée de paille hachée; on en fait aussi en cailloux de vigne avec mortier de chaux et ciment que l'on étend ordinairement sur les voûtes des ponts et terrasses, pour les préserver de l'infiltration des eaux, en les recouvrant de dalles, de pierres ou de pavés.

Une *aire de grange* est un massif d'environ 16 à 24 c. (6 à 9 po.) d'épaisseur, en terre glaise ou terre franche corroyée avec de l'eau, et battue avec des battes et à plusieurs fois, à mesure qu'il se sèche, pour qu'il n'y ait pas de fente; on bat le blé sur cette aire qui est toujours à l'entrée et au milieu de la grange.

L'aire ou plafond *d'un bassin* est le massif établi dans toute l'étendue de son fond, pour le mettre de niveau, soit en moellon, ciment ou terre glaise, suivant la nature du terrain.

AISSELLE. C'est la partie de la voûte d'un four, prise depuis sa naissance jusqu'à la moitié de sa hauteur.

ALETTE. Champ lisse aux deux côtés des pilastres d'une arcade.

ALLÈGE. C'est la partie de mur d'appui de l'embrâsure d'une croisée: l'allège est toujours moins épaisse que le mur.

ALIDADE. Règle de cuivre, aux extrémités de laquelle sont élevés d'équerre des pinnules, et dont l'axe est fixé au centre du graphomètre, autour duquel elle tourne; l'alilade sert aussi pour lever des plans à la planchette.

ALIGNEMENT. Direction, position du mur de face d'une maison, ou d'un mur mitoyen entre deux maisons ou héritages voisins. On ne peut construire un mur de face sur la rue, sans s'aligner conformément aux réglemens de police sur la voirie, concernant les rues ou voies publiques de la localité où l'on veut construire, sous peine de démolition : les entrepreneurs doivent scrupuleusement se soumettre à cette loi, ils sont passibles d'amende et de suppression des parties construites, en cas d'infraction.

ALIGNER. Disposer un alignement d'après l'autorisation donnée par le commissaire-voyer, l'érection d'un mur de face de bâtiment sur la rue, ou celle d'un mur mitoyen.

C'est aussi ériger une façade ou un mur sur une ligne droite.

ALLÉE. C'est un passage commun qui sert de communication de la porte d'entrée d'une maison à la cour ou à l'escalier.

Une *allée biaise* est celle qui, par sa direction inclinée, n'est pas d'équerre avec le mur de face, ou qui est composée de plusieurs portions de lignes droites, par la situation du mur mitoyen.

ALLÉGER. Soulager, diminuer la charge que portent les fondations d'un mur; on allège un plancher en supprimant une partie de sa charge.

ALLUVION. C'est l'accroissement de terrain formé par les inondations ou les tempêtes sur les bords de la mer, ou par le débordement ou le changement de lit des fleuves et des rivières.

AMAIGRIR. Enlever ce qu'il y a de trop en épaisseur, à une pierre à une pièce de bois de charpente, ou à d'autres matériaux quelconques, pour qu'ils puissent se placer à l'endroit qu'on leur destine.

AMORTISSEMENT. Est la sommité d'une façade d'architecture; on entend sous ce nom, les socles, les balustrades, les belvédères, etc., qui forment la décoration de la partie la plus élevée d'un ouvrage. On dit également *couronnement*.

ANALOGIE. Est l'harmonie ou la proportion qui existe entre les différentes parties d'un édifice et l'édifice entier.

ANCRE. Barre de fer carrée que l'on passe dans l'œil d'un tirant, pour soutenir l'écartement des murs, arrêter la poussée d'une voûte, etc.

ANGLE. C'est la partie rentrante d'un bâtiment ou de tout autre objet formé par la rencontre de deux lignes; on dit *angle rentrant*, *angle saillant*, *angle arrondi*, etc., en raison de la forme de cet angle. En géométrie, c'est l'espace compris entre deux lignes qui se rencontrent ou se coupent en un point. Il y en a de trois sortes : angle droit, angle aigu et angle obtus. L'*angle droit* est celui dont la mesure forme le quart du cercle ou 90 degrés ; ce que les ouvriers nomment *équerre* ou *trait carré*.

L'angle aigu est celui qui a pour mesure moins de 90 degrés, ce que les ouvriers nomment *angle maigre*.

Enfin, *l'angle obtus* est celui dont l'ouverture est de 90 degrés, et que les ouvriers appellent *angle gras*.

Un angle de paveur est la jonction de deux revers de pavés qui forment un ruisseau diagonalement.

On donne encore diverses dénominations aux angles, en raison des lignes dont ils sont formés ; celui qui est formé de lignes droites se nomme *rectiligne* ; lorsqu'il est composé de deux lignes courbes, il se nomme *curviligne* ; s'il est formé par une ligne droite et une ligne courbe, il se nomme *mixtiligne*.

ANGULAIRE. On appelle ainsi tout ce qui, dans la construction forme un angle : ainsi on dit *pilastre* ou *colonne angulaire, pierre angulaire,* etc.

ANNULAIRE. On nomme ainsi les voûtes qui ont la figure d'un anneau, en tout ou en partie, comme les voûtes sur noyau.

ANSE DE PANIER. C'est une voûte surbaissée qui est moins haute que le *plein cintre* ; l'anse de panier se forme de trois cintres.

ANTICHAMBRE. Première pièce d'un appartement : c'est celle où se tiennent ordinairement les domestiques, et attenante, dans une grande maison, au salon d'attente, qui est destiné à recevoir les personnes qui attendent le maître.

APLOMB. Terme employé par les ouvriers de bâtiment, pour signifier qu'un mur, un pan de bois, un lambris de menuiserie, est posé verticalement ou perpendiculairement à l'horizon, qu'il ne penche ni en avant, ni en arrière, ni de côté ; et pour y parvenir, ils se servent d'un plomb.

APPAREIL. C'est l'art de tracer exactement les pierres d'un bâtiment en raison de la place qu'elles doivent occuper dans la construction. Cette expression s'entend aussi de la hauteur de la pierre : on dit qu'elle est d'un *haut* ou *bas appareil*, en raison de la hauteur de son banc, un *appareil réglé* est celui dont toutes les assises sont de même hauteur. On dit qu'une façade est d'un bel appareil lorsque les pierres, étant taillées avec précision, sont d'un niveau parfait dans toute la longueur de la façade, d'une même épaisseur, et les joints montans également distribués.

APPAREILLER. Faire le choix de la pierre qui doit être

employée dans un bâtiment, et en tracer les coupes pour la taille.

APPAREILLEUR. C'est un chef qui dirige les travaux des tailleurs de pierre, et qui trace la pierre ; il doit posséder la science du trait, c'est-à-dire du tracé ou *coupe des pierres* : dans les constructions importantes qui s'exécutent presque toujours entièrement en pierre, cette connaissance lui est indispensable. Dans les constructions ordinaires, on choisit un ouvrier intelligent pour tenir lieu d'un appareilleur ; ces ouvriers qui, pour la plupart, n'ont qu'une idée confuse de la géométrie élémentaire, et qui sont totalement étrangers à la géométrie descriptive se tirent pourtant d'affaire dans les cas ordinaires, avec quelques principes routiniers qu'ils ont pris dans les chantiers comme tailleurs de pierre.

APPARTEMENT. On appelle ainsi la série des pièces nécessaires pour former l'ensemble d'un logement ; ainsi il y a des petits et des grands appartemens, en raison de la fortune et des besoins de ceux qui les occupent ; appartement d'été, appartement d'hiver, etc.

APPENTIS. C'est un bâtiment couvert à un seul égoût, et qui, par conséquent, n'a qu'une pente. On l'adosse ordinairement à un mur plus élevé.

APPROCHE. Ce sont des ardoises ou des tuiles taillées pour en diminuer la largeur, et les faire joindre, telles que celles qui forment les arêtiers.

APPUI. Est en général toute construction, en maçonnerie, charpente, menuiserie, serrurerie ou marbrerie, qui sert à soutenir, à appuyer, ou qui est à hauteur d'appui : tels sont les murs ou balustrades pratiqués au bord d'une terrasse, entre les pieds droits d'une croisée, etc. La tablette de dessus se nomme tablette d'appui, tels sont les balcons et rampes d'escaliers, de quelque matière qu'ils soient. On donne particulièrement ce nom à une tablette en pierre qui se pose sur l'allège d'une croisée. Dans un pan de bois, c'est une traverse sous une baie de croisée, ou au bas d'une lucarne.

AQUEDUC. Conduite d'eau d'un lieu à un autre, dans un canal construit dans la terre, ou élevé au-dessus, suivant un niveau de pente, malgré les inégalités de terrain où il passe ; les premiers sont construits et voûtés en maçonnerie, et revêtus d'une chappe en mortier de ciment ; quelquefois en les faisant passer à travers les montagnes, on trouve le roc, ce qui dispense d'employer une grande quantité de maçonnerie pour les former ; mais alors on doit y pratiquer des puits ou soupiraux de distance en distance, pour raréfier l'air et pour faciliter leur curage et leur réparation.

Les aqueducs élevés sur la surface de la terre, sont formés d'un, et quelquefois de plusieurs rangs d'arcades, dont le plus élevé porte le canal ou chenal; tels sont les aqueducs d'Arcueil, près Paris, de Buc, près Versailles; de Maintenon; le pont du Gard, etc.

ARC. Un arc prend le nom de la courbure qui le forme; ainsi, on nomme *arc plein cintre*, celui formé par la moitié d'un cercle; *arc surbaissé*, celui dont le diamètre est plus long que le double de la montée (Voyez *anse de panier*); *arc surhaussé* celui dont le diamètre est plus court que le double de la montée.

Un arc est en général la ligne courbe que décrit l'intrados d'une voûte, et qui reçoit divers noms suivant sa figure. L'*arc droit* est celui que forme une voûte ou arcade perpendiculaire à son axe, ou à ses côtés, ou aux tangentes de ses côtés. L'*arc rampant* est celui formé d'une voûte ou d'une arcade dont le diamètre est incliné à l'horizon, et dont la clé est oblique sur ce diamètre; tels sont ceux qu'on pratique sous les rampes des escaliers, et ceux qui forment les arcs-boutans des églises gothiques; ces arcs ne peuvent être d'une portion de cercle, mais de plusieurs; ou plutôt sont une portion d'ellipse, ou de parabole. L'*arc biais* est celui que forme une voûte dont la tête n'est pas d'équerre sur son axe, et qui par conséquent a un pied-droit en angle aigu, et l'autre en angle obtus.

L'*arc angulaire* est celui qui est formé par une voûte dont les pieds droits forment un angle; telles sont les têtes des voûtes sur le coin ou dans l'angle. Ces arcs sont ordinairement composés de deux portions de cercle, ou même trois, qui ont chacune leur centre différent. L'*arc en talus* est celui dont la tête est dans un mur en talus.

L'*arc-boutant*, est un arc rampant, ou une portion d'arc qui est appuyée contre les reins ou la naissance d'une voûte, pour retenir la poussée et empêcher l'écartement.

L'*arc en décharge*, est celui qui est formé au-dessus d'une plate-bande, ou d'un poitrail, pour l'alléger du poids de la maçonnerie supérieure : on en pratique aussi au-dessus des linteaux de croisée, et dans les tympans des frontons; mais ils ne sont pas apparens parce qu'ils sont dans l'épaisseur de la maçonnerie. (Voir fig. 45 pl. 2.)

L'arc *renversé* est celui qui est bandé en contre-bas, et qui par conséquent est opposé à l'arc en décharge. Il sert, dans les fondations, à lier ensemble les piliers de maçonnerie et à empêcher qu'ils ne s'affaissent dans les terrains mous.

L'arc *doubleau* est la saillie pratiquée sur la douelle d'une voûte, à plomb de chaque pied-droit; colonne ou pilastre formant une chaîne en pierre de taille, d'une naissance à l'autre, suivant son diamètre ou demi-diamètre; cette saillie est quelquefois enrichie de caissons et de sculptures, et ornée aux arêtes de ses côtés, d'un profil de moulures.

ARC DE TRIOMPHE. Est un grand portique élevé à l'entrée d'une ville, ou sur un passage public, à la gloire d'un souverain, d'un vainqueur, ou à l'occasion de quelque événement mémorable. Cet édifice se compose ordinairement d'une grande porte, accompagnée de deux petites, et décoré de bas-reliefs et de statues allégoriques; leur composition doit être noble et riche, les voûtes ornées de caissons sculptés. Tels sont les arcs de triomphe de l'Étoile et du Carrousel, la porte Saint-Denis et la porte Saint-Martin, etc.

ARCADE. Voûte qui n'a que l'épaisseur du mur dans lequel elle est pratiquée, et qui peut être en plein cintre, surhaussée ou surbaissée. Une arcade feinte est celle dont l'épaisseur n'est pas tout-à-fait égale à celle du mur, et qui n'est faite que pour symétriser avec une autre qui est à côté ou vis-à-vis.

ARC-BOUTER. Retenir la poussée, ou empêcher l'écartement d'une voûte, par un arc-boutant.

ARCEAU. Diminutif d'arcade; arc de petite dimension. (Voir ces mots.)

ARCHE. Voûte construite et supportée sur les piles et les culées d'un pont de pierre, pour le passage des eaux et la liberté de la navigation; l'arche du milieu est la maîtresse-arche.

L'arche *en plein cintre* est celle formée d'un demi-cercle.

L'arche *elliptique* est formée d'une demi-ellipse, ou d'une anse de panier.

L'arche *en segment de cercle* est formée d'un arc moindre que la demi-circonférence.

L'arche *extradossée* est celle dont les voussoirs sont égaux en longueur, formant à l'extrados la même ligne courbe qu'à la douelle, et sans aucune liaison avec les assises des reins.

L'arche d'assemblage est celle qui est en pièces de bois de charpente, assemblées et formant le cintre.

ARCHITECTE. L'architecte est l'artiste qui compose les plans et les dessins d'un bâtiment, d'un jardin, d'un parc ; enfin de tout ce qui a rapport à la construction ou à l'embellissement des édifices ; qui détermine quels matériaux y doivent être employés, leur forme et leur dimension : il surveille l'exécution, et règle les mémoires de dépenses ; quelquefois les entrepreneurs prennent la place de cet artiste, mais n'ayant ni les talens ni l'expérience nécessaires, ils se trompent, et les propriétaires sont souvent dupes de leurs erreurs.

ARCHITECTURE. Est en général la science de composer et dessiner les édifices, de les faire exécuter, et d'en régler le prix : cet art exige de grandes études et de nombreuses connaissances.

On distingue trois classes d'architecture, *civile*, *militaire*, *navale*.

L'architecture civile, la seule dont il doit être question dans cet ouvrage, est l'art de composer et de construire les bâtimens propres aux divers usages de la vie, et les édifices publics : tels sont les maisons des particuliers, les hôtels, les palais, les châteaux et maisons de plaisance, les églises, les chapelles, les ponts, les quais, les places publiques, les théâtres, les arcs de triomphe, les bâtimens ruraux, les aqueducs, etc. Ainsi, l'architecture hydraulique fait partie de l'architecture civile, quand les travaux hydrauliques ne sont pas destinés à la défense du pays en cas de guerre.

ARCHITRAVE. C'est la partie de l'entablement qui porte sur les colonnes ou pilastres. Quelquefois on supprime l'architrave, c'est alors la frise qui pose sur les chapiteaux.

ARCHIVOLTE. Profil de moulures peu saillantes formé sur la tête des voussoirs d'une arcade, en suivant sa courbe, jusque sur son imposte. On appelle *archivolte rustique* celui qui est interrompu par la clé et les voussoirs de son arc, alternativement : dans ce cas, le nombre des voussoirs de chaque côté de la clé doit être impair.

ARDOISE. Espèce de pierre tendre, d'un bleu noirâtre, qui se délite par feuilles, et sert pour la couverture des bâtimens. Elle est par bancs, à une grande profondeur en terre, où elle est tendre et acquiert de la dureté à l'air. Les carrières les plus considérables d'ardoises et qui fournissent la meilleure qualité, sont à Angers. Il s'en fait un commerce très étendu, tant à l'intérieur qu'à l'étranger. La meilleure ardoise est celle qui est la plus noire, la plus luisante et la plus ferme.

ARDOISIÈRE. Carrière d'où se tire l'ardoise employée à la couverture des bâtimens.

ARÊTE. Angle saillant qui forme la rencontre de deux faces droites ou courbes, d'une moulure, d'un mur, d'une pierre, d'une pièce de bois.

L'arête d'une voûte est l'angle formé par elle, à sa rencontre avec un mur, ou avec une autre voûte.

ARGILE. Terre à four, ou terre franche. C'est une terre jaune et grasse qui sert à sceller tous les ouvrages de poêlerie, à hourder les fourneaux des usines construits en briques, à faire des aires de carreaux, etc. C'est avec cette argile cuite que l'on fait en raison de sa qualité, des briques, des tuiles, des carreaux, des tuyaux, etc. On hourde aussi les murs avec cette sorte de terre, en remplacement de mortier ou de plâtre : mêlée avec de la paille hachée, on en fait des aires de plancher, des remplissages de pans de bois dans des chaumières, des granges, bergeries ou autres bâtimens ruraux.

ARRACHEMENT. Ce sont les pierres saillantes destinées à former la liaison des murs de face d'une façade, avec celle que l'on suppose devoir être construite ; alors on les appelle *pierre d'attente*.

C'est encore une tranchée faite après coup dans une ancienne construction, pour former une liaison avec les constructions nouvelles auxquelles elle doit se réunir.

ARRASE. C'est la dernière assise de niveau d'un mur en pierre ou en moellon. C'est aussi le dernier rang de dessus en moellons, que l'on place au-dessous d'une marche, d'un seuil ou d'un dallage.

ARRASER. Mettre à la même élévation et de niveau un cours d'assises de pierres, ou un mur de maçonnerie, pour poser une plinthe ou un entablement, ou pour cesser les travaux et les mettre à couvert en tems de gelée.

ARRIÈRE. Ce qui est derrière : *arrière-cour*, petite cour qui, dans la disposition générale d'un édifice, sert à éclairer les escaliers dérobés, les garde-robes, etc.

Un *arrière corps* est la partie renfoncée d'une façade, et qui est à une distance plus ou moins grande du prolongement de la ligne droite sur laquelle sont établies les parties saillantes de cette façade.

Une *arrière-voussure* est une voûte pratiquée derrière une autre voûte d'un genre différent. Les arrière-voussures s'emploient pour le haut des portes et fenêtres, et sont de trois sortes, savoir : l'*arrière-voussure de Saint-Antoine*, l'*arrière-voussure de Montpellier*, l'*arrière-voussure de Marseille*.

L'*arrière-voussure de St-Antoine* est celle dont le linteau à l'extérieur est en plate-bande, et dans l'intérieur en demi-cercle. Quelquefois l'intérieur, au lieu d'être en demi-cercle n'est qu'un arc de cercle plus ou moins grand; alors on l'appelle *arrière-voussure réglée et bombée*. L'*arrière-voussure de Montpellier* est en plein cintre à l'extérieur et en plate-bande par derrière. Quelquefois aussi l'extérieur, au lieu d'être en plein cintre, n'est formé que d'une portion de cercle plus petite : alors on l'appelle *arrière-voussure bombée en avant et réglée en arrière*. L'*arrière-voussure de Marseille* est en plein cintre à l'extérieur et bombée par derrière; du reste, ces pièces de trait ne sont plus mises en usage que très rarement.

ARRONDIR. C'est former une portion de cercle ; on dit *arrondir un angle*, c'est-à-dire supprimer l'arête pour en former une portion de cercle.

ARTISTE. Nom que l'on donne à ceux qui exercent les arts libéraux : tels sont les architectes, les peintres, les sculpteurs, les graveurs, les musiciens-compositeurs.

ASPECT. On se sert de ce terme pour exprimer la vue extérieure d'un objet : on dit qu'un château a un *bel aspect*, c'est-à-dire est bien ensemble avec ce qui l'entoure; et qu'il forme une belle perspective.

ASSEMBLAGE *de moulure*. On appelle ainsi plusieurs moulures superposées les unes sur les autres, pour en former des entablemens, corniches, chambranles, etc.

ASSEOIR *un bâtiment*. C'est poser le premier rang de pierres ou de moellons sous la fondation. C'est aussi poser le pavé sur une bonne forme, et le consolider avec le marteau ou la demoiselle.

ASSIETTE. Manière dont une chose est placée sur une autre, comme un mur sur sa fondation, afin qu'il ait de la solidité. *Assiette* est aussi le terrain où l'on bâtit une ville, un château.

ASSISE. Rang horizontal de pierres ou de moellons de même hauteur, posés de niveau dans la construction d'un mur. Lorsque toutes ces assises sont d'une hauteur égale, on les appelle *assises d'appareil réglé* ; une *assise de retraite* est celle posée immédiatement sur la fondation d'un mur.

ASTRAGALE. Moulure placée sur le haut du fût d'une colonne, et qui commence le chapiteau : c'est ordinairement un filet et une baguette.

ATRE. Partie du plancher, disposée au moyen d'un chevêtre au droit d'une cheminée ; un *âtre relevé* est celui qui est fait en briques ou autrement, lorsqu'on n'a pas préparé ce premier lors de sa construction. L'*âtre du four* est la partie élevée sur laquelle on place le pain ou la pâtisserie.

ATTACHEMENS. Sont les notes des ouvrages de diverses espèces, que prend l'architecte, l'inspecteur ou le toiseur, lorsque ces ouvrages sont encore apparens, pour avoir recours à ces pièces lors du réglement des mémoires : ainsi on prend les attachemens des longueurs et grosseurs des bois d'un plancher, avant qu'ils soient couverts et plafonnés ; des parties partielles d'enduits ; des incrustemens en pierre ; des reprises de murs, etc. On prend aussi par attachement l'état des vieux matériaux, de quelque genre qu'ils soient, qu'on donne en compte aux entrepreneurs ; ces attachemens doivent être faits par duplicata, pour éviter les difficultés : l'un est entre les mains de l'architecte, et l'autre reste entre les mains de l'entrepreneur.

ATTENTE. On appelle *pierres d'attente* les pierres avancées alternativement, à l'extrémité d'un mur pour se lier avec un autre mur qu'on suppose devoir être élevé par la suite.

ATTIQUE. Partie supérieure d'un mur au-dessus de l'entablement, et contenant presque toujours un étage de peu d'élévation. C'est aussi un petit ordre d'architecture, sans proportions déterminées, pour couronner un grand ordre, comme amortissement.

On appelle *attique continu* celui qui règne sans interruption au pourtour d'un édifice ; *interposé*, celui qui est entre deux grands étages ou ordres d'architecture.

Un *attique de comble* est celui construit en maçonnerie ou en charpente, recouvert en plomb, pour servir de garde-fou, ou pour dérober à la vue une partie de la hauteur d'un comble : alors il prend le nom d'*acrotère*.

AUGÉE. On appelle ainsi la quantité de plâtre ou de mortier que contient l'auge du maçon ou du limosin.

AUGET. C'est le scellement en plâtre des solives d'un plancher, ou des lambourdes d'un parquet : c'est aussi une espèce de coquille que les poseurs font sur le joint de deux pierres, pour retenir le coulis qu'ils versent pour sceller la pierre et remplir le joint.

C'est aussi l'extrémité de la trémie d'un moulin, par où le grain tombe et se distribue entre les meules.

AUVENT. Petit toit formé ordinairement de planches assemblées à rainures et languettes, et de tringles de recouvrement, portées par un châssis d'assemblage, placé au-dessus de l'entrée d'une boutique, pour préserver les étalages de l'injure de l'air.

AVANT-CORPS. C'est la partie d'un bâtiment qui est en saillie sur les parties qui sont à côté, et que l'on appelle alors *arrière-corps*. Des pilastres, des pavillons sont ordinairement en avant-corps.

AVANT-TOIT. C'est la saillie du toit qui, s'avançant sur la façade d'un édifice, a pour but d'éloigner les eaux pluviales, lorsqu'il n'y a ni chéneaux, ni gouttières pour les diriger sur le sol.

AXE. Ligne qui passe par le centre d'un corps quelconque, d'un cylindre, d'un cône ou d'une pyramide; l'axe d'un cercle est son diamètre : il en est de même d'une sphère.

On appelle aussi *axe*, *arbre* ou *mandrin*, le noyau en bois placé au centre d'une colonne construite en plâtre, ou faite en menuiserie.

B.

BAQUETER. C'est la manière la plus simple d'épuiser l'eau dans une fondation, lorsqu'elle n'est pas en grande abondance.

BADIGEON. Espèce de peinture en détrempe, employée par les maçons, pour donner aux enduits de plâtre la couleur de la pierre; elle se fait avec des recoupes de pierres tendres, écrasées, passées au tamis et délayées dans un lait de chaux.

BADIGEONNER. C'est colorer avec du badigeon une façade de bâtiment, un corridor, un escalier, etc.

BAGUETTE. C'est une petite moulure ronde, quelquefois sculptée, dont on se sert dans les profils d'architecture, soit en maçonnerie, soit en menuiserie.

BAHUT. Les pierres des parapets de ponts, ou des murs de quais ou de grilles, sont taillées en portion de cercle sur leur épaisseur, pour l'écoulement des eaux : c'est cette forme qui leur a donné le nom de *bahut*.

BAIE. Nom générique de toutes les ouvertures que l'on pratique dans les murs et dans les cloisons et pans de bois, pour les portes et les croisées.

BAIN, de plâtre ou de mortier. C'est *hourder*, sans laisser de vide. (Voyez ce mot.)

BALCON. Saillie construite en pierre, pratiquée au-devant d'une ou de plusieurs croisées; ils sont toujours munis d'un garde-corps à hauteur d'appui, soit en balustrade, soit en serrurerie.

BALÈVRE. C'est l'excédant du parement d'une pierre, sur les pierres adjacentes dans le parement d'un mur, ou dans la douelle d'une voûte.

BALUSTRADE. Appui à jour, rempli d'une suite de balustres, et couvert d'une tablette en pierre ou en marbre, qui termine une terrasse.

BALUSTRE. Espèce de petite colonne ayant une panse au milieu, et des moulures formant base et chapiteau. Ils sont peu en usage maintenant, et surtout depuis que l'on fait de riches balcons en fer fondu.

BANC. Est la hauteur de la pierre que l'on trouve dans les carrières dans sa position naturelle. Le *banc de ciel d'une carrière*, est le premier qui se trouve en fouillant: c'est le plus dur; on réserve des piliers pour soutenir la voûte de la carrière. Le *banc de volée* est celui qui a tombé lorsque l'on a souchevé.

BANDE DE TREMIE. Barre de fer plat, coudée à double coude, qui se place au droit des trémies des planchers, et s'attache sur les solives d'enchevêtrure, pour soutenir les plâtres des foyers de cheminées.

BANDEAU. Bande plate et unie, faisant saillie sur le nu d'un mur, autour d'une baie de porte ou de croisée, en forme de chambranle; ou horizontalement, pour séparer les étages.

BANDER. C'est placer les voussoirs, ou claveaux d'une arcade ou d'une plate-bande sur les cintres de charpente, les fermer avec la clé, et les serrer avec des coins.

BANQUETTE. C'est un tertre de terre que les terrassiers laissent dans la fouille, à 2 m. (6 pi.) environ de profondeur, pour recevoir les terres du fond.

BAR. Sorte de civière dont se servent les ouvriers pour transporter la pierre taillée. On a soin de le garnir de nattes et de torches de paille, pour préserver les arêtes et les angles, et éviter les épauffrures.

BARBACANE. Ouverture étroite et verticale, formée de

distance en distance, dans la construction des murs de terrasse, ou dans ceux exposés aux inondations des rivières, afin de donner aux eaux une issue facile pour leur entrée et leur sortie, et aux terres la facilité de s'égoutter.

BARDAGE. Transport de la pierre du chantier où elle est taillée, à pied d'œuvre.

BARDEAU. Petites planchettes minces, provenant de chêne refendu ou de douves de tonneaux, qui se posent jointives sur les solives d'un plancher, pour recevoir l'aire en plâtre ou en mortier.

BARDEUR. Manœuvre employé à traîner le chariot, ou à porter le bar pour transporter la pierre taillée.

BARRE D'APPUI. Celle qui se pose à hauteur d'appui dans les tableaux d'une croisée ; elle est ordinairement recouverte d'une plate-bande en fer estampé, ou d'une main-courante en bois de noyer ou autre bois.

On appelle *barre de linteau*, une barre de fer carrée, qui remplace ordinairement un linteau en bois sur les baies de portes et de croisées ; on en place aussi sous les fermetures bandées en pierre. *Barre de languette*, une barre en fer plat ou carré, supportant la languette de face d'un tuyau de cheminée ; on les fait en fer de carillon, lorsqu'elles doivent supporter seulement les planches de ventouses que le fumiste fait sous ce manteau. *Barres de contre-cœur*, celles qui se mettent debout et à scellemens coudés devant les grandes plaques de fonte des cuisines. *Barres de ceinture*, celles coudées et à scellemens, qui servent à retenir la construction d'un fourneau.

BASCULE. On nomme *égout à bascule*, celui qui a le double de la saillie ordinaire.

BASE. On nomme ainsi la partie du piédestal d'une colonne ou d'un pilastre qui reçoit le fût, et est posée sur le sol ou sur un socle.

On appelle *base d'opération*, dans la trigonométrie et l'arpentage, une grande ligne primitive à laquelle se rapportent toutes les opérations accessoires que l'on exécute pour lever un plan.

BASSIN. Est, dans un jardin, un espace circulaire, carré, ovale, ou d'une toute autre figure, creusé dans la terre, et revêtu dans son fond et au pourtour, de pierre, de glaise, de pavé ou de plomb, et bordé quelquefois en marbre, en pierre ou en gazon, pour recevoir l'eau.

BASSINÉE. C'est la quantité de chaux que peut contenir le bassin destiné à l'éteindre.

BASTIDE. Nom que l'on donne dans le midi de la France, aux maisons de plaisance.

BATARDEAU. C'est un barrage fait avec des pieux, des traverses et des palplanches, que l'on garnit ensuite de terre glaise pour arrêter les eaux pendant un travail quelconque pour lequel elles feraient obstacle.

BATIR. Elever un bâtiment. Ce terme s'emploie en différens sens; un particulier bâtit, c'est-à-dire, qu'il emploie un architecte et des ouvriers pour faire élever un bâtiment : l'architecte dresse les plans, élévations, coupes, devis, fait les marchés, surveille la construction, règle et vérifie les mémoires.

BATISSE. Est la construction et l'érection d'un bâtiment; en parlant d'une construction, on dit c'est une belle bâtisse, c'est-à-dire, une construction bien appareillée et bien ragréée.

BATTE. Morceau de bois grossièrement arrondi par le bout, avec une portion méplate, qui sert à battre le plâtre.

BATELLEMENT. C'est la partie basse d'un comble jetant les eaux dans une gouttière ou dans un chéneau.

BATTEUR DE CIMENT. C'est l'ouvrier d'un paveur, qui écrase les tuileaux pour en faire du ciment.

BATTRE LE BEURRE. Cette expression sert à désigner l'action de faire un trou vertical dans une assise de pilier, de pied-droit ou de colonne, avec un trépan à boucharde et du grès mouillé; pour placer un gougeon destiné à maintenir un vase, une statue, ou tout autre amortissement.

BAUGE. Espèce de mortier composé de terre franche, de paille et de foin, avec lequel on construit les murs des maisons, l'aire des planchers et le hourdis des cloisons dans les campagnes.

BEC (Avant et arrière). C'est la construction angulaire des têtes de piles des ponts, servant à diviser l'eau, et à briser et détourner les glaçons; on les arme quelquefois en amont, de fortes bandes de fer.

BEFFROI. Tour ou clocher, élevé près ou sur un hôtel-de-ville, qui, dans les places de guerre, sert à faire le guet, et à placer la cloche qui sonne l'alarme.

BELVÉDÈRE. Pavillon de petite dimension, élevé au-dessus d'un bâtiment d'habitation d'où la vue s'étend très loin,

BERGE. Nom que l'on donne aux deux bords d'une tranchée, d'un fossé, d'un canal, etc., sur lequel on jette la terre fouillée ; petit chemin élevé le long d'une route, et qui sert de trottoir aux piétons.

BERCEAU. Voûte cylindrique ; les berceaux sont de différentes espèces. (Voir les voûtes.)

BÉTON. Mortier fait avec de la chaux , du ciment et des cailloux mêlés ensemble, ou enfin avec des recoupes de pierre. Il est propre particulièrement aux ouvrages qui s'exécutent dans l'eau.

BINARD. Gros chariot à quatre roues d'égale hauteur, sur lequel on transporte des pierres de taille et autres matériaux de forte dimension.

BISCUITS. Portions de la chaux qui n'ont pu se dissoudre dans le bassin, lors de l'éteignage.

BLOC. Grosse pièce de pierre , telle qu'elle est extraite de la carrière.

Un *bloc d'échantillon* est celui dont on donne aux carriers la forme et les mesures.

BLOCAGE. Remplissage à l'intérieur d'un mur entre les pierres qui forment les parcmens. On dit aussi *garnissage*, parce que l'on nomme *garnis* les moellons dont on se sert pour ce travail ; espèce de pavage fait avec des cailloux ou de la meulière que l'on pose debout dans un encaissement, et que l'on joint avec du sable.

BLOQUER. C'est faire un massif dans une tranchée, sans aligner les moellons.

BOISSEAU. C'est un bout de tuyau et de conduites en poterie ou en grès, qui s'emboîte dans les autres , et qui servent à former les descentes d'eau, et les chausses d'aisances.

BOMBEMENT. Surface courbe que les paveurs observent sur la largeur d'une route, pour que les eaux s'égouttent de chaque côté.

BORDURE. Cours de gros pavés ou de pierres qui forment l'encaissement d'un trottoir ou d'une route.

BORNE. Pierre de forme conique que l'on place aux encoignures et au-devant des bâtimens , pour les préserver de l'approche des voitures.

On place aussi des bornes pour indiquer les limites des propriétés rurales.

BORNOYER. Regarder d'un seul œil, en fermant l'autre, le parement d'une pierre ou d'un mur, pour voir s'il est droit et bien dégauchi, ce qui a lieu en plaçant l'œil dans la ligne du parement.

C'est également placer des jalons de distance en dis-

tance , en ligne droite, soit pour l'érection d'un mur ,
pour la plantation des arbres, soit pour le tracé d'un
chemin, etc. *Par rapport au nivellement*, c'est regarder
la surface de l'eau des deux fioles du niveau d'eau dans une
même ligne droite, et examiner à quel point aboutit
son prolongement sur quelqu'objet plus éloigné.

BOSSAGE. Ce sont des saillies d'architecture qui représentent des pierres taillées, ou des masses réservées pour
la sculpture des médaillons, des clés, des consoles, etc.

BOUCHARDE. Outil en fer acéré, et taillé à pointes de
diamant à l'extrémité, pour commencer à tailler la pierre
et pour piquer le marbre.

BOUCHE. C'est l'entrée d'une carrière, d'un puits, d'un
tuyau , etc.

BOUCHE DE FOUR. C'est l'ouverture fermée d'une porte
en tôle, par où l'on introduit le bois et les matières à
cuire.

BOUCHER. C'est remplir une baie de porte ou de croisée,
avec les mêmes matériaux que ceux du mur, ou simplement en plâtre ou plâtras, et quelquefois avec des poteaux
de charpente, lorsque la baie est dans un pan de bois.

BOUCLER. Un mur boucle, lorsqu'étant vieux et mal
liaisonné, il se crévasse et fait le ventre.

BOULEVART. C'est une promenade plantée d'arbres,
qui environne une ville, ou qui sert pour sa défense.

BOULIN. C'est un morceau de bois rond que les maçons
placent dans les trous qu'ils percent dans les murs, pour
y établir des échafaudages.

On appelle *boulins* dans un colombier des petites niches, servant de retraite et de nid aux pigeons.

BOURRE. C'est le poil des peaux tannées, que l'on mêle
avec de la chaux et de l'argile pour faire le *blanc-en-bourre*.

BOURRIQUET. Espèce de caisse à claire-voie , que l'on
charge de moellons pour les monter de la carrière, ou
au haut d'un bâtiment, par le moyen d'une grue ou d'une
autre machine. C'est aussi un chevalet léger sur lequel
les couvreurs déposent l'ardoise sur le comble avant de
la clouer en place.

BOURSEAU. Grosse moulure ronde, que forme la panne de
brisis, d'un comble à la Mansard, et qui est ordinairement armée d'une table de plomb , appelée *membron*.
(Voyez ce mot.)

BOUSILLAGE. C'est un mélange de paille et de terre détrempée, avec lequel on construit les chaumières et les
murs de clôture.

On appelle par dérision, *bousillage*, les ouvrages mal faits.

BOUSIN. C'est dans la pierre, les parties des couches de carrière non encore consolidées, et qui par conséquent, n'ont pas acquis la dureté nécessaire pour être employées ; ces couches tendres ont quelquefois trois à quatre pouces d'épaisseur.

BOUSSOLE. Boîte circulaire au centre de laquelle est un pivot, sur lequel se meut une aiguille aimantée, qui se dirige constamment du nord au sud; dans le fond de cette boîte, est un cercle divisé en trente-deux ou soixante-quatre rhumbs de vent, et couverte d'une glace, qui sert à orienter un plan.

La *boussole* est indispensable au mineur, pour le diriger dans la direction des galeries souterraines.

BOUTISSE. On appelle *pierre en boutisse*, celle dont la plus longue dimension est placée dans le sens de l'épaisseur du mur.

BRAYER *une pierre*. C'est la suspendre au cable de la grue ou de la chèvre.

On appelle *braye* le cordage dont on se sert pour suspendre et enlever les pierres et les bourriquets à moellon, avec l'esse du cable d'une grue, ou autre machine.

BRÈCHE. C'est une partie de mur tombée par vétusté, ou démolie à dessein pour se faire un passage.

BRETELLER. C'est dresser le parement d'une pierre avec le marteau à bretter, ou la rippe.

BRETTURES. Sont sur le parement des pierres, les marques des outils avec lesquels on les a ragréées avec le laye ou la rippe.

BRIQUE. Espèce de pierre plate et factice dont la couleur est rougeâtre, composée de terre grasse périe et moulée en carré long, ensuite cuite au four, pour qu'elle prenne la consistance nécessaire. On lui donne ordinairement huit pouces de long, quatre de large, et deux d'épaisseur.

BRIQUETER. C'est imiter la brique avec un enduit fait avec du plâtre dans lequel on a mêlé de l'ocre rouge : on trace ensuite des joints au crochet, que l'on remplit en plâtre blanc.

BRISIS. C'est la jonction que forme le comble avec la mansarde, dans une couverture.

BROCHER. C'est mettre de la tuile en pile sur les lattes, entre les chevrons, en attendant que le couvreur les pose en place.

BROUETTE. Petite caisse montée sur une seule roue, servant à transporter divers matériaux, des moellons, des terres, etc.; l'ouvrier la pousse devant lui : elle contient environ 0^m,07 cubes (deux pieds.)

BRUT. Est tout ce qui n'a pas encore été mis en œuvre; par exemple, la pierre, en sortant de la carrière, le bois en sortant de la forêt ou du chantier du marchand.

BUTTER un mur, une voûte. C'est construire des éperons, des arcs-boutans ou des piliers pour résister à la poussée.

C.

CABESTAN. Treuil ou cylindre vertical percé en plusieurs endroits à son extrémité supérieure, pour passer dans les trous les barres ou leviers avec lesquels on le fait tourner à force de bras, ayant un pivot à son extrémité inférieure; chaque extrémité est armée de frètes en fer; les constructeurs se servent de cette machine pour attirer horizontalement de grands fardeaux.

CABLE. Cordage très gros qui sert à enlever les pierres et les moellons au moyen d'une roue, d'une grue, d'une chèvre, etc. Un cableau ou chableau est un cable de plus petit diamètre.

CABLEAU. Diminutif de cable, petit cable. Les ouvriers disent *chableau*.

CAGE. En construction on appelle cage l'emplacement occupé par l'escalier.

La cage d'un clocher est l'assemblage de charpente qui forme le corps du clocher, depuis la chaise jusqu'au rouet ou base de la flèche.

CAISSONS. Ce sont dans une voûte ou un plafond, et encore entre les modillons d'un entablement, des renfoncemens carrés, distribués par compartimens égaux, souvent remplis d'une rosace ou d'un ornement allégorique.

CALES. Lattes que l'on place sous les pierres pour les couler. Morceaux de bois sous les couchis d'un cintre pour recevoir les voussoirs.

CALIBRE. C'est une planchette ordinairement en bois de tilleul, sur laquelle sont découpées les moulures d'une corniche, d'un entablement, etc., pour les trainer en plâtre; ces calibres se montent sur un autre morceau de bois rainé, pour glisser sur une règle, et que l'on nomme *sabot*. Ils sont ferrés ensuite en tôle mince pour maintenir le profil.

CALOTTE. On appelle ainsi la concavité d'une voûte sphérique ou sphéroïde.

CALQUER. C'est copier un dessin d'architecture sur un
papier fin transparent dit végétal, ou verni, que l'on applique sur le modèle de manière à ce qu'il ne puisse
changer de position ; on voit à travers tous les traits du
dessin que l'on trace exactement au crayon, ou à l'encre de la Chine.

CAMION. Petit tombereau léger à deux roues auquel s'attèlent deux hommes, pour transporter des matériaux
d'un endroit à un autre.

CAMPANILLE. C'est la même chose que *lanterne*. (Voyez
ce mot.)

CANAUX. Sont des cannelures sculptées sur la face d'un
larmier, ou sur quelques autres moulures : tels sont les
canaux des triglyphes de la frise de l'ordre dorique.

CANNELURE. Petite cavité en arc de cercle, taillée du
haut en bas du fût d'une colonne ou d'un pilastre, et
dont les extrémités se terminent également en arc de
cercle.

Les *cannelures à vives arêtes*, qui ne sont point séparées par des côtes, sont celles de l'ordre dorique antique ;
celles à côtes sont séparées par des listels, ornées quelquefois d'une petite baguette sur les arêtes ou sur leur milieu.

On en fait d'ornées *avec rudentures*, c'est-à-dire remplies de bâtons, de roseaux, de rubans tortillés jusqu'au
tiers de la colonne et même dans toute la longueur
du fût.

CANIVEAU. Dalle recreusée pour recevoir et conduire des
eaux pluviales ou ménagères.

CARRÉ. Figure plane à quatre angles droits et quatre côtés
égaux.

CARREAU. Composé de terre franche ou terre glaise mêlée de sable, soumis après quelques préparations, à l'action du feu ; on en fait de différentes formes ; tranches de
pierre ou de marbre taillées de diverses formes régulie-
res, servant à carreler les paliers, les vestibules, salles à
manger, etc. On fait des carrelages à compartimens sur
des dessins donnés ; on appelle aussi carreau une pierre
de peu d'épaisseur posée en parement d'un mur.

CARRELER. C'est poser le carreau des appartemens sur
une aire avec du plâtre quelquefois pur, et le plus souvent mêlé de poussière, ou avec du mortier. On appelle

forme la couche de gravier ou recoupe, que l'on pose entre l'aire et le carreau.

CARRELEUR. C'est le maître qui entreprend le carrelage, ou l'ouvrier qui pose les carreaux.

CARRÉMENT. Signifie à angle droit, c'est-à-dire d'équerre.

CARRIER. Est l'ouvrier qui travaille dans les carrières, à en extraire ou couper les pierres; il se dit également du propriétaire de la carrière qui vend la pierre.

CARRIÈRE. Lieu d'où on extrait la pierre, le marbre, le pavé, et enfin toutes les matières minérales propres à la construction et à la décoration des bâtimens.

CARTONS. Les appareilleurs découpent quelquefois en carton le profil des corniches et autres moulures pour s'en servir comme d'un patron, pour tracer sur les joints lorsqu'ils sont préparés.

CARTOUCHE. Est un ornement de sculpture, en marbre, en pierre ou en plâtre, en forme de carte avec enroulement, préparé pour recevoir quelqu'inscription, une armoirie, un chiffre, un bas-relief.

CASSIS. Petit ruisseau fait avec de la meulière ou du caillou, et servant à conduire des eaux dans un puisard, dans un bassin ou autres. C'est aussi un ruisseau qui traverse de biais une chaussée.

CATHÈTE. C'est dans la volute du chapiteau ionique, la ligne perpendiculaire qui passe par le centre de l'œil de la volute.

CAULICOLE. Petite tige chantournée du chapiteau corinthien, qui donne naissance aux volutes; il y en a toujours huit grandes et huit petites à un chapiteau de cet ordre.

CAVALIER. Dépôt élevé de terres montées à la brouette par des rampes formées de ces terres elles-mêmes.

CAVET. Moulure concave, formée d'un quart de circonférence et d'une portion de cercle.

CELLIER. Lieu souterrain d'une maison, où l'on serre les provisions, mais moins profond que les caves; il se pratique entre les caves et l'étage du rez-de-chaussée, lorsque cet étage est élevé de quelques marches au-dessus du sol.

CENDRÉE DE TOURNAY. Poudre qui, étant mêlée avec de la chaux, produit un excellent mortier pour la bâtisse dans l'eau : on ne s'en sert qu'à Tournay et dans les environs.

CENDRIER. Est la partie inférieure d'un fourneau, destinée à recevoir les cendres.

CENTRE. Point qui est au milieu d'un cercle, également éloigné de toutes ses extrémités. Le centre d'un carré est le point de section formé par la rencontre de ses deux diagonales.

CERCLE. Est, en général, une ligne tracée d'un seul point qu'on nomme le centre, et dont toutes les parties en sont par conséquent également éloignées.

CEUILLIE. Arête saillante en plâtre, façonnée avec une règle sur le bord des tableaux et embrasemens de portes et croisées.

CHAINE. Pilier en pierre dans l'intérieur d'un mur en moellon, qui se place sous les portées des poutres et aux encoignures d'un bâtiment. C'est aussi une maçonnerie en moellonnaille, plâtras et plâtre, faite de distance en distance pour sceller les lambourdes d'un parquet.

Une chaîne est aussi une suite de plusieurs barres de fer réunies par des moufles, des crochets, des entailles ou autrement, et que l'on place dans l'épaisseur des murs pour en empêcher l'écartement. On en met également autour des anciens édifices qui menacent ruine, pour les retenir ; c'est ainsi que la coupole de Saint-Pierre de Rome a été entourée d'une chaîne immense qui en empêche la destruction.

On appelle encore *chaîne* un instrument d'arpenteur, composé de plusieurs bouts de tringles en fer dont les anneaux indiquent une fraction de mètres ou de toises, et servant à mesurer de grandes surfaces.

CHAISE. C'est plusieurs pièces de bois placées en croix les unes sur les autres, ou sous des étayemens et chevalemens.

CHAMBRANLE. Est une bande ornée de moulure et quelquefois de sculpture, faisant saillie sur le nu d'un mur ou d'un lambris de menuiserie, autour d'une baie de porte, de croisée, ou de cheminée.

On fait des *chambranles à crossettes*, dont les angles ont des orillons ou des crossettes.

CHAMP. Est dans l'architecture, la peinture et la sculpture, les parties unies ou le fond sur lequel sont appliqués les moulures et les ornemens.

— Se dit aussi de la face la plus étroite d'une pierre ou d'une pièce de bois à l'égard de sa position ; on dit *poser de champ*, c'est-à-dire mettre la face la plus étroite en dessous.

CHANFREIN. C'est l'arête abattue d'un morceau de bois ou d'une pierre.

CHANFREINER. Abattre l'arête d'une pièce de bois ou d'une pierre.

CHANTEPLEURE. Ouverture longue et étroite, pratiquée verticalement dans les murs de clôture ou de terrasse près des rivières, pour faciliter, lorsqu'elles débordent, l'entrée et la sortie des eaux.

CHANTIER. Est le lieu où un entrepreneur dépose les matériaux d'un bâtiment, pour les préparer et tailler.

CHANTOURNER. C'est couper une pierre, une pièce de bois, suivant un profil ou dessin donné.

CHAPE. Enduit épais de bon mortier qu'on met sur l'extrados d'une voûte, pour la garantir des infiltrations des eaux ; on fait cette chape en mortier de ciment avec de petits cailloux, sur l'extrados des arches des ponts.

CHAPERON. Couverture d'un mur, chaperon à *un* ou *deux égouts;* on l'appelle en *bahut,* lorsqu'il est bombé. On en fait aussi en pierre, en moellon ou meulière de champ, et même en ardoise ou en tuile. Dans les campagnes, on en fait en paille et en terre franche ; on appelle aussi *chaperon* la voûte surbaissée d'un four de pâtissier ou de boulanger. Les chaperons de mur sont en plâtre, en mortier, en tuile, en ardoise, en pierre, en chaume.

CHAPITEAU. Est la partie supérieure d'une colonne, qui la termine et qui couronne le fût ; chaque ordre d'architecture a son chapiteau.

CHARGE. Forte épaisseur de plâtre sur un mur, un pan de bois, etc., pour les mettre d'aplomb, ou sur une aire pour mettre le carreau de niveau.

CHARIOT. Voiture à deux roues basses, avec une flèche servant de brancard ; elle sert à transporter les pierres, on le nomme aussi *diable.*

CHASSIS. On appelle *châssis,* en maçonnerie, les pierres qui forment le pourtour de la baie d'un regard, d'une pierrée, d'un égoût, d'une fosse d'aisance, dont le bord est taillé en feuillure pour recevoir une dalle ou tampon aussi de pierre, suivant la forme du châssis.

CHAUSSE D'AISANCES. Tuyau de descente d'un siége de lieux d'aisances jusqu'à la fosse ; ces tuyaux se font le plus ordinairement en plomb, en fonte de fer, ou en boisseau de poterie vernissée, recouverts d'une chemise de plâtre ou de mortier ; ils ont de 22 à 27 c. (8 à 10 po.) de diamètre, s'emboîtant les uns dans les autres par leur extrémité, avec un ourlet de recouvrement.

CHAUSSÉE. Voie bombée, ferrée ou pavée, ayant deux

ruisseaux, l'un à droite, l'autre à gauche, et qui joignent les revers ou la contre-allée d'une rue ou d'une route.

CHAUX. Pierre calcaire cuite dans un four, que l'on éteint dans l'eau, et qui, mélangée avec du sable ou du ciment, produit le mortier.

CHEMIN. Règles disposées sur un mur ou sur un plafond, pour tracer des corniches ou d'autres moulures.

CHEMIN FERRÉ. Chemin formé d'un mélange de cailloux et de sable, et bordé de grosses pierres pour encaissement.

CHEMINÉE. Est le lieu où on fait le feu dans les principales pièces d'un appartement; une cheminée se compose ordinairement d'un âtre, d'un foyer, contre-cœur, jambages, manteau et tuyau. Une *cheminée adossée* est celle qui est appuyée sur un mur de maçonnerie, ou au tuyau montant de la cheminée de l'étage inférieur; *Affleurée*, est celle dont l'âtre et le tuyau sont pris dans l'épaisseur d'un mur, et dont le manteau seulement est en saillie; *en saillie*, celle dont le contre-cœur et le tuyau touchent le mur contre lequel elle est adossée; le manteau et le tuyau avancent dans la pièce; *en encoignure* ou *angulaire*, est celle construite dans l'angle d'une pièce, et dont le manteau forme un pan coupé.

Une *cheminée de cuisine* est celle dont la hotte en forme de pyramide se trouve posée ordinairement sur un manteau de bois de charpente, portant sur les murs de ladite cuisine, élevée de 1 m. 80 c. à 1 m. 95 c. (5 pi. 6 po. à 6 pi.), et en saillie de 0 m. 98 c. à 1 m. 30 c. (3 à 4 pi.) sur le mur-dossier qui la reçoit.

On appelle aussi *cheminée* l'ouverture réservée dans la voûte d'une fosse pour laisser tomber les matières de la descente qui vient y aboutir; ou la nomme aussi *chute*.

CHEMISE. Enduit en mortier qui entoure un conduit ou tuyau de terre cuite, ou de grès, ou en plâtre, autour des descentes d'aisances ou autres.

CHENEAU. Canal en plomb pratiqué sur un entablement, ou même creusé dans la cimaise, pour recevoir les eaux pluviales qui se déchargent ensuite dans les cuvettes et tuyaux de descente disposés pour les conduire sur le sol.

CHERCHE. C'est un calibre en volige découpée suivant une courbe donnée, que l'on ne pourrait tracer d'un, ou même de plusieurs centres, afin de pouvoir l'appliquer sur la pierre qu'il s'agit de tailler suivant cette courbe : le contour de la cherche est par conséquent le contraire de la courbe, c'est-à-dire convexe si elle est concave, et concave si elle doit être convexe.

CHUTE. Ouverture faite dans la voûte d'une fosse d'aisances, et par où arrivent les matières.

CHEVALEMENT. Manière d'étayer et de soutenir une encoignure, un trumeau, un jambage, en remplacement des points d'appui que l'on supprime instantanément, pour les reprendre en sous-œuvre, pour ouvrir une baie de boutique, ou de porte cochère, pour soutenir des planchers, etc. Le chevalement est composé d'une forte pièce horizontale, nommée *chapeau*, sous les extrémités duquel on place deux pièces de bois debout, inclinées un peu l'une vers l'autre, et sous les pieds de ces pièces, on pose des plates-formes nommées *couches*.

CHEVALER. C'est étayer, soutenir un édifice, ou une partie, avec des chevalemens.

CHEVALET. Petit comble de forme triangulaire derrière une lucarne, une souche de cheminée ou un fronton. C'est aussi un bâtis de bouts de planches cloués seulement, à l'usage des couvreurs, pour s'échafauder.

CHEVAUCHER. Se dit dans les travaux, des pièces qui recouvrent partie l'une sur l'autre; tels que les tuiles, les ardoises d'une couverture.

CHÈVRE. Machine avec laquelle on élève des pierres, des pièces de bois, etc. dans les travaux des bâtimens.

La *chèvre* se compose de deux pièces de bois, nommées *bras*, de plusieurs entretoises pour arrêter l'écartement, d'un treuil traversé de quatre leviers, pour dérouler le cable qui passe sur une poulie, à l'extrémité supérieure, où elle roule sur un axe claveté. Quelquefois aux deux bras, on en joint un troisième, appelé bicoq ou *pied de chèvre*, pour la soutenir lorsqu'on ne peut l'appuyer, ou lorsque le fardeau ne doit pas être élevé à une grande hauteur.

CIEL. On nomme ainsi le premier banc de pierre qui se rencontre sous la terre, en faisant l'ouverture d'un puits de carrière, et qui lui tient lieu de plafond dans toute l'étendue de l'excavation.

CIMENT. Débris de briques, tuiles et carreaux et autres substances concassées, pour être mêlées avec la chaux et former le mortier.

CIMENTER. Lier les matériaux, comme pierres, dalles, etc. avec du ciment; enduire avec du ciment.

CINGLER. Tracer des lignes avec un cordeau tendu aux deux extrémités, et qu'on a blanchi pour marquer la ligne que l'on cherche. C'est aussi, dans le toisé, prendre avec un cordeau le pourtour d'une voûte, le développement des marches d'un escalier ou de sa coquille, ou avec une bande de parchemin ; contourner les moulures d'une corniche, et de tout autre objet qui ne saurait être mesuré avec le pied ou le mètre.

CINTRE. Est en général ce qui a une figure courbe. Un *cintre de voûte* est le contour circulaire de sa douelle. Un *cintre droit* est le contour de la douelle d'une voûte pris perpendiculairement à sa direction. Le *cintre de face* est le contour de la douelle d'une voûte biaise, pris à l'arête de la face, obliquement à sa direction. On appelle aussi *cintre de cave*, l'assemblage des pièces de charpente disposées provisoirement pour construire cette voûte, et en maintenir en place tous les voussoirs, jusqu'à ce que la claie soit posée.

CISEAU. Outil acéré dont se servent les tailleurs de pierre, les menuisiers, les plombiers et presque tous les ouvriers du bâtiment.

CISELURE. Taille étroite faite sur le bord de la pierre ou du marbre, avant d'en dresser les paremens ; c'est encore tailler au ciseau l'épaisseur des tranches de marbre.

CITERNE. Lieu souterrain, dont le fond, les murs et la voûte sont en maçonnerie, et enduits en mortier de ciment, pour recevoir, épurer, et conserver les eaux pluviales.

CIVIÈRE ou BAR. Sorte de petit brancard à quatre bras, pour le transport des pierres et autres matériaux.

CLAIRE-VOIE. Ouvrage de charpente ou de menuiserie, dont les pièces laissent des intervalles entre elles, comme des barreaux, un treillage, etc. On dit une cloison à claire-voie ; un grillage en charpente à claire-voie pour les fondations, etc.

CLAUSOIR. Est la dernière pierre que l'on pose dans un mur ou dans une voûte, pour la clôture du dernier espace qui restait vide.

CLAVEAU. Est une pierre taillée en forme de coin, ou de pyramide tronquée, oblique ou droite, faisant partie d'une plate-bande, d'un architrave, etc. Le *claveau à crossette* est celui dont la tête est retournée avec les assises de niveau. On appelle *claveau à joint perdu* ou *dérobé*, celui dont le joint de face extérieur est vertical.

CLÉ. Dernier voussoir ou claveau, posé au sommet d'une voûte ou d'un arc pour le fermer et le bander ; cette clé est quelquefois ornée de sculpture. Une *clé passante* est celle qui, traversant l'architrave, et quelquefois la frise, en interrompt la continuité. La *clé saillante ou en bossage,* est celle dont le parement excède le nu des autres voussoirs. Une *clé pendante* est celle qui, dans une voûte ou un arc, excède le nu de la douelle.

CLOAQUE. C'est un *égoût* ou *aqueduc* construit pour recevoir les eaux et immondices d'une maison, d'un édifice, d'un chemin public, d'une ville, etc.

CLOISON de charpente ou pans de bois, ou de menuiserie. Les premières sont construites en bois de 0 m. 14 c. à 0 m. 16 c. (5 à 6 po.) d'épaisseur; les secondes en bois de 0 m. 8 c. (3 po.)

Les cloisons *creuses* ou *sourdes* sont celles qui ne sont point hourdées dans l'épaisseur du bois; à *claire-voie,* celles faites en planche de bateau refendues; *hourdées,* remplies dans l'épaisseur du bois en platras ou en moellonnailles.

CLORE. Fermer, boucher quelque chose, une baie de porte ou de croisée. C'est également entourer, ceindre un lieu quelconque par des murs.

COFFRE. Faux tuyau de cheminée entre deux tuyaux véritables qui dévoient. On fait souvent un coffre au droit du passage d'une poutre, d'une solive d'enchevêtrure, d'un faîtage, etc.

COL. Le col d'un balustre est la partie supérieure au-dessus de la panse.

COLLET. C'est le petit joint en plâtre qui rebouche le dessous d'une marche d'escalier, et l'about-côté du limon. C'est aussi la partie la plus étroite d'une marche tournante ou dansante.

COLOMBAGE. Hourdage de cloison en terre, recouvert ensuite en plâtre ou en mortier.

COLONNADE. Est une suite de colonnes formant un péristyle ou une façade : telle est la colonnade du Louvre; celle des bâtimens de la place Louis XV ; celle de la Bourse à Paris, etc.

COLONNE. Pilier rond fait pour soutenir, ou pour orner, qui comporte trois parties principales; savoir : la base, le fût et le chapiteau.

Les colonnes portent le nom de l'ordre d'architecture auquel elles appartiennent, et leurs dimensions diffèrent de hauteur; ainsi, la *colonne toscane* a sept diamètres de hauteur, y compris la base et son chapiteau.

La *colonne dorique* a huit diamètres de hauteur, y compris sa base et son chapiteau.

La *colonne ionique* a neuf diamètres de hauteur, y compris sa base et son chapiteau.

Enfin, la *colonne corinthienne* a dix diamètres de hauteur, y compris sa base et son chapiteau.

Une *colonne cannelée* est celle dont le fût est orné de cannelures dans toute sa longueur, ou seulement jusqu'au premier tiers.

On entend par *colonnes en tambour*, celles dont le fût est formé de plusieurs assises de pierres moins élevées que le diamètre de la colonne; c'est la construction la plus en usage; quand le diamètre des colonnes est trop grand pour qu'on puisse faire ces tambours d'un seul morceau de pierre, on en assemble deux l'un à côté de l'autre, avec des agrafes en fer ou en bronze, scellées en plomb dans les joints.

Une *colonne en maçonnerie* est celle qui est faite en moellons enduits de plâtre, ou en brique, et recouverte de stuc, ou quelquefois en briques formées d'un segment de cercle sans être recouvertes; on ne fait usage de cette dernière construction que dans les pays qui manquent de pierre.

Une *colonne d'assemblage* est celle formée de membrures de bois assemblées, collées et chevillées sur des plateaux de madriers circulaires ou à pans qui sont au-dedans, et qu'ensuite on met sur le tour, pour lui donner son galbe et ses proportions.

La *colonne angulaire* est celle qui occupe l'angle d'un édifice.

Une *colonne engagée ou adossée* est celle qui tient au mur de dossier par les trois quarts ou la moitié de son diamètre.

On dit *colonnes serrées*, de celles qui laissent peu d'espace entre elles; *colonnes rares* de celles entre lesquelles il y a beaucoup d'espace, tel que l'arœostyle des anciens.

Une *colonne triomphale* est celle élevée au milieu d'une place, pour servir de monument; telles sont les colonnes Tajanne et Antonine à Rome, et la colonne à la gloire de la grande armée sur la place Vendôme, à Paris.

Une *colonne funéraire* est celle dont le fût porte sur son chapiteau une urne, où sont renfermées les cendres de quelque mort illustre.

Une *colonne rostrale* est celle ornée de poupes et de proues de vaisseaux et galères, d'ancres et de grapins, en mémoire d'une victoire navale.

COMBLE. Charpente qui couvre un bâtiment ; il prend divers noms en raison de sa forme.

Le *comble en appentis* n'a qu'une seule pente ; celui à *deux égoûts* est à deux pentes ; le *comble brisé* a un membron et des mansardes ; le *comble en pavillon* a quatre croupes ; on appelle *comble moisé* celui dont les pièces qui retiennent l'écartement sont *moisées* et boulonnées. (Voyez *Toit*.)

COMPAS. Est un instrument composé de deux jambes, qui se meuvent l'une sur l'autre, à l'aide d'une charnière qui forme sa tête ; dans tous les arts, on s'en sert pour prendre et donner des mesures, tracer des cercles et des courbes. Il y en a de diverses espèces.

Ceux dont on se sert pour les dessins d'architecture, sont : 1° *le compas simple* à deux pointes droites ; 2° *le compas à pointes changeantes* auquel on substitue à une des pointes un porte-crayon, ou un tire-ligne ; 3° *le compas à trois jambes,* pour prendre les angles et les triangles ; 4° *le compas de réduction,* pour réduire ou augmenter un dessin ; 5° le *compas de proportion,* règle de cuivre, de 16 à 19 c. (6 à 7 po.) de longueur, et même davantage, et de 14 à 16 mill. (6 à 7 lig.) de largeur, qui se plie par le moyen d'une charnière, et sur la surface de laquelle sont différentes lignes tracées et divisées suivant diverses proportions, dont on se sert en géométrie pour trouver la division d'une ligne droite, les cordes et côtés d'un polygone, etc. Ces diverses espèces de compas sont ordinairement en cuivre, armés de pointes d'acier, et servent dans un cabinet pour dessiner sur le papier, ou pour faire des modèles en carton.

Les espèces suivantes sont ordinairement en fer ou en bois, armés de pointes de fer ; savoir : le *compas d'appareilleur,* qui est formé de deux branches droites de fer plat, qui se meuvent l'une sur l'autre, à l'aide d'une rivure, et dont l'autre extrémité est arrondie et terminée en pointe ; il sert pour tracer les épures sur un enduit, et ensuite à prendre ces mesures sur l'épure, pour les reporter sur la pierre ; il leur sert également à prendre l'ouverture des angles rectilignes. C'est pourquoi on le nomme également *fausse-équerre.* Le *trousquin* ou *compas à verge* est un instrument composé d'une tringle carrée, en bois ou en fer, de telle longueur que l'on veut, sur laquelle coulent deux poupées ou boîtes en cuivre, armées d'une pointe de fer que l'on fixe à volonté sur la tringle, avec une vis de pression ; il sert pour les ouvrages de grande proportion, les compas ordinaires n'étant pas assez grands, ni assez commodes pour prendre de grandes mesures.

Les ouvriers en métaux ont encore le *compas d'épaisseur*, dont les branches sont courbes, pour prendre le diamètre d'un objet de petite dimension.

CONCAVE. Surface intérieure d'un corps rond et creux, comme une coupole, une voûte sphérique, etc.

CONDUCTEUR. Employé aux ordres d'un architecte ou d'un ingénieur, pour surveiller l'exécution des travaux, noter les journées d'ouvriers, les fournitures, etc. Dans le génie civil et militaire, ces employés sont payés par le gouvernement.

CONDUITE. Est en général une suite de tuyaux qui amènent l'eau d'un lieu à un autre; les conduites sont de fonte, de plomb ou de poterie.

CONE. Figure dont la base est un cercle, et qui se termine en pointe.

CONGÉ. Petit cavet qui joint un filet ou une autre moulure avec le nu d'une colonne ou d'un piédestal.

CONSOLE. Support galbé qui sert à soutenir un balcon ou autres objets en saillie.

CONSTRUCTEUR. C'est celui qui a fait son étude particulière de la construction : les entrepreneurs ne s'adonnent en général qu'à la partie à laquelle ils se destinent, bien différens en cela de l'architecte, qui doit les posséder toutes au moins théoriquement, pour prévoir et coordonner toutes ces parties à chacune des spécialités qu'il dirige.

CONSTRUCTION. C'est l'ensemble qui résulte des divers travaux du maçon, du charpentier, du serrurier, et en général de tous les ouvrages des ouvriers de bâtiment: c'est enfin l'assemblage, dans un arrangement convenable, de toutes les espèces de matériaux qui entrent dans un édifice.

CONSTRUIRE. C'est élever un édifice public, ou une maison particulière, selon des plans et des dessins cotés.

CONTOURNER. Tracer le contour d'un arc corrompu, ou de tout autre ouvrage d'architecture qui ne peut se faire au compas. — Arrondir, rendre rond.

CONTRE-ALLÉE. Petite allée à côté d'une grande avenue ou d'une route.

CONTRE-BAS. De haut en bas, c'est faire une partie de construction plus basse que d'autres qui existent ou que l'on désigne.

CONTRE-BUTER. C'est la même chose que *arc-bouter*;

c'est contenir la poussée des terres d'une voûte ou d'une construction quelconque par des arcs-boutans en pierre qui complètent cette construction, et même par des contre-fiches, provisoires en charpente.

CONTRE-CLÉ. On nomme ainsi deux claveaux ou voussoirs, qui se placent à gauche et à droite de la clé d'un arc ou d'une plate-bande. On appelle *contre clé extradossée*, celle qui a la même hauteur que la clé.

CONTRE-CŒUR. Est le fond d'une cheminée, entre les jambages, contre lequel on place le bois; on le revêt ordinairement d'une plaque de fer fondu, qui réfléchit davantage la chaleur, et conserve la maçonnerie.

CONTRE-FICHE. Pièce de bois posée obliquement contre une autre, comme pour l'étayer.

CONTRE-FORT, ou *éperon*. Est un pilier de maçonnerie saillant hors le nu d'un mur de revêtement, et faisant liaison avec lui pour soutenir la poussée des terres; la partie par laquelle il est lié se nomme *racine*, et la partie saillante se nomme *queue* du contre-fort.

CONTRE-LATTOIR. Est un outil à l'usage des couvreurs pour soutenir la latte, quand ils attachent l'ardoise dessus.

CONTRE-MUR. Est un petit mur construit contre un autre, pour que celui-ci n'éprouve aucun dommage; on ne construit de contre-mur, que contre les murs qui sont mitoyens, et c'est ordinairement pour le dessous des mangeoires des écuries, pour les fours et les forges, pour les cours à fumier, et entre les puits et fosses d'aisances, etc., etc.

CONTRE-POSEUR. Est dans la construction des bâtimens, l'ouvrier qui aide le poseur à recevoir les pierres de la grue ou autre machine, et à les mettre en place d'aplomb et de niveau.

CONTRE-PROFIL. C'est une moulure qui entre exactement dans une autre moulure faite à contre-face de la première.

CONTRE-REVERS. C'est dans une chaussée, le côté du ruisseau opposé au plus large: et aboutissant aux maisons d'une rue, ou aux bas-côtés d'une route.

CONTROLEUR. Est dans les bâtimens civils et autres, un artiste dont les fonctions sont de tenir registre de toutes les fournitures, et en donner des reçus; de veiller à la bonne qualité des matériaux et à l'exécution fidèle des dessins suivant les règles de l'art, et les conditions des devis et des marchés. Ce n'est guère que dans les bâtimens publics et dans les grandes administrations que l'on emploie des contrôleurs; partout ailleurs, ces fonctions sont remplies par des inspecteurs.

CONVEXE. Se dit de la surface extérieure d'un corps rond : la surface extérieure d'un dôme est convexe.

COQUILLE. On appelle ainsi une espèce de voûte, formée d'un quart de sphère ouverte, pour couvrir une niche en plein cintre.

CORBEAU. Est en général une saillie qui a peu d'épaisseur, et soutient quelque fardeau; il y en a en pierre, qui servent à porter les sablières d'un plancher le long des murs; telle est encore la dernière pierre d'une jambe sous poutre.

CORDAGE. Est le terme général dont se servent les ouvriers des bâtimens, qui les désignent par différens noms, en raison de la grosseur; tels sont les cables, cableaux, vingtaines, etc. (Voyez ces mots.)

CORDE-NOUÉE. Cable garni de nœuds, auquel les badigeonneurs et les fumistes accrochent une sellette garnie de deux courroies ou bretelles, munies de crochets que l'on fait entrer dans les nœuds.

CORDEAU. Petite corde dont se servent les architectes et les ingénieurs pour lever ou tracer des plans, et les charpentiers, maçons, menuisiers, jardiniers, etc., pour cingler des lignes droites ou des portions de cercle, pour prendre des aplombs, etc.

Le petit cordeau retors s'appelle *fouet*.

CORINTHIEN. (Voyez *Ordre*.)

CORNE DE VACHE. Espèce de voûte, ou de coupe de trait dont le plan est un triangle, et l'élévation en plein cintre, ou surbaissée, et forme la moitié du biais passé. Telles sont les voûtes qui portent les pans coupés des deux extrémités du Pont-Royal, à Paris.

CORNICHE. Couronnement composé de moulures superposées et en saillies les unes sur les autres; partie supérieure d'un entablement, d'un piédestal, d'un bâtiment. On appelle *corniches architravées*, celles dont les moulures inférieures représentent l'architrave; *corniche rampante*, celle d'un fronton; *corniche continue*, celle qui, dans son cours et tous ses retours, n'est pas interrompue par des pilastres ou autres corps saillans; *corniche volante*, celle faite en menuiserie, assemblée à rainures et languettes, et creuse par derrière, servant à couronner un lambris de menuiserie, à porter un plafond de toile, etc.

CORPS DE LOGIS. Est un bâtiment compris entre deux

murs de face. S'il y a deux pièces entre ces deux murs, on le nomme *corps de logis double*; s'il n'y en a qu'une, on l'appelle *simple*; s'il y a une pièce et un cabinet ou un corridor, on l'appelle *semi-double*; si l'une des façades est sur la rue, on le nomme *corps de logis de devant*; si les façades sont sur une cour ou un jardin, on l'appelle *corps de logis de derrière*; si enfin l'une est sur une cour, et l'autre sur un jardin, on le nomme *corps de logis entre cour et jardin*.

CORROI. Terre glaise pétrie dont on entoure un bassin, une citerne, une rivière factice, une pièce d'eau quelconque, pour empêcher les filtrations et la perte des eaux.

CORROYER. Pétrir la terre glaise à pieds nus ou au pilon pour faire un corroi.

On corroye aussi le *mortier*, c'est mêler le sable avec la chaux, en les remuant avec le rabot.

COTER. C'est marquer sur des plans, des coupes et des élévations dessinées, toutes les mesures partielles et générales, pour que les divers entrepreneurs que l'architecte charge de leur exécution puissent les tracer et les mettre en œuvre d'après ces dimensions.

COUCHE. Pièce de bois placée horizontalement sous le pied des étais, ou verticalement sur les tableaux des portes et des croisées dans les étrésillonnemens, ou encore pour empêcher l'éboulement des terres dans une tranchée.

Les paveurs étendent une *couche de sable* sur le pavé après l'ouvrage fini. C'est aussi la couleur que l'on étend sur les plâtres ou sur les boiseries.

Une *couche de ciment* est un enduit de mortier fait avec chaux et ciment, de quelques lignes d'épaisseur, qu'on raye et que l'on pique avec le tranchant de la truelle, lorsqu'il est sec, et sur lequel on repasse un second enduit de la même manière, mais en ciment plus fin qu'on lisse à plusieurs fois jusqu'à parfaite siccité, pour former les parois d'une rivière factice, d'un bassin, d'un canal, d'une fosse d'aisances, etc.

COUDE. C'est l'angle que forme un mur, dont il résulte un angle saillant d'un côté, et de l'autre un angle rentrant qu'on nomme *pli*.

COULER LA PIERRE. C'est introduire du plâtre ou du mortier liquide dans les joints, et entre les lits des assises pour les sceller.

COUP DE CROCHET. On appelle ainsi un petit dégagement creusé au crochet entre deux moulures.

COUPE. Section verticale d'un bâtiment, qui en montre les profils et les contours extérieurs et intérieurs. Les architectes font des coupes de leurs projets, pour indiquer les hauteurs des planchers, des voûtes, etc.

COUPE DES PIERRES. C'est l'art de tailler les pierres sur toutes les faces; on l'appelle aussi l'*art du trait*.

COUPER LE TRAIT. C'est faire le modèle d'un escalier, d'une voûte, d'un comble ou autres pièces de trait en petit, avec du plâtre fin ou du bois, et à apprendre ainsi à tracer des épures en grand pour la construction.

Couper le plâtre, c'est faire des moulures ou autres ornemens en plâtre à la main, avec le ciseau et la gouge : tels sont les angles des corniches que le calibre ne peut atteindre.

COUPOLE. Est la partie concave d'une voûte sphérique que l'on décore ordinairement d'un grand sujet de peinture à fresque ou à l'huile, comme celles des Invalides et du Panthéon à Paris, et de presque tous les édifices religieux.

COURANT DE COMBLE. Est la continuité d'un comble qui a plus de longueur que de largeur, comme celui d'une galerie.

Ce terme est usité par les couvreurs, qui l'appellent aussi *long-pan*.

COURBE. Désignation de tout objet qui n'est pas droit, mais cintré sur le plan ou sur l'élévation.

Il y a de deux sortes de courbes, les unes planes, les autres à double courbure.

Une *courbe plane* est une ligne courbe qu'on trace sur un plan, tel que le cercle, l'ellipse, la parabole, l'hyperbole, la spirale, et les arcs rampans.

Celles à *double courbure* ne peuvent être tracées sur un plan qu'en perspective, ou par projection; mais on peut les tracer sur un morceau de pierre, parce qu'elles forment un angle solide. C'est la géométrie descriptive.

COURBURE. Est l'inclinaison d'une ligne en arc; telle est celle du contour d'un dôme, d'un arc rampant, du revers d'une feuille du chapiteau corinthien, etc.

COURONNEMENT. Est tout ce qui termine une décoration architecturale; tels sont les balustrades, les frontons et les entablemens.

COURS D'ASSISE. On appelle ainsi dans la construction, un rang de pierres placées à la même hauteur et posées au même niveau dans toute la longueur d'un mur.

COUSSINET. Premier voussoir ou claveau d'une voûte,

ou d'une arcade, dont le lit de dessous est posé sur la naissance ou sur l'imposte. C'est aussi un rouleau de paille nattée dont les maçons se servent pour barder les pierres, et les couvreurs pour attacher au bout de leur échelle, ce qui les empêche de glisser, et garantit les tuiles ou les ardoises sur lesquelles on les pose.

COUVERTURE. Nom générique de tout ce qui se pose sur la charpente des combles, comme tuile, ardoise, plomb, zinc, bitume, chaume, jonc, roseau, paille, etc.

On appelle *couverture à claire voie* celle où on a laissé entre chaque tuile le tiers environ de sa largeur.

COUVREUR. Ouvrier qui couvre les bâtimens, attache la latte sur la charpente du comble, et y applique ensuite la tuile ou l'ardoise. Il fait aussi les solins, ruellées et autres plâtres qui dépendent des couvertures.

CRÈCHE. Entourage en bois autour d'une pile de pont pour faire un encaissement de maçonnerie.

CRÉPI. Couche de plâtre au panier, ou de gros mortier, que l'on étend sur les surfaces des murs en moellon : le *crépi plein* est celui qui couvre entièrement le moellon : le *crépi à pierre apparente* est celui qui ne couvre que les joints, ce qui se nomme aussi *rejointoyement ;* un *crépi chiqueté* est une couche que l'on fait avec du plâtre gâché très clair, ou du mortier jeté au balai.

CRÊTE. Scellement des faitières pour les lier les unes aux autres.

CREUSER. Fouiller, approfondir des fondations, un puits, un canal.

CREUX. Les ouvriers donnent ce nom à un moule de plâtre préparé pour couler des modillons, des consoles, etc.

CREVASSE. Fente qui se fait dans un enduit, dans un mur, soit par suite de la mauvaise construction, soit par l'effet de la poussée, soit par quelqu'autre cause intérieure.

CROCHET. Est en général tout instrument recourbé destiné à retenir différens objets, à les tenir suspendus, ou à les enlever d'un lieu à un autre. Il y a des crochets de faîtage, de comble, de chéneaux, etc.

Un *crochet de tuile* est une petite éminence pratiquée par les tuiliers sous la tuile, pour qu'elle puisse tenir accrochée sur la latte.

CROIX DE MALTE. Terme de paveur : ce sont les quatre ruisseaux d'un carrefour où aboutissent quatre rues.

CROSSETTE. Chambranle retourné aux angles ; c'est

aussi la partie saillante d'un claveau de plate-bande, qui est posé en recouvrement sur le claveau voisin.

Crossettes se dit encore des plâtres d'une couverture à côté des lucarnes.

CROUPE. Partie d'un comble en retour de la face, et qui couvre le pignon d'un bâtiment ; on appelle *demi-croupe* la partie du comble formant retour sur un appentis.

C'est aussi la couverture de forme conique du chevet ou rond point d'une église.

CUBE. Corps solide ayant trois dimensions : longueur, largeur et épaisseur.

CUL DE FOUR. Voûte surbaissée ou surhaussée sur un plan circulaire.

CULÉE. C'est le massif de maçonnerie qui, d'un côté, soutient la poussée des terres d'un quai, et de l'autre soutient la voûte de la première et de la dernière arche d'un pont.

CULIÈRE. Pierre plate creusée pour recevoir les eaux d'un tuyau de descente, et les conduisant dans le ruisseau pavé.

CULOTTE. Gros bout de tuyau en fonte, en tôle ou en terre cuite, portant deux branches à son extrémité, pour se réunir à des embranchemens.

CYLINDRE. Est un solide dont les extrémités font deux cercles égaux : tel serait le fût d'une colonne sans diminution du diamètre.

CYMAISE. Est la dernière moulure d'une corniche, celle qui la couronne ; qui est souvent ondée par son profil, dont la moitié est concave, et l'autre moitié convexe.

D.

DALLES. Tranches de pierre de 27 à 81 mill. (1 à 3 po.) d'épaisseur, et même quelquefois plus épaisses, que l'on emploie comme carrelage, ou de champ sur la retraite des murs, ou comme couronnement de murs de clôture, etc. On scelle aussi des dalles minces sous les montans, traverses, revêtemens et foyers de chambranles en marbre, pour leur donner plus de solidité. Elles servent aussi à former la couverture des grands édifices, et les terrasses et balcons. On dalle également les églises ainsi que les vestibules, les cuisines, laiteries et autres pièces au rez-de-chaussée.

Les *dalles à joints recouverts* sont celles qui, ayant une

feuillure par-dessous leurs joints, et étant posées en pente, recouvrent les unes sur les autres.

DÉ. On appelle ainsi le fût d'un piédestal. C'est aussi un cube de pierre que l'on place sous un poteau de hangar ou autre, pour l'élever au-dessus du sol.

DÉBILLARDER. C'est couper une pièce de bois diagonalement, ou en enlever une partie en forme de prisme triangulaire, comme on le fait à un arêtier de comble.

DÉBITER. C'est scier de la pierre ou du bois, suivant les longueurs et épaisseurs nécessaires pour l'emploi.

DÉBLAI. C'est la fouille et le transport des terres des fondations d'un édifice ou d'un ouvrage de terrasse lorsqu'on creuse un fossé, un canal, l'encaissement d'un chemin, etc.

DÉCAGONE. Figure plane à dix côtés et à dix angles égaux.

DÉCARRELER. C'est enlever, arracher les carreaux d'un plancher.

DÉCEINTOIR. Est une espèce de marteau à deux taillans, employé par les maçons pour équarrir les trous ébauchés avec le têtu, et pour écarter les joints des pierres ou moellons en démolissant.

DÉCHARGE. Est un arc de maçonnerie formé au-dessus des baies de portes ou de croisées, pour soulager leurs plates-bandes du poids des constructions supérieures, ce qui se pratique en posant en coupe la pierre ou le moellon en forme d'ogive ou de fronton angulaire ou circulaire, dont les extrémités portent sur les pieds droits des baies, au lieu de l'espacer par assises de niveau. On en fait également en arc renversé, dans les fondations dont le terrain ne paraît pas assez solide. (Voyez pl. 2, fig. 45.)

DÉCHAUSSÉ. Ce sont les fondations minées et dégradées en dessous. Ce qui arrive ordinairement à l'égard des piles des ponts et des murs de quais, qui étant constamment lavés se dégradent, et peu à peu se trouvent déchaussés. Si on enlève la terre au pied d'un mur jusqu'au niveau du dessous de la fondation, on le déchausse, ce qui hâte sa ruine.

DÉCHET. C'est la perte éprouvée par les entrepreneurs, dans la taille de la pierre et du moellon ; laquelle est évaluée dans les détails, lorsqu'on fixe le prix des travaux en pierre.

DÉCINTRER. C'est démonter les cintres de charpente qui ont servi à la construction d'une voûte, ce que l'on ne doit faire qu'après que le mortier des joints est bien sec et affermi.

DÉCLIC. Morceau de fer en S ou en forme de C, placé sur le montant d'une machine telle qu'une sonnette à battre les pieux, et qui est destiné à retenir la manivelle lorsque le mouton est élevé ; le déclic étant déplacé de l'engrenage au moyen d'une corde, le mouton tombe de toute sa volée sur la tête du pieu. On le remonte ensuite, on replace le déclic, et on le lâche ainsi alternativement, jusqu'à ce que le pieu soit enfoncé en terre jusqu'au refus du mouton.

DÉCORATION. C'est l'assemblage des divers ornemens dont on enrichit un sujet, comme dans un édifice public ou particulier les ordres d'architecture : les chambranles, les niches, les balustrades, les frontons forment la décoration extérieure ; les lambris, la sculpture, la peinture, la dorure, composent l'ornement de l'intérieur.

On fait également des décorations de catafalques, de théâtres, de fêtes publiques, de feux d'artifice.

DÉCOUVRIR. Ôter la tuile ou l'ardoise qui compose la couverture d'un bâtiment, pour trier ce qui est bon à resservir.

DÉDOUBLER. Séparer les lits des pierres dans une carrière, de toute leur longueur, avec des coins de fer ; quand les carriers ne peuvent parvenir à les dédoubler, ils prennent le parti de les scier, ou de les faire sauter à la mine.

DÉFENSE. Signal en forme de croix fait avec deux lattes suspendues au bout d'une corde, sur la voie publique, par les maçons et les couvreurs, pour indiquer aux passans qu'ils doivent passer du côté opposé.

DÉFONCER. Fouiller le terrain d'un jardin à 65 ou 98 c. (2 ou 3 pi.) de profondeur, en retournant les terres et y répandant du fumier, et détruire en même tems les souches, ôter les pierres, les cailloux, etc., etc.

DÉGAUCHIR. Dresser le parement d'une pierre, ou l'un de ses joints de lits ou de coupe, avec deux règles droites posées de champ aux deux extrémités du parement, en les bornoyant l'une sur l'autre, pour régler la surface selon le plan qu'elle doit avoir.

DÉGORGER. C'est vider des tuyaux de conduite pour les nettoyer. On dit encore *dégorger une chausse d'aisances*, ce qui a lieu avec un poids quelconque, ou une sonde, et on fait monter et descendre cette sonde dans la chausse, jusqu'à ce que les matières qui s'y étaient arrêtées soient descendues dans la fosse.

DÉGRADATION. Est le défaut d'entretien des parties d'un bâtiment, par suite duquel il devient inhabitable.

DEGRÉ. On nomme ainsi la 360ᵐᵉ partie d'un cercle. Ainsi le demi-cercle se compose de 180 degrés, et le quart du cercle ou angle droit, de 90 degrés.

DÉGROSSIR. C'est donner à un ouvrage quelconque la première façon, et le disposer à recevoir les autres qui doivent l'amener à sa perfection : on dégrossit la pierre au ciseau et au maillet, à la pointe et au marteau bretelé.

DÉLARDEMENT. Coupe en diagonale que l'on fait au parement de dessous des marches d'une descente de cave, ou d'un escalier en pierre pour former un intrados rampant. On dit *marche délardée* ; on délarde aussi certaines pièces de bois, telles que les faîtages et arêtiers de combles, les sablières, etc.

DÉLARDER. C'est couper de biais le lit d'une pierre.

DÉLIT. Est une malfaçon dans la pose de la pierre, lorsque, au lieu de la poser de niveau, ou en joint sur son lit de carrière, on fait de ce lit un parement ; on dit alors *pierre en délit* ; posée ainsi, elle est sujette à se fendre, et ne peut généralement porter de grands fardeaux.

DÉLITER. C'est couper une tranche d'une pierre dans le sens de son lit de carrière ; il est des pierres qui se délitent d'elles-mêmes ; mais il en est d'autres qui sont si compactes qu'elles n'ont ni lit, ni délit : tels sont les marbres, les granits, les grès, etc.

DÉMAIGRIR. Recouper le joint de lit ou montant d'un voussoir, ou d'un claveau, pour rendre un de ses angles plus aigu ; enfin, c'est diminuer une pierre trop forte pour l'ajuster dans l'emplacement auquel on la destine. Il en est de même d'une pièce de bois trop forte.

DEMI-ANGLAISE. Garde-robe garnie d'un pot rond de faïence et d'une bonde mobile qui se lève avec un crochet.

DEMOISELLE. C'est un cylindre de 16 à 19 c. (6 à 7 po.) de grosseur, et d'environ 98 c. (3 pi.) de longueur, allégé par son extrémité supérieure, armé à son extrémité inférieure d'un sabot de fer, et ayant deux bras en portion de cercle, dont les paveurs se servent pour affermir le pavé des rues sur sa forme de sable.

DÉMOLITION. Est la destruction d'un bâtiment, soit par vétusté, soit par suite de malfaçon, soit pour être supprimé. On appelle *matériaux de démolition* ceux qui sont reconnus bons à réemployer, comme les fers, les bois, les plombs, la brique, les carreaux, les lambris de menuiserie, les portes, les pierres que l'on retaille, le moellon, etc.

DENTICULES. Suite de petits cubes formés par une moulure carrée refendue de distance en distance, entre lesquels on laisse ordinairement une petite languette, et qui orne les entablemens et les corniches.

DÉPAVER. C'est arracher ou enlever le pavé d'une cour, d'une rue, d'un chemin, etc.

DÉPENDANCES. On nomme ainsi les bâtimens accessoires d'une grande maison : les basses-cours et les cuisines, les écuries et remises sont les dépendances d'un hôtel, comme les fermes ou métairies, les logemens du jardinier, les pavillons des garde-chasses, les serres et orangeries sont les dépendances d'un château.

DÉROBEMENT. Est la manière de tracer les pierres sans le secours des panneaux, c'est-à-dire par équarrissement ; on commence par équarrir la pierre, et ensuite on trace d'après les mesures prises sur l'épure. On dit *tracer par dérobement* ou *par équarrissement*.

DESCENTE. On appelle ainsi toutes les voûtes inclinées à l'horizon, telles que les voûtes de cave, une rampe d'escalier et la voûte qui couvre cette rampe. On nomme aussi descente un tuyau qui porte les eaux d'un chéneau ou d'une cuvette sur le pavé, ou celui par lequel dérivent les eaux d'un réservoir dans un lieu inférieur.

Une *descente biaise* est celle qui passe obliquement dans un mur, et dont les piédroits de l'entrée ne sont pas d'équerre avec sa direction.

On appelle *descente sur les lieux* une visite et transport d'experts sur les lieux, ordonnée par le tribunal pour visiter et vérifier des ouvrages, examiner leur état, leur malfaçon et en dresser procès-verbal pour en rendre compte à qui de droit.

DESSIN. C'est en général la représentation d'un bâtiment, d'un tableau, d'un morceau de sculpture, etc. Il y a différentes manières de dessiner l'architecture, savoir : *au trait*, lorsqu'on trace les objets représentés, au crayon ou à l'encre, sans aucune ombre ; *lavé*, lorsque les ombres sont indiquées au pinceau avec l'encre de la Chine, ou le bistre, tels sont les dessins des architectes et des ingénieurs ; *colorié*, lorsqu'on emploie pour chaque objet les couleurs qui lui sont propres. Un dessin en *perspective* est la représentation telle que l'œil les voit ou peut les voir en effet lorsqu'ils sont considérés à une certaine distance

On appelle *dessin géométral*, celui qui représente les objets sur une seule ligne, et selon les dimensions fixées
par l'échelle adoptée ; ce dessin est privé des effets de la
perspective.

DÉTAILS. On entend, dans les travaux de toute espèce,
par ce terme, les calculs de la quantité et du prix de
chacune des matières qui seront employées, de leur transport, de leur main-d'œuvre et de leur déchet, pour parvenir à l'estimation de chaque travail et s'assurer à l'a-
vance de la totalité des dépenses d'un projet de construction. Cette connaissance est particulièrement utile à
l'entrepreneur, pour ne pas se tromper dans les marchés
qu'il passe. (Voyez *devis.*)

DÉVELOPPEMENT. Est la figure dessinée de toutes les
surfaces qui composent un solide ; tel est un polyèdre,
un voussoir, etc. C'est aussi le dessin des façades, plans,
coupes et profils de toutes les parties d'un édifice.

DÉVÊTIR. Oter, détruire le revêtement de quelque
chose.

DEVIS. Le devis est la description exacte des dimensions,
qualités et façons des matériaux d'un bâtiment, faite d'a-
près les dessins cotés donnés par l'architecte, pour établir
le prix de chaque espèce d'ouvrage, au mètre ou à la
toise cube ou superficielle, ou à la pièce. On fait ordinairement un devis particulier pour la maçonnerie, un pour
la charpente, un pour la menuiserie, enfin pour chaque
nature d'entreprise, et toutes les sommes réunies qui en
résultent donnent le prix total de la construction.

DÉVOYER. Tuyau de cheminée ou chausse d'aisances, que
l'on construit hors d'aplomb.

DIABLE. Voiture composée de deux roues très basses
placées aux extrémités d'un essieu, au milieu duquel est
assemblé un timon. Les maçons s'en servent pour traîner
à bras les pierres de taille au chantier.

DIAGONALE. Ligne droite qui passe d'un angle à l'autre,
dans un carré, un parallélogramme, ou toute autre figure plane à quatre côtés.

DIAMÈTRE. Ligne droite tirée d'un point de la circonférence d'un cercle à un autre point, en passant par le
centre.

Le demi-diamètre ou rayon en est la moitié, c'est-
à-dire la ligne qui, du centre, aboutit à la circonférence.

Le *diamètre de la colonne* est celui qui est pris au-dessus
de la base et qui fixe le module pour mesurer toutes les

autres dimensions d'un ordre d'architecture ; *celui du ren-flement* est celui qui est pris à l'extrémité du premier tiers de la colonne. Celui de la diminution est pris au-dessus du congé de l'astragale.

DIGUE. Massif de maçonnerie ou de charpente ; et de divers matériaux destinés à retenir les eaux dans leur lit et faire obstacle aux inondations.

DIMINUTION. Est le rétrécissement proportionné d'une colonne de bas en haut.

Les architectes font cette diminution de trois manières différentes , les uns diminuent la colonne depuis sa base jusqu'au chapiteau ; d'autres , divisant la longueur du fût en trois parties , ne font commencer la diminution qu'au premiers tiers ; d'autres, enfin, font enfler le fût depuis la base jusqu'à la fin du premier tiers, où commence la diminution jusqu'au chapiteau. C'est ainsi que Perrault a fait exécuter les colonnes corinthiennes de la façade du Louvre.

DIMENSIONS. Ce terme a le même sens que celui de *mesure* ; les dimensions d'un ordre d'architecture, d'un édifice , etc.

DISJOINT. Ce qui est désuni, dont les parties destinées à être jointes sont distantes l'une de l'autre , par un mouvement de la construction qui n'avait pas été prévu.

DISPOSITION. C'est l'arrangement des parties relativement au tout , afin que l'ensemble soit satisfaisant sous le rapport de l'art et de la localité.

DISTRIBUTION. Est la division commode et raisonnée du terrain que doit occuper un bâtiment ou un jardin , relativement à son objet et aux besoins du propriétaire ; c'est élever ou planter sans perdre de vue la commodité, l'élégance et l'accord de la décoration intérieure avec l'extérieur. La *distribution des eaux* est le partage des eaux d'un réservoir par divers tuyaux et robinets, pour les transmettre à différens bassins, fontaines, jets d'eau , bâches, etc.

DODÉCAGONE. Figure plane et régulière, ayant douze côtés et douze angles égaux.

DOME. Couverture de figure hémisphérique qui occupe ordinairement le milieu dans un édifice de quelqu'importance , tels qu'une église, un amphithéâtre, ou même un grand salon ; *un dôme surhaussé* est celui formé d'un demi-sphéroïde, tels sont ceux de Saint-Pierre de Rome et des Invalides à Paris. On appelle *dôme surbaissé* celui qui est formé d'une portion de circonférence plus petite que la moitié : tel est celui de Sainte-Sophie à Constantinople.

DORIQUE. Voyez *Ordres*.

DOS-D'ANE. C'est une surface inclinée à deux pentes contraires et bombées : tels sont les faîtières d'un comble, le bahut d'un mur, le bombement d'une allée de jardin, d'une chaussée, etc.

DOSSERET. Est un mur en équerre sur un autre qui sert de jambage à une porte, ou à une croisée, ou à porter une arcade, une voûte, une plate-bande, un poitrail ou autres.

DOSSIER. Est un petit mur élevé au-dessus du comble et derrière les souches de cheminées, pour le soutenir.

DOUBLEAU. Voyez *Arc*.

DOUBLE-TAILLE. Deuxième taille faite sur une première ou sur un sciage, pour creuser un caniveau, arrondir une tablette de bahut, dégager des moulures ; c'est aussi celle qui a lieu après un refouillement ou évidement d'angle.

DOUCINE. Moulure à double courbure qui fait partie des ordres d'architecture, et qui couronne ordinairement les moulures d'une corniche.

DOUELLE. Est le parement intérieur d'une voûte ou d'un voussoir, que l'on nomme *intrados*.

DOUVE. On appelle mur de douve, le mur intérieur d'un bassin ou d'un canal, derrière lequel est un corroi de glaise.

DRESSER. Équarrir une pièce de bois pour rendre les faces opposées égales ; c'est passer la règle sur le parement d'une pierre, pour parvenir à faire une surface plane.

DROIT. C'est-à-dire d'équerre avec la face : on dit un berceau droit, une porte droite, pour désigner que leur direction est perpendiculaire à l'entrée.

E.

EBAUCHE. Première taille d'un bloc de pierre ou d'une pièce de bois.

ÉBOUSINER. Enlever au marteau le bousin ou partie tendre du lit d'une pierre.

ÉCARRISSEMENT. Est une manière de tracer les pierres sans le secours des panneaux.

ÉCHAFAUD. Espèce de plancher que les ouvriers en bâtimens sont dans l'usage d'établir pour s'élever à la hauteur des endroits où ils ont à travailler, ce qui s'exécute de différentes manières. Ceux des maçons se font avec des boulins scellés dans les murs, et des écoperches debout, liés ensemble avec des cordages, et sur lesquels on pose des planches ou dosses ; ils en font également sur de grands trétaux, quand ce n'est pas pour travailler à une grande élévation ; mais pour les grands édifices, on fait les échafauds en charpente et partant du fond, et de manière à ne pas endommager les murs extérieurs.

Un échafaud volant est celui qui est suspendu à une voûte où à la saillie d'un entablement.

Les échafauds à bascule, sont ceux basculés par des pièces de bois dans l'intérieur du bâtiment.

ÉCHAPPÉE. On appelle ainsi la hauteur qui existe entre deux révolutions d'escalier ou entre les marches et la voûte d'une cave.

ÉCHARPE. Cordage lié à la tête d'un engin ou d'une chèvre, et arrêté à l'autre extrémité pour les maintenir en place.

ÉCHELAGE. Droit qu'a un propriétaire de poser une échelle sur la maison ou sur le terrain de son voisin, pour faire des réparations ou des reconstructions. On le nomme aussi *tour d'échelle*.

ÉCHELLE *d'un plan*. Est une ligne tracée au bas d'un plan ou d'une carte, laquelle étant divisée et subdivisée en parties égales, soit de toises, soit de mètres, soit de modules, sert à mesurer toutes les parties du plan.

ÉCHELIER. Pièce de bois traversée de grosses et longues chevilles appelées *ranches*, et qui sert aux carriers à descendre et monter.

ÉCHIFFRE. Est l'assemblage de toutes les parties qui servent à soutenir les marches et paliers d'un escalier, c'est-à-dire les patins, les limons, et les rampes.

ÉCLUSE. Est un ouvrage de maçonnerie et de charpente, construit sur une rivière, sur un canal ou dans les fossés d'une ville de guerre, pour retenir et élever les eaux et les laisser couler selon le besoin.

ÉCOINÇON. Partie de mur comprise entre l'angle intérieur d'une pièce et l'arête de l'embrâsement d'une porte ou d'une croisée.

ÉCOPERCHES. Ce sont les grandes perches ou baliveaux dont les maçons se servent pour échafauder et soutenir les boulins ; les écoperches se dressent verticalement, et sont maintenues par le pied avec des patins ou massifs de plâtre, et de distance en distance par des cordages qui les joignent aux boulins.

ÉGOUT. Est l'extrémité saillante d'un toit dans un chéneau ou sur un entablement, pour l'écoulement des eaux loin du mur de face ; il y en a à deux et trois tuiles, et d'autres dits *basculés*, de cinq tuiles, pour former et soutenir leur saillie.

Un égoût est aussi un passage pratiqué pour l'écoulement des immondices et des eaux sales d'une maison, d'un quartier, etc.

ÉLÉVATION. On appelle ainsi un dessin représentant géométralement un objet, suivant ses mesures horizontales et verticales.

ELLIPSE. Est une section du cône, oblique à son axe et à ses côtés, qui produit la figure nommée improprement *ovale*.

ELLIPTIQUE. Qui a la figure d'une ellipse. On dit un arc, une voûte elliptique.

EMBARCADÈRE. Degrés ou pente construits dans le mur de douve d'un bassin ou d'un canal, pour arriver au niveau des eaux et pour faire aborder les chaloupes.

EMBRASEMENT. Est l'élargissement qu'on fait intérieurement aux jambages d'une porte ou d'une croisée, par une ligne oblique à la face du mur, depuis la feuillure jusqu'au parement, de même qu'au mur d'appui des abat-jours, des soupiraux, et pour faciliter l'ouverture des venteaux et guichets, soit pour donner plus de lumière.

EMPLACEMENT. Place à bâtir, espace de terrain dans lequel on peut faire bâtir.

EMPRUNT. Tracé éloigné des lignes véritables dont on ne peut approcher lorsqu'on prend quelques mesures.

EMPATEMENT. Est la saillie d'un mur de fondation, sur le nu du mur élevé au-dessus, tant d'un côté que de l'autre ; cette saillie doit être proportionnée à l'épaisseur et à la hauteur de l'édifice.

EMPAUME. Petits carrés saillans qu'on laisse provisoirement sur les paremens d'un tambour de colonne, pour en faciliter le transport et la pose.

ENCADREMENT. On nomme ainsi toutes moulures simples ou composées qui servent d'entourage à un panneau lisse.

ENCAISSEMENT. Se dit de tout ouvrage de charpente, dans lequel on jette à fond perdu de la maçonnerie en mortier.

ENCASTREMENT. Se dit de la manière dont une pierre, ou une pièce de bois ou tout autre objet est joint et enchâssé dans un autre.

ENCASTRER. C'est joindre deux choses l'une à l'autre, par une entaille ou une feuillure, comme une pierre avec une autre, ou par le moyen d'un crampon enchâssé de toute son épaisseur.

ENCORBELLEMENT. Saillie en porte-à-faux sur le nu d'un mur, formée par une ou plusieurs pierres pour l'élever sur les autres par saillies graduelles.

ENDUIRE. C'est couvrir toute la surface d'un mur, d'un plafond, etc., de plâtre, de stuc ou de mortier.

ENDUIT. Est le revêtissement qu'on fait à un mur, avec du plâtre ou du stuc, du blanc-en-bourre ou du mortier.

ENGIN. Machine dont on fait usage pour élever des fardeaux, et qui est composée d'une sole avec sa fourchette, d'un poinçon, de moises, de contrefiches, d'un rocher, d'un treuil avec ses bras, d'une jambette, d'une sellette, de deux liens et d'un fauconneau ayant une poulie à chaque extrémité.

ENROULEMENT. Est en général ce qui est contourné en ligne spirale, on dit l'*enroulement d'une console*.

ENTABLEMENT. Assemblage de moulures qui couronnent un bâtiment ou un ordre d'architecture; il est composé ordinairement d'une architrave, d'une frise et d'une corniche. Souvent pour un bâtiment on supprime les deux premières parties.

ENTAILLE. Est en général une ouverture plus ou moins grande, pratiquée pour lier un objet avec un autre.

ENTER. Assembler bout à bout des pièces de bois et les joindre l'une à l'autre dans la même direction.

ENTOISER. Moellons ou meulière, mis en tas régulier pour en connaître la quantité cube.

ENTRECOLONNEMENT. C'est l'espace vide réservé entre deux colonnes.

ENTREPRENEUR. Est celui qui convient avec un propriétaire, d'élever un bâtiment quelconque suivant des plans donnés et des matériaux déterminés. Ces ouvrages se font souvent selon le devis et moyennant un prix fixé, soit en bloc, soit à la toise.

ENTREVOUX. C'est l'intervalle qui existe entre deux solives d'un plancher, ou deux poteaux de cloison, remplis de maçonnerie en plâtras ou couverts seulement d'un enduit sur lattis.

ÉPAUFRURE ou *écornure*. Éclat sur l'arête d'une pierre.

ÉPANNELAGE. Première taille en chanfrein d'une arête, avant de tailler une moulure.

ÉPANNELER. C'est abattre les arêtes d'une pierre ou

d'un marbre carré, pour le rendre octogone ou circulaire.
— C'est aussi ébaucher une moulure.

ÉPAULÉE. Maçonnerie de murs que l'on fait en reprise et
en sous-œuvre, partie par partie ou par redents.

ÉPERON. Pilier de maçonnerie construit extérieurement
de distance en distance, et joignant la face d'un mur de
terrasse pour maintenir la poussée des terres.

On nomme aussi *éperons*, les avant et arrière becs des
piles de pont.

ÉPI. Briques posées diagonalement et en chevron contra-
rié, tel que le parquet en point de Hongrie.

ÉPUISEMENT. Action par laquelle on épuise à bras
d'homme, ou par le moyen des pompes ou d'une vis d'Ar-
chimède, les eaux qui sont dans l'enceinte d'un batardeau
ou dans une tranchée de fondation.

ÉPURE. Est le dessin d'une pièce de trait, tracée sur un
mur ou sur un plancher, en un mot sur une surface plane,
de la grandeur dont elle doit être exécutée, et sur lequel
l'appareilleur prend ses mesures pour faire tailler toutes
les pierres de cette pièce de trait.

On fait des épures particulières pour les différentes parties d'un édifice, pour les voûtes, pour les colonnes, les
entablemens, les frontons, etc.

ÉQUARRIR. C'est tailler une pierre ou une pièce de bois
à l'équerre, de sorte que leurs faces opposées soient parallèles et que toutes les faces soient à angle droit.

ÉQUARRISSEMENT. C'est tracer les pierres sans le secours des panneaux. — On toise aussi par *équarrissement*,
c'est mesurer la pierre à angle droit suivant la forme
qu'elle avait après les sciages, la taille des joints et des
paremens, sans avoir égard aux évidemens s'il y en a.

ÉQUERRE. Est en général, un instrument en fer ou en
bois, formé de deux branches à angles droits.

ESCALIER. Assemblage de marches ou degrés et de limons droits et rampans, qui sert à communiquer des parties inférieures d'un bâtiment à celles supérieures; on
peut le considérer relativement à la place qu'il occupe, ou
relativement à la grandeur, à la figure de son plan et à
ses proportions. Les uns sont construits au milieu du bâtiment, pour communiquer aux appartemens de la droite
et de la gauche, et être vus en entrant; d'autres occupent les ailes, ou les extrémités des bâtimens, ce qui
donne une longue enfilade d'appartemens; les uns sont
sur un plan carré, d'autres sur un plan rectangle, d'autres
sur un plan circulaire, etc.

ESQUISSE. Est la première idée d'un projet d'architecture, d'un sujet de peinture ou de sculpture, tracée sur le papier ou sur une surface.

ESSETTE. Espèce de marteau, dont la tête est ronde, et dont la panne est tranchante en divers sens, suivant son usage. Les couvreurs s'en servent fréquemment.

ESTIMATIF. Se dit de ce qui contient l'estimation de quelque chose ; tel est un devis d'ouvrages de bâtiment.

ÉTAI. Est toute pièce de bois qui sert à appuyer ou soutenir une maison, un plancher, pour le réparer ou pour en empêcher la chute.

ÉTAIEMENT. Est l'action d'étayer. C'est aussi l'assemblage de charpente formant un plancher plat, sur lequel on construit les voûtes plates, comme architraves, plates-bandes, plafonds de péristyle et paliers d'escaliers.

ÉTANG. Amas d'eau douce, retenue par une chaussée, pour y entretenir du poisson. On pratique dans cette chaussée une grille qui lui sert de décharge du trop plein, et une bonde pour la vider de fond lors de la pêche et du curage.

ÉTRÉSILLON. Est toute pièce de bois posée obliquement entre deux murs pour les retenir, ou dans une tranchée de fouilles, pour empêcher l'éboulement des terres.

ÉTRESILLONNER. Retenir les terres ou le mouvement des parties d'un bâtiment avec les étrésillons.

ÉVALUATION. Fixation de la valeur approximative des travaux de bâtimens.

ÉVALUER. Estimer approximativement quelques ouvrages.

ÉVIDEMENT. Refouillement fait dans une pierre. — Un *évidement simple* est celui dont la partie retranchée a été comptée dans le toisé avec la pierre restant en œuvre.
— L'*évidement avec déchet* est celui dont la pierre retranchée est déduite dans ce toisé.

EXCAVATION. Cavité pratiquée dans un terrain pour les fondemens d'un bâtiment.

EXHAUSSEMENT. Élévation ajoutée à un mur ou autre partie de construction.

EXTRADOS. C'est la surface convexe extérieure d'une voûte régulière, comme la surface concave intérieure, est nommée *intrados*.

EXTRADOSSÉ. On se sert de cette épithète pour exprimer que la surface d'une voûte n'est pas brute, mais au contraire que les queues des pierres sont coupées égale-

FA.

extradossées d'égale épaisseur.

F.

FAÇADE. On entend toujours par la façade d'un édifice
le côté par lequel on y arrive ; lorsque l'édifice est isolé,
il a encore deux façades latérales, celles qui sont en retour de la face principale, et la façade postérieure qui
lui est opposée.

FACE. Est, en architecture, toute moulure plate qu'on appelle également bandeau : telles sont les faces d'un architrave.

FAITAGE. Pièce de bois qui forme la partie angulaire
du haut d'un comble, et sur laquelle portent les chevrons. C'est aussi la table de plomb qui est sur ce faîtage,
qui est placée en chevron, et qui recouvre de chaque
côté le premier rang d'ardoises.

FAUSSE-COUPE. Est la direction d'un joint de tête oblique
à la douelle d'une voûte circulaire ; et dans une voûte
plate, telle qu'une plate-bande, c'est la direction du
joint de tête perpendiculaire au plafond, parce que dans
les voûtes circulaires, la direction des joints de tête doit
être perpendiculaire à la douelle, et qu'au contraire,
dans les voûtes plates, cette direction doit être oblique
à leur plafond. Quelquefois on cache dans l'épaisseur des
claveaux d'une plate-bande l'inclinaison des joints, en
les faisant paraître perpendiculaires à leur parement ; ce
qui s'appelle aussi *fausse-coupe.*

FAUSSE-EQUERRE. Est un instrument formé de deux
règles plates, de bois ou de fer, qui sont mobiles l'une
sur l'autre par le moyen d'une charnière ; lorsqu'il est de
fer, c'est le compas d'appareilleur : les charpentiers s'en
servent de semblables pour prendre les angles et tracer
leurs bois ; mais les menuisiers les font de bois, et s'en servent pour toutes les fausses-coupes de leurs ouvrages ;
ces derniers l'appellent aussi *sauterelle.*

FAUX-COMBLE. Est la partie la plus élevée d'un comble
brisé, qui s'étend depuis le brisis jusqu'au faîtage, et
qui a beaucoup moins de pente que la partie en mansarde, ce qui fait qu'on ne peut y faire des greniers.

FAUX-JOUR. Lumière sombre et oblique qui donne aux
objets une autre couleur que celle qu'ils ont naturellement.

FAUX-PLANCHER. Est un plancher pratiqué pour diminuer la hauteur d'une pièce d'appartement, qui ne sert qu'à former le plafond, et sur lequel on ne marche pas; on en pratique également dans les combles pour les chambres en galetas.

C'est aussi un plancher de charpente, pratiqué au-dessus de l'extrados d'une voûte, dont les reins ne sont pas remplis, tels sont ceux que l'on pratique sur les entraits des combles des églises, pour ne pas fatiguer les voûtes.

FERME. C'est l'ensemble des bâtimens destinés à une exploitation rurale; les cours, basses-cours, hangars, écuries, étables, granges, greniers, bergeries, toits à porcs, et enfin les logemens du cultivateur qui fait valoir les terres, de ses domestiques et ouvriers, etc., etc.

On appelle *ferme* dans les bâtimens, un assemblage de charpente composé ordinairement d'un entrait, de deux arbalétriers, de deux blochets, quatre liens et un poinçon; le tout placé de distance en distance pour porter les panneaux, faîtage et chevrons d'un comble. On appelle *maîtresses-fermes*, celles qui portent sur un tirant posé sur un poteau debout, ou sur une chaîne en pierre.

Fermes de remplage, celles placées entre les *maîtresses-fermes*, et qui, par conséquent, portent sur des vides; *demi-fermes*, celles qui servent à porter le comble d'un appentis, ou qui forment la croupe d'un comble. Une *ferme ronde* est celle d'un dôme ou d'un comble cintré.

FERMER. C'est dans la construction d'un arc, ou d'une plate-bande, poser la clé pour la bander; dans la construction d'une voûte, c'est poser le dernier rang de voussoirs qui en forment la clé; c'est enfin dans un cours d'assises, poser la dernière pierre, qu'on nomme *clausoir*.

Fermer une baie de porte ou de *croisée*, c'est former sur ses pieds-droits une arcade ou une plate-bande, ou y poser un linteau en charpente.

FERMETURE. Est en général ce qui sert à fermer quelque chose. On emploie ce terme pour exprimer l'arc ou plate-bande de pierre, ou linteau qu'on pose sur les pieds-droits d'une baie de porte ou de croisée. C'est aussi l'extrémité supérieure de la souche d'un tuyau de cheminée, dont on diminue l'ouverture, et qui est décorée en son pourtour extérieur de quelques moulures.

FEUILLURE. Entaille pratiquée dans les pieds-droits, poteaux d'huisserie, ou montans de dormant des baies de portes et croisées, laquelle est ordinairement d'équerre avec les tableaux, et forme un angle obtus avec l'embrasement ; les feuillures servent à recevoir les portes, croisées et persiennes.

FIL. C'est dans la pierre, une petite fente ou veine tendre qui divise la masse dans le sens de sa hauteur.

FILARDEUX. Se dit des marbres et des pierres qui ont des fils ; les marbres de Languedoc sont filardeux.

FILET. Petite moulure carrée, qui en accompagne ou en couronne une autre plus grosse. Un *filet de couverture* est un petit solin en mortier ou en plâtre qu'on fait sur les dernières tuiles ou ardoises de la couverture d'un appentis, pour les sceller et les retenir en place.

FLÈCHE. C'est, dans un arc, la ligne qui, passant par le milieu de l'arc, est perpendiculaire à la corde.

FOND. Mur de fond, pan de bois de fond ; c'est en général une construction élevée à-plomb depuis la fondation jusqu'au haut d'un bâtiment.

FONDATIONS. C'est la partie d'un bâtiment qui est au-dessous du sol, et qui supporte toutes les constructions supérieures. Il y a différentes sortes de fondations, les unes ont rapport à la nature du fond où on les établit, les autres à la manière dont on les établit.

Les *fondations sur terre ferme ou sur le roc*, sont celles où, après avoir fait la fouille des terres, dans toute l'étendue du bâtiment projeté, ou seulement des tranchées jusqu'à une certaine profondeur, on trouve une terre ferme et neuve, ou un roc qui présente de la solidité, sur lequel on établit les murs de face, de refend, etc.

Les *fondations sur le roc avec encaissement*, sont celles où après avoir taillé le roc par ressauts de niveau, on en borde les alignemens avec des cloisons de charpente en forme de coffre, dont le bord supérieur est établi horizontalement pour recevoir les premières assises de la maçonnerie. (Voy. pl. 2, fig. 22, 23 et 24.)

Les *fondations à pierres perdues*, sont celles où l'on jette d'abord un lit de pierres ou de moellons, sur lequel on fait un lit de chaux ou de mortier, et ainsi de suite alternativement, dans un espace beaucoup plus large que le mur qu'on veut élever, ayant soin de faire un talus qui soit au moins le double de l'enrochement qu'on élève alors à la hauteur ordinaire ; sur cet enrochement, on établit des grillages couverts de madriers sur lesquels on pose l'édifice.

Les *fondations sur pilotis*, sont celles où l'on commence à enfoncer des pieux, sur lesquels on établit un grillage de charpente, et ensuite, on y pose la maçonnerie par assises de niveau (fig. 19, 20, 21). Les *fondations par piles*, sont celles où on établit de distance en distance des piles de maçonnerie entre lesquelles on bande des arcades, qui s'arc-boutant entr'elles, forment un ensemble solide, sur lequel on élève ensuite l'édifice (fig. 25). Une *fondation continue*, est celle qui est faite dans un terrain fouillé de niveau, et qui est continuée à la même profondeur sans interruption (fig. 18).

FONDER. Faire les fondations d'un édifice sur un terrain solide, ou que l'on a rendu solide par les moyens indiqués par l'art de la construction.

FORME. Lit de recoupe ou de poussier que l'on étend sur l'aire d'un plancher pour le carreler. C'est aussi la couche de sable sur laquelle le paveur pose son pavé.

FOSSE D'AISANCES. C'est le lieu pratiqué en meulière avec un enduit de mortier au-dessous ou au niveau du sol des caves, dont le fond est pavé, pour recevoir les matières qui tombent par les tuyaux des cabinets d'aisances. On appelle *fosse à chaux*, une cavité fouillée dans la terre pour faire couler et conserver la chaux éteinte.

FOUETTER. C'est jeter sur le lattis d'un plafond, du plâtre clair avec un balai de bouleau neuf, pour le crépir et l'enduire ensuite.

FOUR. Construction de maçonnerie servant à cuire différentes matières. Ceux *de boulanger et de pâtissier*, sont construits à hauteur d'appui; leur forme intérieure est circulaire ou elliptique; la voûte très surbaissée et appelée *chapelle*, est de briques et tuileaux posés avec mortier de terre franche. L'aire est pavée de grands carreaux de terre cuite, posés avec mortier de chaux et terre glaise; tout le reste de la maçonnerie se fait en mortier de sable ou en plâtre; ces fours n'ont qu'une seule ouverture pour y allumer le feu, pour la sortie de la fumée, et pour y introduire le pain et la pâtisserie.

FOYER. Est dans une cheminée, la partie horizontale comprise entre les jambages et le contre-cœur, il est ordinairement carrelé en carreaux de terre cuite. C'est aussi la dalle en pierre ou en marbre, que l'on place au-devant du jambage, lorsque le plancher est revêtu d'un parquet en menuiserie.

FRISE. Est en général toute partie lisse placée horizontalement et unie, employée dans la décoration; dans l'architecture, c'est la partie de l'entablement comprise entre l'architrave et la corniche; quelquefois elle est ornée de sculptures.

FRONTISPICE. C'est la face principale d'un édifice de quelqu'importance.

FRONTON. Est une corniche triangulaire ou formée d'un segment de cercle, qui fait le couronnement d'un corps de bâtiment, d'une porte, d'une croisée ou d'une niche ; la partie lisse qui reste entre la corniche horizontale et la corniche rampante se nomme *tympan*.

FRUIT. C'est une petite diminution en talus et de bas en haut d'un mur de face, qui lui donne par dehors une inclinaison peu sensible, mais nécessaire ; c'est le contraire de *surplomb*.

FUT. Partie cylindrique d'une colonne entre la base et le chapiteau, laquelle est diminuée par le haut d'un sixième de son diamètre. Le fût d'un piédestal est le dé carré entre sa base et sa corniche.

G.

GACHER. C'est détremper du plâtre avec de l'eau pour l'employer. — *Gâcher serré* ; c'est mettre du plâtre seulement jusqu'à ce que l'eau qui est dans le fond de l'auge soit bue : il sert alors à ourder les murs. — *Gâcher clair* ; c'est mettre de l'eau de manière qu'il soit liquide ; il sert alors à gobeter et à enduire.

GALETAS ou *greniers*. Étage pris dans le comble d'un bâtiment, et qui par conséquent n'est point carré, mais lambrissé et éclairé par des lucarnes.

GARDE-FOU. Est en général une balustrade posée au bord des lieux élevés, pour empêcher la chute des personnes qui s'en approchent, tels sont les appuis de croisées, les rampes d'escaliers, les murs en bahuts ou les appuis en charpente des ponts. On appelle aussi *lice* ceux en charpente.

GARDE-ROBE *à l'anglaise*. Cuvette de faïence ou de porcelaine, ovale, fermée par un piston et lavée par un robinet qui y est toujours attaché. Les cuvettes rondes sans réservoirs, se nomment *demi-anglaises*.

GARGOUILLE. Dalle de pierre recreusée pour l'écoulement des eaux. On en fait aussi en moellon avec des enduits de ciment.

GARNIS. Petits éclats de moellon ou de meulière que le maçon introduit entre les joints des murs pour les remplir.

GAUCHE. On appelle *gauche* toute surface qui n'est pas exactement plane, c'est-à-dire qui n'a pas ses quatre angles dans le même plan.

GÉOMÉTRAL. On appelle ainsi l'élévation d'un édifice dessiné sur une échelle sans le secours de la perspective.

GÉOMÉTRIE. Science qui enseigne à mesurer l'étendue dans toutes ses dimensions. Elle est indispensable à tous les arts relatifs à la construction.

GERÇURE. *Crevasse* ou *lézarde*; c'est une fente dans les enduits en plâtre ou en mortier.

GIRON. Est la largeur d'une marche d'escalier, sur laquelle on pose le pied. Lorsque la marche est d'une même largeur dans toute leur longueur, soit en ligne droite, soit en ligne courbe, on l'appelle *giron droit*. Lorsqu'au contraire elle est étroite au collet, et s'élargit jusqu'au mur de la cage, on le nomme *giron dansant*.

GLACIS. C'est la pente que l'on doit toujours donner à la surface supérieure d'une cymaise d'entablement, pour l'écoulement des eaux pluviales. On appelle aussi de ce nom une pente douce que l'on fait pour racheter la différence de hauteur de deux terrains.

GLAISE. Terre grasse et compacte qui, étant lavée et pétrie, sert à faire des ouvrages de poterie, de la tuile, de la brique, du carreau, des boisseaux de chausse d'aisance, etc. On s'en sert aussi pour faire des corrois pour retenir l'eau dans les bassins, réservoirs, batardeaux, etc. La meilleure doit être d'une couleur verte bleuâtre, d'un grain fin, douce au toucher, sans mélange de marne et d'autres terres.

GLAISER. Faire un corroi de glaise bien pétrie et battue au pilon ou aux pieds.

GOBETER. Jeter avec la truelle du plâtre gâché ou du mortier contre un mur, ou sur un lattis, et passer la main dessus pour le faire entrer dans les joints, afin de l'enduire ensuite à la truelle.

GODETS. Sont des espèces de petits bassins que les maçons font avec du plâtre sur les joints montans des pierres, pour y mettre du coulis, lorsqu'elles sont trop serrées pour les ficher.

GORGE. C'est une moulure concave, plus large et moins profonde que la scotie, que l'on emploie notamment dans les profils de menuiserie. Une *gorge de cheminée* est le filet en plâtre qui raccorde le manteau avec la naissance *du tuyau*.

GORGERIN. Est, dans les chapiteaux toscan et dorique

la partie qui est entre l'astragale du haut du fût et les moulures du chapiteau.

GOUGE. Outil arrondi et taillant en forme de rigole, qui sert à pousser à la main les moulures en plâtre, en raccordant des parties traînées au calibre.

GOULOTTE. Espèce de caniveau creusé sur la surface supérieure de la cymaise d'un entablement en pierre, pour l'écoulement des eaux, soit par les gueules sculptées de distance en distance sur cette cymaise, soit par les tuyaux de descente disposés pour les recevoir.

GOUSSET. Languette en plâtre, pratiquée à l'intérieur d'un tuyau de cheminée, pour diriger la cheminée ou pour envelopper le bout d'une pièce de bois.

GOUTTE. Ornement de sculpture qu'on taille sous le plafond de la corniche dorique, et au bas des triglyphes; il y en a qui ont la forme de petit cônes, et d'autres, de petites pyramides carrées; elles représentent des gouttes d'eau.

GRAS. Se dit du mortier où il y a beaucoup de chaux, c'est aussi l'excès d'épaisseur dans une pierre, ou dans une pièce de bois, pour la place où ils doivent être posés : on dit qu'un tenon est gras, lorsqu'il ne peut entrer dans la mortaise. — Se dit aussi de l'excès d'ouverture d'un angle, dans le joint de lit d'un voussoir.

GRAVIER. Est le gros sable qu'on trouve au fond et sur le bord de la mer et des rivières, composé de petits cailloux mêlés de fragmens de pierres; on s'en sert pour ferrer les chemins et les allées de jardins.

GRAVOIS. Menues démolitions d'un bâtiment, et particulièrement des ouvrages en plâtre.

GRÈS. Espèce de roche qui se forme dans les endroits sablonneux, et qui est de deux sortes, l'une dure qui sert à paver, et l'autre tendre, avec laquelle on peut bâtir; c'est ce qu'on appelle *construction en gresserie.*

GRESSERIE. Se dit des ouvrages faits de grès, et de la carrière d'où on tire cette matière.

GRÈVE. Gros sable que l'on trouve sur les rives des fleuves et des rivières, et dans quelques parties de la terre. Ce sable fait de bon mortier.

GRILLAGE. Assemblage de pièces de bois qui se croisent, qu'on place sur un terrain de glaise ou d'argile, pour y asseoir les fondations d'un édifice; lorsque le terrain est marécageux, ce grillage est posé sur des pilots enfoncés au refus du mouton.

GRUAU. Machine qui sert à enlever les fardeaux, et qui

ne diffère de l'engin qu'en ce que la volée est oblique et un peu plus longue que le fauconneau de l'engin.

GRUE. Grande machine servant à élever les pierres et les bois de bas en haut des bâtimens. On appelle *gruau* une grue plus petite, mise en mouvement par un tourniquet. (Voyez ce mot.)

GUINDAGE. On appelle ainsi l'assemblage de mouffles, poulies, halemens et cordages, qui s'adaptent à une machine destinée à élever des fardeaux. Élever ces fardeaux, c'est les *guinder*.

GYPSE. Pierre qui se réduit en plâtre par la calcination.

H.

HACHER. Dégrossir une pièce de bois avec la hache, faire des haches ou rainures dans les pièces de bois d'une cloison, ou dans les solives d'un plancher pour le hourder.

C'est, dans la maçonnerie, couper avec la hachette le parement d'un vieux mur, pour y faire des renformis, un crépi et un enduit nouveau, ou pour y faire une tranchée.

HACHETTE. C'est une espèce de marteau de maçon, dont la panne est tranchante. Son nom désigne assez son usage.

HANGAR. Sorte de bâtiment soutenu par des piliers en pierre ou des poteaux en bois, et couvert d'un comble à un ou à deux égoûts, à l'usage de remise dans les basses-cours, de magasins, d'ateliers, de bûchers, etc.

HARPES. On nomme ainsi, dans la maçonnerie, les pierres qu'on laisse saillantes à l'extrémité d'un mur, pour faire liaison avec la continuation qu'on pourra faire par la suite; ce sont aussi, dans les chaînes de pierre, jambes sous poutre et jambes étrières, les pierres plus longues que les carreaux qui se lient avec la maçonnerie de moellons ou de briques.

HAUBAN. C'est un très gros cordage que l'on adapte à une chèvre ou à une autre machine par l'une des extrémités, et de l'autre, a un pieu, à un arbre, ou à un bâtiment voisin, pour le maintenir dans la direction verticale. Une machine se maintient ainsi à l'aide de deux ou trois haubans.

HAUBANER. C'est attacher à un pieu ou à quelqu'autre objet solide, le hauban d'une chèvre ou d'une autre machine.

HAUTEUR. Est la troisième dimension d'un corps solide,

et s'entend quelquefois de la profondeur, comme par rapport à un puits, à une rivière; et quelquefois de leur élévation, comme par exemple *hauteur d'appui*, c'est-à-dire 81 ou 98 c. (2 pi. et demi ou 3 pi.) de haut; *hauteur de marche*, c'est-à-dire 13 à 16 c. (5 à 6 po.) de haut; on dit encore qu'un bâtiment est arrivé à *hauteur*, lorsque les dernières assises ou les arrases sont placées pour recevoir le comble.

HÉBERGE. C'est l'étendue, tant en longueur qu'en hauteur, qu'occupe un bâtiment voisin sur un mur mitoyen.

HEBERGER. Elever un bâtiment sur et contre un mur mitoyen.

HÉLICE. Est en général une ligne courbe, qui tourne obliquement autour d'un corps rond, comme le filet d'une vis autour de son noyau cylindrique.

On nomme aussi *hélices* les petites volutes qui se réunissent sous le milieu de chaque face du tailloir du chapiteau corinthien, au-dessous de la rose.

HEMICYCLE. Les maçons entendent, par ce terme, l'arc d'une voûte, qu'ils divisent en un nombre impair de parties égales pour former les voussoirs et la clé.

Ils appellent du même nom le panneau ou cherche de bois ou de carton, qui sert à tailler les voussoirs et à construire un arc de voûte.

HEURT. Est l'endroit le plus élevé de la pente d'une rue, d'une chaussée, ou d'un pont.

Un *heurt de conduite* est la partie d'un tuyau de conduite qui est plus élevée qu'elle ne devrait être, relativement à son niveau de pente, par quelque obstacle qui se rencontre dans sa direction.

HORIZONTAL. Se dit de tout ce qui est de niveau ou parallèle à l'horizon.

HORS-ŒUVRE. Mesure prise en dehors d'un objet. *Dans œuvre* est la mesure prise en dedans. *Reprendre en sous-œuvre*, c'est reprendre des murs par-dessous, en étayant les parties supérieures. *Mettre en œuvre*, c'est employer des matériaux, les façonner et les mettre en place. (Voir le mot *œuvre*.)

HOTTE. Partie d'un tuyau de cheminée de cuisine, depuis le manteau jusqu'au plancher. On donne aussi ce nom à une cuvette en entonnoir qui reçoit les eaux ménagères, à l'extrémité d'un tuyau de descente.

HOURDER. C'est remplir en garnis un pan de bois, un plancher ou des murs liaisonnés avec du mortier ou du plâtre.

HOURDIS. Ouvrage de maçonnerie en plâtre ou en mortier grossièrement fait avec moellons ou plâtras. C'est également la première couche de gros plâtre qu'on met, sur un lattis, pour former l'aire d'un plancher. On dit également *hourdage*.

HYDRAULIQUE. Science qui enseigne à mesurer, conduire et élever les eaux ; on appelle *architecture hydraulique*, celle qui a pour objet la construction des ports, ponts, digues, jetées, murs de quais, canaux de navigation, etc.

I.

IMPOSTE. Assise en pierre qui termine un jambage ou pied-droit, et sur lequel pose le coussinet ou sommier d'une arcade. Une imposte est toujours décorée de moulures.

INCERTAIN. Se dit des joints de la maçonnerie ou du pavé, qui sont sans ordre ou sans proportion, et où on a employé les matériaux dans l'état où ils se trouvent, sans les tailler ni les équarrir.

INCRUSTEMENT. C'est un carreau de pierre neuve à la place d'un autre, dans une assise.

INDIVIS. Se dit d'un terrain, d'une maison ou d'une propriété quelconque appartenant en commun à divers propriétaires, dont ils jouissent en communauté, en partageant entr'eux les fruits et revenus, suivant leurs droits.

INSPECTEUR. C'est l'architecte en sous-ordre, préposé pour veiller à la construction d'un bâtiment selon les plans arrêtés, à ce qu'on n'y emploie que de bons matériaux, que les proportions en soient exactement observées, et enfin à ce que les travaux s'exécutent suivant les règles de l'art.

INTRADOS. Surface intérieure d'une voûte, d'un arc, d'un voussoir, d'une plate-bande.

IONIQUE. (Voyez *Ordres*).

ISOLEMENT. C'est la distance entre deux choses, telle est la distance entre une colonne et un pilastre; entre une forge et un mur mitoyen ; entre une fosse d'aisances et un puits, etc.

J.

JALON. Bâton pointu par un bout pour le ficher en terre,

et fendu par l'extrémité supérieure pour y mettre une carte, dont on se sert pour former des lignes droites, et des bases sur le terrain, soit pour lever un plan, soit pour tracer les alignemens d'un bâtiment, d'un jardin, des avenues et allées d'un bois, d'un grand chemin. Il y a des jalons façonnés, garnis de planchettes pour les mêmes opérations.

JAMBAGE. Construction de maçonnerie élevée à-plomb, pour soutenir quelque partie d'un bâtiment. Il diffère du trumeau en ce qu'il est accompagné de quelque saillie, comme pilastre, dosseret ou chambranle, et que le trumeau est simple et nu. On le nomme également pied-droit. Les *jambages de cheminée* sont les deux petits murs en plâtre ou en brique aux deux côtés de la cheminée, et qui portent le manteau. Les *jambages de porte, de croisée* ou *d'arcade*, sont les piliers aux deux côtés, qui reçoivent la retombée de l'arcade, ou qui portent le linteau de la porte ou de la croisée.

JAMBE ÉTRIÈRE. C'est un pilier en pierre qui fait partie d'un mur de face élevé entre deux propriétés, dont les assises sont en partie engagées dans le mur mitoyen, et forment en même tems tableau de porte cochère, d'allée ou de boutique. Une *jambe d'encoignure* est celle qui fait l'angle des deux faces d'un bâtiment isolé. Une *jambe sous poutre* est celle engagée dans le corps du mur en maçonnerie, et qui est élevée sous la portée des poutres : c'est ce qu'on nomme des *chaînes*. Une *jambe boutisse* est celle dont la queue des assises est engagée dans un mur de refend, en sorte que les deux paremens sont en joints, et qu'un des joints fait parement.

JARRET. Se dit de l'imperfection d'une ligne ou d'une surface qui devrait être parfaitement droite et régulière, comme un parement de mur, et qui forme des sinuosités. L'on dit une *voûte jarretée*, un *pilastre*, une *arête jarretée*.

JAUGER. C'est appliquer une mesure d'épaisseur ou de largeur aux deux extrémités opposées d'une pierre ou d'un ouvrage quelconque, pour en faire les arêtes et les côtés opposés parallèles.

Les ouvriers de bâtimens se servent de ce terme, au lieu de celui de *mesurer*, lorsqu'ils examinent si différentes pièces ont la même largeur ou la même épaisseur.

JETÉE. Ouvrage de maçonnerie, solidement construit à l'entrée d'un port, pour lui servir d'abri, briser l'impétuosité des vagues, et à l'extrémité duquel on construit quelquefois un fort pour en défendre l'entrée.

JOINTOYER. C'est remplir les joints des pierres avec du mortier, après qu'un bâtiment est totalement élevé, et qu'il a pris sa charge, et avec mortier de ciment et chaux hydraulique pour les ouvrages construits dans l'eau.

JOINTS. C'est en général l'espace qui reste entre deux pierres posées. On remplit ces joints avec du plâtre ou du mortier; ils sont ou verticaux ou inclinés ou horizontaux, soit qu'il s'agisse d'assises de murs, ou d'arcades de voûte, etc. Les *joints en coupe* sont ceux inclinés tendant au centre des claveaux d'une voûte, d'une arcade ou d'une plate-bande. *Joints de tête*, ceux en coupe apparens, et formant parement à la douelle d'une voûte, ou au plafond sous une plate-bande. *Joints dérobés*, ceux d'aplomb sur la face, et inclinés sur le derrière des claveaux; *joints mâles et femelles*, dont l'un porte un tenon, et l'autre une entaille.

JOUÉES *de lucarnes*. Ce sont les côtés triangulaires qui sont hourdés et enduits en plâtre; on les arme quelquefois d'ardoises à l'extérieur.

JOUR. Est en général toute ouverture dans un mur ou dans un comble pour éclairer les différentes parties d'un bâtiment. Un *jour droit* est toute baie de porte ou de croisée ouverte carrément dans un mur. Un *jour à-plomb* est toute baie percée au sommet d'une voûte, ou qui est communiquée par une lanterne pratiquée dans un comble. Un *jour d'escalier* est l'espace carré, rond, ovale ou de toute autre figure, qui reste vide entre les limons et noyaux droits ou rampans d'un escalier.

L.

LAIT DE CHAUX ou *laitance*. Est de la chaux détrempée avec une grande quantité d'eau, que l'on emploie pour blanchir les murs et les plafonds, et notamment dans les endroits où il n'y a pas de plâtre.

On l'emploie aussi dans les écuries, pour les nettoyer, lorsqu'il y a eu des chevaux malades.

LAMBRIS. Plafonds rampans qui se font sous les combles.

LANCIS. Moellons, meulières ou garnis, que l'on met de distance en distance dans de vieux murs, en remplacement de ceux qui sont pourris ou délités.

LANGUETTE. Petit mur en plâtre de 8 c. (3 po.) d'épaissenr, ou en brique, de 5 ou de 11. c. (2 ou 4 po.) pour les tuyaux de cheminées. On nomme *languettes de face*, celles sur le devant d'un tuyau ; et *languettes costières*, celles en retour ; *languettes de dossier*, celles du fond ; *languettes de refend*, celles qui séparent deux tuyaux dans une souche de plusieurs cheminées.

On appelle *languette de puits*, un petit mur pratiqué en contre-bas, dans le milieu d'un puits ovale et mitoyen, pour empêcher qu'on ne puisse communiquer d'une des deux maisons à l'autre.

LANTERNE. Espèce de petit clocher construit au sommet d'un dôme, pour servir d'amortissement, comme aux Invalides, au Panthéon, au Val-de-Grace, etc. ; ou sur un comble, soit pour y loger une horloge, comme à l'Hôtel-de-Ville de Paris, soit pour donner du jour à un corridor, à une galerie, ou à un escalier.

LARMIER. Membre carré d'une corniche ou d'un entablement dont le plafond est refouillé en canal pour faire égoutter l'eau, et qu'on appelle *mouchette*. On fait aussi un larmier sous les saillies d'un chaperon de mur de clôture, sous un appui de croisée, etc.

LATTE. Bois de chêne refendu suivant son fil, dans les forêts, elle a 1 m. 30 c. (4 pi.) de long sur 34 à 41 mil. de large, et 5 à 7 mill. d'épaisseur ; elle est employée par les maçons pour les légers ouvrages, et par les couvreurs, pour la couverture en tuile.

LATTER. Attacher, clouer des lattes sur les chevrons d'un comble, sur les poteaux d'une cloison, sur les solives d'un plancher, pour recevoir l'aire, etc. *Latter à claire-voie*, c'est attacher des lattes éloignées les unes des autres comme on le pratique pour une cloison pleine, où elles servent à retenir les garnis placés entre les poteaux.

LATTIS. On appelle ainsi l'arrangement des lattes sur les solives d'un plancher ou sur un pan de bois, sur les chevrons, etc.

On appelle lattis à *claire-voie*, les lattes éloignées les unes des autres d'environ 11 à 14 c. (4 à 5 po.) et *lattis jointif*, lorsqu'elles se touchent.

LAVIS. C'est la manière de laver un plan d'architecture par des teintes plates, des teintes adoucies, des demi-teintes, etc. Les couleurs dont on se sert ordinairement pour le lavis, sont l'encre de la Chine, la gomme gutte, le bistre, le vert végétal, le bleu de Prusse, le carmin, et enfin d'autres couleurs secondaires toutes préparées et broyées à l'eau.

LAYE. Est un marteau bretelé, c'est-à-dire dont le tranchant est dentelé, et à l'usage des tailleurs de pierre.

LAYER. Tailler la pierre avec la laye, ou marteau bretelé; c'est le dernier travail d'un parement, que l'on frotte ensuite quelquefois en grès.

LÉGER. Se dit de tous les ouvrages de maçonnerie où on n'emploie ni pierre ni moellon, mais seulement du plâtre, des lattes et des plâtras : tels sont les crépis, les enduits, les aires de plancher, les hourdis de cloisons, les plafonds, les languettes, tuyaux, manteaux de cheminées, etc.

LEVÉE. Élévation de terre ou de maçonnerie construite en forme de digue, pour soutenir les berges d'une rivière, et empêcher le débordement, ou pour former une chaussée.

LEVIER. Pièce de bois dont on se sert dans les travaux pour soulever de gros fardeaux, en introduisant une de ses extrémités sous le fardeau, et mettant un coin ou point d'appui près de cette extrémité.

Les ouvriers l'appellent *pince* lorsqu'il est en fer; on s'en sert également pour faire agir le treuil d'une chèvre, d'une grue, l'arbre d'un cabestan, etc.

LÉZARDE. Fente qui se fait dans les murs en maçonnerie, ou dans les plafonds et enduits en plâtre, par suite du tassement, ou de l'écartement des constructions.

LIAIS. Pierre très dure et très fine que l'on tire des environs de Paris.

LIAISON. C'est placer les pierres les unes sur les autres, par lit de niveau, de telle manière que les joints montans d'un lit répondent au milieu des pierres du lit qui est au-dessous. Une *liaison de brique* s'entend de celle où l'on n'emploie que des briques posées en liaison, de la même manière que les pierres. La *liaison de brique et moellon* est celle où après avoir posé une ou plusieurs assises de moellon, on met au-dessus trois ou quatre assises de briques, qui forment ensemble la hauteur d'une assise de moellon, et ainsi de suite alternativement dans toute la hauteur d'un bâtiment ou d'un mur de clôture. Le *moellon en liaison* est un mur construit en moellons posés en liaison par assises de niveau et d'appareil, c'est-à-dire, de même hauteur, bien équaris, dont le parement est piqué, et dont les joints montans et des lits sont tirés à la règle.

LIAISONNER. Arranger les matières en liaison dans la construction d'un édifice.

LIBAGE. Quartier de pierre qu'on équarrit à paremens bruts, et qu'on emploie dans les fondations; on tire les libages du ciel des carrières ou des bancs inférieurs : c'est aussi toute pierre de taille qu'on ne peut employer que dans des ouvrages semblables, parce qu'il s'y trouve quelque fil ou moie.

LIERNE. Nervure d'une voûte d'ogive partant de la clé aux tiercerons.

LIGNE. C'est l'étendue en longueur seulement ; la distance d'un point à un autre; elle a différentes significations dans les arts. La *ligne de niveau* est parallèle à l'horizon, et se trace avec une règle et un niveau. Une *ligne de pente* est celle qui est tendue d'un point haut à un autre plus bas, comme celle d'un limon d'escalier. La *ligne en talus* est aussi en pente, mais suivant la largeur, et approchant de la perpendiculaire comme les paremens extérieurs des murs de terrasse. Une *ligne à-plomb* est verticale ou perpendiculaire à une ligne de niveau. Une *ligne d'eau* était l'ouverture d'un tuyau, la 144e partie d'un pouce d'eau; la ligne d'eau donnait à peu près 125 litres par jour.

LIMON. Assise de pierres rampantes et en coupe, qui porte l'extrémité des marches d'un escalier sur lequel pose la rampe.

LIMOSINAGE. ou *limosinerie*. Maçonnerie en moellon bourru, hourdé en mortier, sans être parementé ; c'est ainsi que l'on construit les fondations d'un bâtiment.

LIMOSINS. Ouvriers qui ne font que des murs. On les appelle ainsi, parce qu'ils sont presque tous originaires de cette ancienne province de France.

LINÉAIRE. Terme générique de toute mesure qui n'a qu'une dimension, la longueur : ainsi on dit un *mètre*, une *toise linéaire*.

LISSE. Se dit, dans l'architecture, de toutes les parties unies sans aucun ornement, comme une frise, les faces d'un architrave, le fût d'une colonne sans cannelures, etc. On appelle aussi *lice*, une barrière d'appui en charpente.

LISTEL. Petite moulure carrée qui en accompagne une plus grande, ou qui sépare les cannelures des colonnes.

LIT D'UNE PIERRE. C'est la surface horizontale d'une pierre, telle qu'elle se trouvait dans la carrière; le *lit de dessus* est celui sur lequel on pose l'assise supérieure. On appelle *lit brut*, celui qui n'est pas ébousiné; si les lits sont inclinés comme pour les claveaux d'arcades ou plates-bandes ; on les nomme *lits en joints;* s'ils ne sont pas couverts d'une autre assise, comme par exemple, le dessus d'un babut de mur, on les appelle *lits en parement.*

LONGIMÉTRIE. Est une partie de la géométrie pratique, qui enseigne l'art de mesurer les longueurs, tant accessibles qu'inaccessibles.

LOUVE. Machine de fer qu'on engage dans le lit supérieur d'une pierre qu'on veut enlever, pour la mettre à la place qui lui est destinée.

LOZANGE. Figure géométrique à quatre côtés égaux, deux angles aigus et deux angles obtus.

LUCARNE. Est toute baie ouverte dans un comble, pour donner du jour aux chambres de cet étage, et aux greniers qui y sont pratiqués; il y en a de différentes façons, qui chacune ont leur nom. Une lucarne *flamande* ou *mansarde,* est celle construite en maçonnerie ou charpente, élevée sur l'entablement même, et couronnée quelquefois d'un fronton. Une *lucarne-demoiselle* est une petite lucarne construite en charpente, qui porte sur les chevrons, et est couverte d'un petit comble à deux égoûts. Une *lucarne à la capucine,* est celle dont la couverture est en forme de croupe.

LUNETTE. Est une baie voûtée pratiquée dans les côtés d'une voûte ou dans un dôme. On l'appelle *biaise,* lorsqu'elle coupe obliquement le berceau, et *rampante,* lorsque son cintre est irrégulier, comme sous une rampe d'escalier.

M.

MACHINE. C'est en général l'assemblage de différentes pièces de bois ou de fer, disposées de manière qu'elles puissent servir à augmenter et à suppléer les forces de l'homme, du cheval, ou des eaux, etc., tels sont l'engin, la grue, la chèvre, le cabestan, les presses et machines hydrauliques, etc.

MAÇON. C'est l'ouvrier qui fait tous les ouvrages en plâtre; dans certaines provinces de France, et notamment dans le midi, on l'appelle *plâtrier:* dans les ateliers de peu d'importance, le maçon est aussi *limosin,* c'est-à-dire qu'il construit des murs, et *poseur,* parce qu'il pose la pierre, les dalles, les appuis, etc.

C'est aussi un entrepreneur qui se charge de la construction d'un édifice, au mètre ou en bloc, pour laquelle il emploie des compagnons maçons, des tailleurs de pierre et autres ouvriers qu'il paie à la journée ; le maçon-entrepreneur est subordonné à l'architecte qui a fait les plans, coupes et élévations, et qui dirige les travaux dans l'intérêt de l'art et du propriétaire.

MAÇONNERIE. Est l'art de construire d'après les procédés propres aux maçons, et d'employer et de placer convenablement les matériaux.

MADRIER. Est toute pièce de bois méplate, de 5 c. à 11 c. (2 à 4 po.) d'épaisseur, sur 27, 35, 40 et 48 c. (10, 12, 15 et 18 po.) de largeur; on s'en sert sur des pilotis et au fond des tranchées dans les terrains de mauvaise consistance, pour asseoir les fondations des murs; on s'en sert également pour soutenir les terres dans les fouilles des mines; les madriers de sapin servent aux échafaudages des maçons.

MAGASIN. Lieu où l'on met à couvert des injures de l'air, des matériaux, des bois, des marbres, etc. C'est, dans un atelier de maçon, un hangar fermé, ou un petit bâtiment fait à la légère, qui sert à renfermer les équipages, les échelles, les cordages, les outils, les mouffles et poulies, les carreaux de terre cuite, la latte, etc.

MALFAÇON. Se dit dans les différens travaux de bâtimens, de tout défaut de matière ou de construction, provenant ou d'une économie mal entendue, ou de l'infidélité, de l'ignorance ou de la négligence de l'ouvrier; ainsi, par exemple, la malfaçon en maçonnerie peut consister à ne pas poser les pierres sur leur lit, à ne pas faire un cours d'assises de la même épaisseur dans toute la longueur, ou de le fermer d'un trop petit clausoir; de poser des pierres dont les paremens sont gauches, d'élever des murs qui n'ont pas l'empatement, la retraite et le fruit suffisans; de laisser des jarrets et balèvres aux voûtes; d'y asseoir des pierres ou des moellons à plat au lieu de les mettre en coupe; d'employer du mortier où il n'y a pas une quantité suffisante de chaux, ou bien en mettre trop; employer du plâtre éventé ou noyé; de ne pas faire, ou de faire des plaquis et incrustations dans des murs d'une épaisseur médiocre; de ne pas bien clouer le lattis pour les enduits et les plafonds, etc., etc.

En couverture, c'est employer de la tuile mal cuite, de l'ardoise de mauvaise qualité; de leur donner trop de pureau, de ne pas les attacher sur le lattis, de faire des plâtres trop maigres, etc.

En carrelage, c'est employer du carreau de mauvaise qualité ; de mêler trop de poussière dans le plâtre avec lequel on le pose ; d'en faire les joints trop larges.

En pavage, c'est employer du pavé tendre ou trop plat ; de laisser la forme à sec , etc.

MANŒUVRE. C'est l'aide qui sert un maçon, un couvreur, un paveur, pour gâcher le plâtre, apporter les matériaux, faire le mortier, etc.

MANSARDE. On appelle ainsi le comble brisé dont le célèbre architecte Hardouin Mansard s'est servi pour la couverture des principaux édifices bâtis sur ses dessins sous le règne de Louis XIV, mais dont on ne devrait pas lui attribuer l'invention, puisque l'abbé de Clagny en avait construit avant lui au vieux Louvre.

MANTEAU. C'est la partie d'une cheminée composée des jambages et de la traverse. Le *manteau en fer* est la barre de fer, droite ou cintrée, servant à soutenir la traverse ; elle porte sur les jambages, et ses extrémités étant coudées, sont scellées dans le mur dossier.

MARCHANDER. C'est, dans les travaux, entreprendre un ouvrage de maçonnerie ou d'autre nature pour un certain prix : les entrepreneurs, et notamment les menuisiers et les serruriers, prennent souvent des *marchandeurs* pour établir les ouvrages dont ils sont chargés.

MARCHE. C'est la partie de l'escalier sur laquelle on pose les pieds ; le devant se nomme *la hauteur* ; le dessus, *le giron* ; la longueur est *l'emmarchement.* On dit qu'une marche est *droite*, lorsqu'elle est renfermée entre deux lignes parallèles ; *gironnée* ou *dansante*, lorsqu'elle a plus de giron d'un côté que de l'autre ; *chanfreinée*, si le devant est taillé en chanfrein ; *délardée*, lorsque le dessous est chanfreiné : la *marche palière* est la dernière d'un étage, qui fait le bord du palier et le dessous de la première marche de la révolution du dessus.

MARCHÉ. Est, dans les travaux, une convention par écrit, faite entre le propriétaire qui veut faire contruire, et son entrepreneur, dans laquelle on fixe d'avance les prix des ouvrages, suivant les dessins et les devis ; un marché doit être fait double entre les parties.

Un marché à la toise est celui où l'on convient du prix pour chaque toise ou mètre courant superficiel, ou cube de chaque nature d'ouvrage, soit de maçonnerie, soit de carrelage , soit de couverture, etc.

Un marché au rabais est celui qui constate les prix fixés pour les différentes natures d'ouvrages, au mètre ou en bloc, sur les devis ou marchés, et par lequel on adjuge les travaux à l'entrepreneur qui s'offre de les faire au plus bas prix.

Le marché dit *les clés à la main* est une convention par laquelle l'entrepreneur s'oblige à faire un ouvrage conformément aux dessins et devis, pour une certaine somme, et de le rendre confectionné dans un délai fixe par cette convention, sous la peine d'un dédit et de paiement de dommages et intérêts, etc.

MARDELLE. Est une pierre dans laquelle est percé un trou rond ou ovale, suivant le diamètre ou la forme d'un puits; et qui est posée à hauteur d'appui, pour former la dernière assise du mur circulaire qui le forme.

MARTEAU. C'est un outil que tout le monde connaît. Il prend différentes formes, en raison des professions de bâtimens. On appelle *marteau bretelé* ceux dont les tailleurs de pierre se servent, et dont l'extrémité en biseau est refendue en forme de dents pour layer la pierre.

Le *marteau de couvreur* est rond par la tête, pointu par la panne, et a un manche de fer plat, avec un biseau des deux côtés; il sert à tailler l'ardoise.

Le *marteau du paveur* est également rond par la tête, pointu par la panne, et emmanché en bois; il sert à fouiller la terre et à frapper le pavé.

Il y en a un autre qui sert à fendre le pavé : celui-ci a deux pannes droites; et un troisième semblable au dernier, mais plus petit, qu'on nomme *portrait*, et qui sert à refendre et à équarrir le pavé.

MASSE. Est un gros morceau de fer en forme de parallélipipède, dans le milieu de la longueur duquel est un trou transversal pour y mettre un manche ; il y en a de diverses longueurs : celles qui ont un long manche servent à battre, à fendre, à casser la pierre, à forcer les assemblages de charpente, etc. *Masse* se dit en architecture, de l'ensemble ou de la grandeur d'un édifice. La *masse d'une carrière* se compose de plusieurs lits de pierre superposés les uns sur les autres.

MASSIF. On appelle ainsi tous les ouvrages de maçonnerie en moellons ou meulière, construits dans la terre, pour asseoir les constructions supérieures, ou pour sceller des poteaux on autres. On dit le *massif* d'un perron, d'une culée, d'une pile de pont.

On se sert aussi de cette expression pour désigner des ouvrages trop pesans, soit par rapport à la composition, soit par rapport à la matière; on dit qu'un édifice est massif, lorsque les murs en sont trop épais, que les trumeaux sont trop larges et les jours trop petits; on dit qu'un entablement est massif lorsque, par exemple, les moulures en sont trop fortes, et que sa hauteur excède le quart de celle de l'ordre dont il fait partie.

MASTIC. Composition mêlée de diverses substances détrempées avec de l'huile ou d'autres corps gras, et qui sert à faire des enduits ou à remplir les joints des dallages, ou enfin à empêcher l'humidité.

MATÉRIAUX. Se dit en général de toutes les matières qui servent à construire les bâtimens, tels que pierre, moellon, chaux, sable, ciment, bois, fer, tuile, ardoise, etc.

MÉDAILLON. C'est en architecture une table saillante en forme de médaille, sur laquelle est sculpté un bas-relief, un chiffre, une tête ou un sujet historique.

MEMBRE. Est synonyme de *moulure : un membre couronné* est une moulure accompagnée d'un filet au-dessus. Telle est la cymaise d'une corniche et le tailloir d'un chapiteau.

Un *membre creux* est une moulure qui est vue par sa concavité, comme la scotie, le cavet, etc.

MEMBRON. Grosse baguette qui termine le bas du bourseau ou du brisis d'un comble mansardé. — C'est aussi la partie de plomb qui couvre la panne d'un comble de brisis.

MESURE. Est une dimension, une unité convenue pour déterminer la grandeur, l'étendue, la quantité de quelque corps; on se servait autrefois dans la construction, de la toise, du pied de roi, etc. Aujourd'hui on se sert du mètre et du stère : dans l'architecture, on se sert du *module* qui représente toujours le demi-diamètre de la colonne.

MESURER. Appliquer une mesure certaine et connue, comme la toise ou le mètre, sur une partie de construction : pour en connaître l'étendue et les dimensions.

MÉTOPE. Intervalle carré entre les triglyphes de la frise de l'ordre dorique : dans un édifice qui exige quelque richesse, ces parties de frise sont remplies de sujets allégoriques sculptes.

MEULIÈRE. Sorte de moellon très dur et rocailleux, et quelquefois très poreux, dont on se sert dans la maçonnerie, et particulièrement dans les fondations et pour les fosses d'aisances.

MINUTE. Est une subdivision de différentes mesures; dans la géométrie, c'est la soixantième partie d'un degré, dans l'architecture civile, c'est la douzième ou la dix-huitième partie d'un module ; on nomme aussi *minute*, le toisé fait sur place, des travaux de bâtiment.

MISE EN LIGNE. C'est poser les moellons ou la pierre en parement d'un mur entre deux lignes tendues sur des broches, de chaque côté de la maçonnerie.

MITOYEN. Voyez *mur*.

MITRE. Espèce d'entonnoir ouvert des deux côtés, en tôle ou en terre cuite, que l'on place en haut d'un tuyau de cheminée. On en fait de diverses formes et grandeurs : les maçons et les fumistes en font aussi en plâtre, mais elles n'ont qu'une très courte durée.

MODÈLE. Est un original qu'on se propose d'imiter ou de copier. C'est, en architecture, la représentation en relief d'un bâtiment, ou de quelques parties d'un bâtiment, qu'on fait en petit pour connaître son effet en grand ; on le fait ordinairement en plâtre, en bois ou en carton ; les modèles sont plus intelligibles que les dessins, pour les personnes qui n'ont pas l'habitude des profils et des coupes.

On fait aussi des modèles en grand, en charpente et en plâtre, de tout ou de quelques parties de la même grandeur que l'exécution, soit pour juger du point de vue le plus avantageux, soit pour en régler les proportions suivant les règles de l'optique ; c'est ainsi qu'on avait élevé le modèle de l'arc de triomphe de l'Étoile pour l'entrée de l'impératrice Marie-Louise à Paris ; et plus récemment, l'obélisque de Luxor, sur la place Louis XV.

MODILLON. Petite console en saillie, placée sous le larmier d'une corniche, sous un balcon ou sous les appuis des croisées.

MODULE. Mesure conventionnelle ou grandeur déterminée pour régler les proportions des colonnes, des entablemens et de toutes les autres parties symétriques de la décoration et de la distribution d'un édifice ; le module est toujours le demi-diamètre de la colonne, qu'on divise en minutes et parties de minute ; Vignole le divise en douze minutes pour les ordres toscan et dorique, et dix-huit pour les trois autres ordres ; d'autres auteurs divisent le demi-diamètre, en trente minutes.

MOELLON. Pierre propre à bâtir, qui se tire des carrières à pierre, en morceaux de petites dimensions ; il y en a de dur et de tendre, le moellon dur dont on se sert à Paris, vient des carrières d'Arcueil, de Châtillon, de Bagneux ; etc. On l'emploie dans les fondations et aux murs en élévation et de clôtures, et pour le garnissage des murs en pierre.

Un *moellon d'appareil*, est celui qui est équarri comme un petit carreau de pierre, dont le parement apparent est piqué, et qu'on emploie en liaison dans les murs de face des bâtimens ou pour les retraites.

Relativement à sa position, le *moellon de plat* est celui qui est posé sur son lit; le *moellon en coupe* est celui qui, dans une voûte, est posé de champ, et taillé suivant la pente des joints des voussoirs.

On appelle *moellon bloqué*, celui posé sans être mis en ligne, comme pour les massifs.

Relativement à ses façons, on appelle *moellon brut* ou *bourru*, celui qui est posé tel qu'il est tiré de la carrière.

Ébousiné, celui qui est seulement équarri sur les lits et les joints pour lui donner plus d'assiette.

Smillé, celui qui est taillé grossièrement avec la hachette.

Et enfin *moellon piqué* celui qui est taillé à vive arête, en lit, en joint et en parement.

MOIE. C'est dans une pierre dure une partie ou filet tendre, dans le sens de son lit de carrière, et qui la fait délister. Les pierres où il se trouve des moies, doivent être mises au rebut, parce qu'elles ne résistent point aux intempéries d'une saison rigoureuse.

MONTANT. Est en général tout ce qui est d'aplomb; on appelle ainsi en architecture les petits corps saillans, ou avant-corps que l'on pratique à côté des chambranles, ou pour former des pilastres, des tables saillantes ou autres.

MONTÉE. Se dit tant de l'exhaussement des murs que de l'élévation des voûtes, des colonnes, etc. Une *montée de voussoir* ou de *claveau*, est la longueur du panneau de tête d'un voussoir ou claveau, depuis la douelle jusqu'à son couronnement.

Une *montée de voûte*, est la hauteur d'une voûte, depuis la ligne de niveau de sa naissance, jusque sous la clé : lorsqu'elle est en plein-cintre, sa montée est le rayon du cercle, ou la moitié de son diamètre; mais lorsqu'elle est surbaissée, sa montée est moindre que la moitié de son diamètre.

MONTER. Élever avec des machines, les matériaux amenés sur le tas et préparés pour les mettre en place.

MORTIER. Composition de chaux mêlée avec du ciment ou du sable, dont on se sert pour joindre et lier la pierre, le moellon et la brique. Le mortier gras est celui dans lequel il y a beaucoup de chaux. Le mortier maigre est celui dans lequel on l'a épargnée et qui ne fait pas une bonne liaison.

MOUCHETTE. Larmier d'une corniche : on l'appelle *mouchette pendante*, lorsqu'elle dépasse le nu du plafond en plâtre ; elle se fait avec une règle à mouchette, sur laquelle cette moulure est poussée, et que l'on traîne sur les parties qui doivent la recevoir.

On nomme aussi *mouchette* le plâtre qui, ayant été d'abord passé au sas, est repassé au panier, et dont on fait les gros ouvrages.

MOUFFLES. C'est l'assemblage de plusieurs poulies mobiles dans une même écharpe, qui, dans les travaux, sert à enlever les fardeaux très pesans avec très peu de forces.

MOULE. Les maçons font quelquefois faire des moules, pour couler des modillons et autres parties d'ornemens qui se répètent, et qui, devant être parfaitement semblables, tiendraient trop de tems pour être faits à la main ; ces moules se font à clé, afin de pouvoir se démonter, lorsque le plâtre est pris, et on enduit avec de l'huile les parois intérieures, pour empêcher l'adhérence du plâtre coulé.

MOULINET. Treuil horizontal ou vertical, armé de leviers, pour rouler les cordages des machines qui élèvent des fardeaux.

MOULURE. On appelle ainsi toute saillie droite, carrée ou à courbure, dont plusieurs ensemble forment des corniches des chambranles, etc. On appelle *moulures couronnées* celles qui ont un filet ou listel au-dessus.

MOUTON. Billot de bois garni de frettes ou colliers en fer, ou masse de fonte qu'on élève par le moyen d'une sonnette ou d'une manivelle, et qu'on laisse retomber sur la tête des pilotis pour les enfoncer en terre.

MUID. Mesure pour la chaux, qui contenait six futailles, ou quarante-huit minots d'un pied cube chacun ; on la livrait aussi à la futaille, contenant huit minots.

Le muid de plâtre se composait de trente-six sacs, il se subdivisait en trois voies de douze sacs chacune. Chaque sac avait environ huit pouces cubes.

MUR. Corps de maçonnerie d'une certaine épaisseur, construit en pierre de taille, moellon ou brique ; avec mortier ou plâtre ; servant à clore un terrain, ou formant les parois et les principales divisions d'un bâtiment, et qui reçoivent alors les planchers, les combles, les cheminées, les voûtes, etc.

Un *mur de clôture* est celui qui renferme une portion de terrain, comme un parc, un jardin, une cour; on leur donne ordinairement 40 à 48 c. (15 à 18 pouces) d'épaisseur, et suivant le code civil, ils doivent avoir à Paris 10 pieds (3 m. 25 c.) de hauteur sous chaperon au-dessus du terrain.

Les murs de bâtimens prennent différens noms en raison de leur situation.

On appelle *murs de fondation*, ceux qui sont au-dessous des terres; *murs en élévation* tous ceux qui sont construits au-dessus du sol.

Les *murs de face* sont les murs extérieurs, soit du côté de la rue, soit du côté des cours et jardins; ceux des deux côtés et en retour se nomment *murs latéraux*.

Les *murs de pignon*, sont ceux dont la partie supérieure à la forme du comble qu'ils terminent.

Les *murs de refend* séparent les différentes pièces d'un bâtiment dans le sens de sa largeur, et quelquefois même de sa longueur.

Un *mur en aile*, est celui qui est élevé à l'extrémité d'un autre, et dans le même alignement, ayant la forme d'un triangle rectangle, c'est-à-dire ayant environ 1 mètre de longueur par le bas, et presque rien par le haut : on prolonge ainsi les *murs dossiers* des souches de cheminées.

Un *mur dossier*, est celui en exhaussement au-dessus du pignon, pour adosser les tuyaux de cheminées.

On appelle *mur de soubassement* ou *allège*, celui de peu d'épaisseur qui forme l'appui d'une croisée : un mur *circulaire* est celui dont le plan est une circonférence de cercle; tel est celui d'une tour, d'un puits, d'un bassin, d'un dôme, etc.

Un *mur de soutenement* est celui qui soutient les terres d'une terrasse, auquel on donne une épaisseur proportionnée à sa hauteur, avec talus à l'extérieur, ou contreforts par derrière, de manière à résister à la poussée des terres. On l'appelle aussi *mur en talus*, parce que le parement extérieur est sensiblement incliné du côté des terres, ou du côté du bâtiment auquel il sert de base.

Le *mur d'appui* est celui qui sert d'appui, ou de garde-corps à un pont, à un quai, à une terrasse, n'ayant qu'à peu près un mètre de hauteur au-dessus du sol. On le nomme aussi *mur de parapet*.

Un *mur en décharge* est celui dans la construction duquel on a pratiqué de distance en distance des arcades pour reporter la charge sur d'autres points.

On construit des *murs en pierres sèches*, c'est-à-dire avec des pierres arrangées à la main, sans aucun mortier pour les liaisonner ; on les érige ainsi aux endroits où l'on veut faciliter le passage aux eaux qui filtrent dans les terres.

Un *mur crépi* est celui qui étant construit en moellons, est ensuite couvert d'un crépi en plâtre ou en mortier.

Un *mur enduit* est ravalé ensuite sur crépi, avec mortier ou plâtre dressé à la truelle.

Un *mur de douve* est le mur intérieur d'un réservoir ou d'un bassin, qui est séparé du mur extérieur par un corroi de glaise et qui est établi sur des plates-formes.

Un *mur mitoyen* est un mur construit sur les limites de deux héritages, et aux frais communs des deux propriétaires : on reconnaît qu'un mur est mitoyen, lorsqu'il est chaperonné à deux égoûts.

Un *mur pendant* ou *corrompu*, est celui qui menace ruine et qui doit être reconstruit.

Un *mur en surplomb* est celui dont le haut n'est pas d'aplomb sur le pied ; il est condamnable lorsqu'il est déversé de plus de la moitié de son épaisseur. Le mur *à fruit* est le contraire du mur en surplomb. (Voy. le mot *Fruit*).

Un *mur bouclé* est celui qui fait ventre sur l'un de ses paremens, laissant du vide dans son épaisseur, et qui est crevassé.

Un *mur déchaussé* est celui dont la fondation est dégradée au rez-de-chaussée, ou a découvert, parce qu'on a baissé le sol.

MUSIQUE. C'est ainsi que les ouvriers appellent la recoupe de pierre pulvérisée ou des vieux plâtres réduits en poudre, et qu'ils mêlent avec le plâtre, lorsqu'ils sont de mauvaise foi.

MUTULE. Espèce de grand modillon carré qui, dans la corniche dorique est placé au-dessus du triglyphe.

N.

NAISSANCE. D'une voûte, c'est le commencement de sa courbure. — C'est aussi une bande d'enduit de quelques pouces de largeur seulement, faite dans un angle rentrant, en raccordement du vieux plâtre.

NEF. Est la partie la plus vaste, la plus large et qui occupe le milieu de la largeur d'une église , où se place le peuple ; elle commence à l'entrée principale du temple et finit à la balustrade du maître-autel , ou à la clôture du chœur.

NERVURE. Est la côte saillante des feuilles qu'on emploie dans des rinceaux d'ornement, et dans les chapiteaux des ordres , et qui représente la tige d'une plante naturelle. C'est aussi les parties saillantes sur les voûtes qui forment des côtes les unes sur les autres.

Nervure, se dit encore des baguettes et filets taillés sur le galbe des consoles et modillons.

NICHE. Renfoncement pratiqué dans l'épaisseur d'un mur pour placer une statue , un groupe, un poêle, etc. Sa décoration est relative à l'ordre dans lequel elle se trouve placée. Une niche est *ronde*, lorsque le plan et la fermeture sont formés d'une demi-circonférence, comme celles de la grande façade du Louvre. Elle est *carrée*, si le pan et la fermeture sont carrés, *angulaire*, si elle est pratiquée dans une encoignure , et que la fermeture soit une trompe sur le coin; *en tour ronde*, lorsqu'elle est pratiquée dans le parement extérieur d'un mur circulaire ; et enfin *en tour creuse*, si elle est pratiquée dans le parement intérieur d'un mur circulaire.

NIVEAU. C'est l'état d'une surface parallèle à l'horizon, c'est-à-dire qui n'incline d'aucun côté ; telle est la surface de l'eau dans un réservoir, dans un bassin , etc. — C'est aussi l'instrument qui sert à tracer une ligne horizontale , ou à poser horizontalement quelque chose, ou à en déterminer et régler la pente. On dit *poser de niveau , mettre de niveau ;* un plancher, une allée est de niveau.

Il y en a de différentes sortes : niveau d'eau, d'air, à lunette, à pinnule, etc. Nous ne parlerons que de ceux en usage dans les travaux de bâtiment.—Le *niveau d'eau*, est un tuyau cylindrique de fer blanc, d'environ 4 cent. de diamètre, et de 1 mètre 30 c. à 1 mètre 60 c. de long, aux extrémités duquel on pratique deux coudes à angles droits, de 8 à 10 centimètres de long, à chacun desquels on ajoute deux bouteilles côniques en verre ; au milieu de la longueur du tube est une douille par le moyen de laquelle on peut le faire tourner horizontalement sur son pied. Un *niveau de poseur ,* est un assemblage de trois petites règles, dont deux forment un angle droit , au sommet duquel est attachée une petite ficelle, d'où pend un plomb qui passe sur une ligne tracée au milieu de la troisième règle.

Un *niveau de paveur* est une longue règle, au milieu et sur l'épaisseur de laquelle est assemblé à angle droit, un bout de planche sur lequel on a tracé une ligne d'équerre à la longue règle, au haut de cette ligne est attaché un plomb qui, en la couvrant, marque que la grande règle est de niveau.

On trace aussi avec ces instrumens des niveaux *de pente*, c'est-à-dire que l'on établit une pente réglée et uniforme dans toute la longueur d'un terrain, comme une route pavée, un terrain en talus, etc.

NIVELLEMENT. Opération par laquelle on cherche, ou on établit une ligne horizontale, ou par laquelle on règle la pente d'un terrain suivant des mesures données.

NIVELER. Chercher, établir une ligne parallèle à l'horizon, la pente d'un terrain, etc.

NOQUET. Morceau de plomb ayant la dimension d'une ardoise, et que l'on place le long des joints des lucarnes et des cheminées, et sous les crochets de service.

NOUE. C'est l'angle rentrant que forment deux combles qui se rencontrent. C'est aussi la pièce de bois qui reçoit les empanons de deux combles, qui se joignent en angle rentrant ; c'est encore les tuiles creuses que les couvreurs posent dans l'angle rentrant de la jonction de deux combles, pour recevoir les eaux.

Une *noue en plomb*, est une table de plomb, placée dans cet angle rentrant et en remplacement de ces tuiles creuses.

NOYAU. C'est un cylindre ou parallélipipède en pierre, qui monte de fond, et porte une voûte de niveau, ou rampante, au centre de laquelle il est placé, il a ordinairement la figure du lieu dans lequel il est ; ainsi dans une tour carrée, il est carré. C'est aussi un cylindre de pierre, qui monte de fond et porte le collet des marches d'un escalier à vis ; on le nomme *creux*, lorsqu'ayant un grand diamètre, on forme un vide à son centre.

NU. Est en architecture la surface nue d'après laquelle on détermine la saillie des ornemens, aussi on dit qu'un pilastre doit excéder le nu du mur d'un édifice, de tant de parties de modules ; que les moulures d'une architrave, d'une corniche, doivent avoir telle et telle saillie au-delà du nu de la frise.

O.

OBLIQUE. Se dit de tout ce qui n'est pas exactement perpendiculaire à l'horizon.

OBTUS. Se dit d'un angle qui a plus de 90 degrés, ou qui est plus grand que l'angle droit, c'est-à-dire que le quart du cercle.

OCHE. Entaille que font les ouvriers sur une pièce de bois, pour servir de marque, ou sur une latte pour marquer l'épaisseur d'un mur, etc.

OCTOGONE. Figure plane qui a huit côtés et huit angles égaux.

ŒIL DE BŒUF. Est toute baie ronde ou ovale, pratiquée dans un mur, ou dans une couverture, ou dans un dôme, pour donner du jour.

ŒIL DE VOLUTE. Est un petit cercle décrit au milieu de la volute du chapiteau ionique, servant à déterminer les treize centres par le moyen desquels on trace les circonvolutions du filet de cette volute.

ŒUVRE. Est en général le travail d'un artisan, et est synonime avec *ouvrage*. Ce mot a différentes significations dans l'art de bâtir : on dit *hors œuvre*, lorsqu'on prend les mesures de quelques parties de dehors en dehors, tous murs et épaisseurs compris. *Dans œuvre*, lorsqu'on prend les mesures de quelques parties dans l'intérieur, et non compris l'épaisseur des murs. *Sous-œuvre*, se dit d'un bâtiment qu'on soutient par des chevalemens et dont on reconstruit les fondations, c'est le reprendre sous-œuvre ; on dit *mettre en œuvre*, employer quelque matière, lui donner une forme et la mettre en place. *A pied-d'œuvre*, amener les matériaux près de l'édifice en construction.

On appelle encore *œuvre*, une enceinte de menuiserie, décorée souvent d'ornemens d'architecture et de sculpture, qu'on pratique dans la nef d'une église, pour placer les marguilliers devant une table sur laquelle on expose des reliques.

OGIVE. On nomme ainsi l'arc d'une voûte gothique qui se termine au sommet par un angle curviligne.

OISEAU. Planchette en bois ayant deux bras, dont les manœuvres se servent pour porter le mortier aux limosins.

ORDRES. C'est l'arrangement régulier d'un certain nombre de moulures, d'ornemens ou d'autres parties qui, dans une façade ou autre décoration d'architecture, compose un ensemble conforme aux règles et aux proportions avouées par le bon goût et indiquées par les anciens auteurs qui ont écrit sur cet art.

On distingue dans chaque ordre trois parties principales, savoir : le piédestal, la colonne et l'entablement.

Cependant une décoration peut être composée suivant les proportions d'un ordre quelconque, quoiqu'on n'y ait employé ni piédestaux, ni colonnes, pourvu que les hauteurs, les saillies et les autres parties en soient réglées suivant les proportions de cet ordre.

Parmi les auteurs qui ont écrit sur les ordres d'architecture, les uns en comptent cinq, savoir : le toscan, le dorique, le ionique, le corinthien et le composite; commençant par le plus simple, et passant successivement au plus composé. D'autres n'en comptent que trois qu'ils nomment les *ordres grecs*, savoir : le dorique, l'ionique et le corinthien, ne considérant le toscan que comme un dorique modifié, et le composite comme un mélange de l'ionique et du corinthien.

1° *L'ordre toscan* est le plus simple des ordres et le plus solide, n'ayant aucun ornement de sculpture et peu de moulures. (Voy. fig. 47 pl. 3.)

2° *L'ordre dorique* est le plus mâle des ordres grecs; la base et le chapiteau de la colonne sont sans ornemens, mais la frise de son entablement est ornée de triglyphes et de métopes, et sa corniche de mutules ou de denticules. (Voy. fig. 48, pl. 3.)

3° *L'ordre ionique* est celui des trois ordres grecs dont la proportion tient le milieu entre le dorique et le corinthien, son chapiteau est orné de volutes, et sa corniche a des denticules. (Voy. même pl., fig. 49.)

4° *L'ordre corinthien* est celui des trois ordres grecs dont la proportion est la plus majestueuse, dont le chapiteau est orné de deux rangs de feuilles et de volutes, qui soutiennent les cornes de son tailloir; la corniche est ornée de modillons en consoles. Il est susceptible de recevoir de riches ornemens sculptés. (Même pl., fig. 50.)

5° *L'ordre composite ou romain* que nous ne présentons pas ici, parce qu'il a les mêmes proportions que le corinthien, dont le chapiteau est aussi formé de deux rangs de feuilles et des volutes de l'ionique, et dont la corniche est ornée de modillons simples, ou de denticules.

En général, on appelle *ordres composés* ceux dont l'invention est toute de caprice, n'ayant qu'un rapport éloigné avec les ordres grecs, et tel qu'on en voit dans l'intérieur de plusieurs églises de Paris et dans différentes compositions des Boromini et autres artistes modernes.

OREILLE. Entaille à l'extrémité d'un appui de croisée ou d'un seuil, pour les faire entrer dans les baies.

ORIENT. Voyez *Position*.

ORIENTER. Se dit de la disposition d'un château, d'un bâtiment, ou d'une façade, relativement aux quatre points cardinaux; *exemple :* la galerie du Louvre du côté de la Seine est orientée au midi.

OUVERTURE. Ce terme indique généralement le vide ou baie qu'on laisse ou qu'on fait dans un mur, soit pour une porte, soit pour une croisée : c'est aussi le commencement de la fouille d'un terrain, pour faire les fondations.

OUVRAGES. Est en général la production de quelqu'art ou métier, le travail de la main, de quelque nature qu'il soit; on dit *ouvrage de maçonnerie,* de charpente, de serrurerie, de menuiserie, etc.

On distingue les ouvrages de maçonnerie en gros ouvrages et légers ouvrages. Les gros ouvrages sont ceux en pierre de taille ou moellon, les légers ouvrages sont ceux en plâtre, comme les manteaux, tuyaux et souches de cheminées; les lambris, plafonds, cloisons; les moulures, les enduits, crépis, renformis; les scellemens; les fours et fourneaux potagers; les aires, etc.

OVALE. Figure plane curviligne, qui a deux diamètres, ou un grand et un petit axe.

OVE. Moulure formée d'un quart de cercle, et que les ouvriers appellent *quart de rond;* dans cette moulure est creusé un ornement de sculpture, qui a la forme d'un œuf, appelé par cette raison *ove,* avec quelques autres ornemens, comme feuillage, fleurons, dards, etc.

P.

PAILLASSE. Construction massive en brique qui sert à recevoir des charbons allumés pour griller des viandes, et à d'autres usages dans une cuisine, dans une buanderie, dans les usines, etc., etc.

PALAN. Est une machine composée d'une ou de deux cordes, d'une poulie simple et d'une moufle à deux poulies, dont on se sert pour enlever des matériaux.

PALÉES. Suite de pieux enfoncés en terre à peu de distance les uns des autres, etc., entretenus par des moises et des liernes, boulonnées ou chevillées, pour porter les travées d'un pont de bois; les palées sont dans la construction des ponts de bois, ce que sont les piles dans les ponts de pierre.

PALIER. Partie d'un escalier au droit de chaque étage, et qui donne entrée aux appartemens : on appelle *palier de repos*, celui qui est entre deux étages.

PALMETTE. Petit ornement de sculpture en forme de feuille de palmier, dont on enrichit quelquefois des moulures d'architecture, et notamment les cimaises des corniches.

PALPLANCHE. Madrier dont un des bouts est affûté en pointe pour pouvoir être enfoncé en terre, et qu'on met dans les reinures de deux pieux voisins, pour enclore la fondation d'un ouvrage de maçonnerie dans l'eau, ou pour la construction d'un bâtardeau ou d'une crèche.

PAN. Est en général le côté d'une figure rectiligne.

Il se dit aussi de la partie d'un tout, et c'est en ce sens qu'on dit un pan de mur, un pan de bois, un pan coupé. Un *pan de mur* est une partie de la continuité d'un mur. Un *pan de bois* est un assemblage de bois de charpente, composé de sablières, poteaux, décharges et tournisses, formant une cloison de refend, ou un pignon, dont on remplit les vides en pierrailles et plâtre, et qu'on recouvre d'un enduit sur lattis. Un *pan coupé* est la suppression de l'angle droit ou aigu que forment deux murs retournés d'équerre, par une ligne droite qui forme avec eux deux angles obtus, comme on le pratique aux retours des rues et aux piliers des dômes, sur lesquels les pendentifs prennent naissance.

PANACHE. Voy. *Pendentif.*

PANNEAU. Est en général toute surface droite ou courbe de peu d'étendue. C'est dans la maçonnerie une des faces d'une pierre taillée. Le *panneau double* est celui qui forme intérieurement ou extérieurement la curvité d'un voussoir. Le *panneau de lit* se dit de la face d'une pierre taillée qui se présente verticalement ou d'aplomb.

On appelle aussi *panneau* une feuille de carton ou un bâtis de tringles et de bois minces, levé et découpé ou chantourné sur l'épure d'une pièce de trait, pour tracer une pierre, et la tailler ensuite.

PARALLÈLES. Lignes ou surfaces qui sont toujours à égale distance les unes des autres sur tous leurs points.

PARALLÉLIPIPÈDE. Corps solide terminé par six parallélogrammes, dont les côtés opposés sont parallèles entre eux.

PARALLÉLOGRAMME. Figure plane de quatre côtés et quatre angles droits, dont les côtés sont parallèles.

PARAPET. Est en général une élévation de maçonnerie

qu'on pratique au bord d'un terrain escarpé, comme aux deux côtés d'un pont et sur un mur de quai, à l'usage des piétons.

PAREMENT. On nomme ainsi toutes les surfaces apparentes des murs et des lambris, des parpaings, des dalles, etc. ; le *parement brut* est la face ou épaisseur de la pierre telle qu'elle est sortie de la carrière ; *parement de tête*, c'est le côté formant épaisseur d'un mur : on dit *parement de moellons, de meulière, de brique, parement piqué, smillé*, des faces visibles de ces sortes de murs.

PARPAING. Morceau de pierre de peu d'épaisseur, à deux paremens, posé sur des cloisons ou des pans de bois : on dit aussi qu'une pierre *fait parpaing* lorsqu'elle occupe seule l'épaisseur entière d'un mur.

PAS. Mesure en longueur qu'on distingue en *pas commun* et *pas géométrique*.

Le *pas commun* est une longueur de deux pieds et demi (environ o m. 80 c.).

Le *pas géométrique* est d'une longueur double, c'est-à-dire de cinq pieds. (1 m. 60 c.).

Un *pas de vis* est la distance qu'il y a entre chaque arête ou filet de la circonvolution d'une vis.

PASSAGE. Est un petit espace qui sert à dégager une chambre d'avec une autre.

En fait de *servitudes*, c'est un passage sur le terrain d'autrui dont on a la jouissance, soit par convention tacite, soit par titre.

PASSE-PARTOUT. Scie sans monture pour débiter des pierres tendres.

PATÉ. Masse de plâtre convexe, enduite pour construire en voûte sphérique ou autres.

PATIN. Est en général toute pièce de bois méplate, couchée horizontalement sur le sol, et destinée à en recevoir d'autres.

Un *patin de chevalement* ou *d'étai*, est une pièce de bois couchée sur terre, et sur laquelle pose le bout inférieur d'un étai ou d'un chevalement.

Un *patin d'échiffre* est la pièce de bois qu'on pose de niveau sur le parpaing de l'échiffre d'un escalier, et dans laquelle sont assemblés les poteaux qui soutiennent le limon de la première rampe.

PAVÉ. Se dit, non seulement de l'aire d'un chemin ou d'un plancher couvert de pierre et de carreau, mais encore de la matière qui sert à la couvrir, telle que la brique, le grès, le marbre, le moellon, la pierre. Un *pavé de brique* est celui qui est fait de briques posées de champ, ou en épis, qu'on appelle aussi en point d'Hongrie. Un *pavé de grès* est celui qui est fait de quartiers de grès de 22 à 25 c. (8 à 9 po.) de grosseur en tout sens, comme celui des rues et des routes. Le *pavé refendu* est celui qui provient de la fente du pavé de route, en deux ou trois parties, n'ayant plus alors que 8 à 11 c. (3 à 4 po.) d'épaisseur; c'est celui dont on se sert pour paver les cours, les écuries, les cuisines, etc. Un *pavé d'échantillon* est celui qui est fabriqué sur une mesure fixe et déterminée qui diffère des dimensions ordinaires.

On appelle *pavé de marbre* celui qui est composé de différens marbres taillés en compartimens ou en mosaïque.

PAVER. C'est asseoir le pavé, le dresser, le mettre de niveau ou en pente, le battre, enfin le *poser*.

PAVEUR. C'est tout ouvrier qui travaille à asseoir, à poser et à sceller le pavé.

PAVILLON. Est tout bâtiment de figure carrée ou à peu près, qui est isolé ou qui accompagne les différens corps de logis d'un édifice, soit dans le milieu d'une façade, soit aux extrémités en faisant avant-corps, comme à la façade du Louvre; on l'appelle *angulaire* lorsqu'il occupe une encoignure comme celui des Tuileries en face du Pont-Royal.

PENDENTIF. C'est la portion d'une voûte sphérique en trompe, qui prend naissance au dessus du pied droit angulaire de deux arcades en retour d'équerre, et qui ramène l'entablement à la forme circulaire, dans la construction d'un dôme. On l'appelle aussi *panache*.

PENTAGONE. Figure plane qui a cinq côtés et cinq angles égaux.

PENTE. Est l'inclinaison plus ou moins forte qu'on donne à un terrain ou à un ouvrage de maçonnerie, soit pour former des talus ou des chemins, soit pour conduire des eaux. On dit qu'un pavé, qu'une chaussée, un aqueduc, une conduite, un chéneau, une terrasse, a *tant* de lignes de pente par toise courante.

PERCÉ. Se dit en architecture des baies de croisées distribuées dans une façade, pour donner du jour dans les différentes pièces d'un appartement. On dit par exemple qu'un salon est bien *percé* lorsque la lumière y est suffisamment et également répandue.

PERCEMENT. Se dit de toute ouverture faite après coup dans un mur, pour former une baie de porte ou de croisée.

PERCHE. Mesure dont on se servait pour arpenter les terres, et qui était de différentes longueurs, suivant les coutumes; la perche ordinaire était un carré de 18 pi. de côté ou 9 to. superficielles; dans certaines contrées elle avait 20 pi.; la perche dite *d'ordonnance* ou des eaux et forêts était de 22 pi.; un arpent contenait 100 perches.

PÉRISTYLE. Est un édifice orné à l'intérieur de colonnes isolées, qui sont éloignées du mur d'enceinte de la largeur d'un entre-colonnement à peu près.

PERPENDICULAIRE. Ligne droite qui, rencontrant une autre ligne droite, forme avec elle deux angles égaux, c'est-à-dire deux angles droits.

PERRON. Escalier découvert et composé d'un petit nombre de marches, qu'on construit sur un massif au-devant de la principale entrée d'un étage peu élevé ou d'un rez-de chaussée. Un perron est *double* lorsqu'il a deux rampes égales pour arriver à un même palier.

PERSPECTIVE. Science qui apprend à représenter sur un dessin, sur une surface, les objets tels qu'ils nous paraissent à l'œil, c'est-à dire suivant l'éloignement et la position dans lesquels nous sommes supposés placés relativement à cet objet.

PERTUIS. Est un passage étroit pratiqué dans une rivière aux endroits où il y a peu d'eau; pour la rendre plus haute et faciliter la navigation : il y en a qui sont faits comme une espèce d'écluse, d'autres sont pratiqués par des batardeaux et palissades, d'autres avec des portes à vannes.

PESÉE. Se dit de l'action des hommes qui tirent de haut en bas un cordage, ou qui appuient sur l'extrémité d'un levier.

On dit *faire une pesée,* peser sur une manœuvre.

PIÈCE *de tuile.* Se dit par les couvreurs, de toute partie d'une tuile fendue, qu'ils emploient aux batellemens, solins et ruellées.

PIED. Mesure dont on se servait avant 1840, dans les ouvrages du bâtiment, soit pour en déterminer les dimensions, soit pour connaître celles des lieux et des emplacemens où on voulait travailler.

Le *pied courant* ou *linéaire* était le pied mesuré en longueur seulement; il y avait certains ouvrages qui se mesuraient et se payaient au pied courant, par exemple, les baguettes, les bordures, les rampes des escaliers, les lézardes en plâtre, les joints en mastic, etc.

Le *pied carré* ou *superficiel* était une surface qui avait un pied de long sur un pied de large ; on toisait presque tous les ouvrages de maçonnerie, de menuiserie, de peinture d'impression, au pied ou à la toise superficielle.

Le *pied cube* était un solide qui avait un pied en longueur, largeur et épaisseur. On mesurait au pied cube les massifs de maçonnerie, la fouille des terres, etc. Le pied courant équivaut à 3a5 mill.; le pied carré à 10 déc. 1/2 superficiels, enfin le pied cubique à 34 déc. 1/4 environ.

Le mètre a remplacé la toise dans toutes les administrations de la France, et tous les entrepreneurs doivent se servir maintenant du calcul décimal qui, rapportant tout à une seule unité, est beaucoup plus facile que l'ancien mesurage.

PIED-DROIT. C'est un pilier carré servant de support à une arcade, et qui soutient le sommier de l'arc ; c'est aussi la partie d'un trumeau ou d'une porte, qui comprend le bandeau, le tableau et l'embrâsement.

PIÉDESTAL. Est un corps solide de forme carrée ou ronde, orné d'une base et d'une corniche, et destiné à porter une colonne, un pilastre, une figure, un vase, etc. La partie inférieure, ornée de quelques moulures, se nomme *base*, le corps carré ou rond posé sur la base se nomme le *dé*, et le couronnement du dé, qui est aussi orné de moulures, se nomme la *corniche* du piédestal.

Le piédestal est différent suivant les différens ordres, et reçoit le nom de la colonne qu'il porte.

On appelle *piédestal continu* celui qui porte une suite de colonnes sans faire saillie ni retraite, tel est celui des pavillons en arrière-corps des Tuileries, du côté du jardin.

Un *piédestal double* est celui qui porte deux colonnes accouplées comme on le voit au portail de St.-Gervais à Paris.

PIÉDOUCHE. Petit piédestal ou socle orné de quelques moulures, qui sert ordinairement à porter un buste, un candelabre, un vase, etc.

PIERRE. Minerai calcaire, c'est-à-dire propre à se convertir en chaux par la calcination, et que l'on emploie pour la construction des murs. Il y a deux qualités principales de pierres, savoir la pierre dure pouvant supporter de grands fardeaux et résister à l'influence de l'atmosphère, et la pierre tendre qui sert aux ouvrages secondaires et à la sculpture.

Relativement à son grain et à ses qualités, la pierre prend différentes dénominations ; ainsi, dans les pierres dures, on distingue *la pierre franche* d'une médiocre dureté, d'un grain égal et fin. La *pierre de roche*, plus dure

*

que celle-ci, est d'une très bonne qualité, dans laquelle il se rencontre de petites coquilles, telles sont celles que l'on tire des carrières des environs de Paris. Le *liais*, très fine et compacte, est de plusieurs degrés de dureté, etc. Parmi les pierres tendres, les environs de la capitale fournissent le vergelé, le Saint-Leu, le Conflans, la lambourde, le parmin, etc.

Relativement à la hauteur du banc, ou appelle *pierre de haut appareil* celle dont le banc porte une grande hauteur, comme celle de Saint-Leu, et *pierre de bas appareil*, celle dont le banc à moins d'un pied de hauteur.

Pierre d'échantillon se dit d'un quartier de pierre d'une mesure déterminée, qu'on commande exprès à la carrière.

Relativement à ses qualités, on appelle *pierre poreuse* celle qui a une multitude de petits trous, telle que la meulière. *Pierre moulinée,* celle qui est graveleuse et qui s'égraine étant exposée à l'humidité, telle est la pierre de lambourde. *Pierre pleine ou franche,* celle dans laquelle il ne se trouve ni coquillage, ni cailloux, ni moies, ni trous. *Pierre fière,* celle difficile à tailler à cause de sa dureté et de sa sécheresse. *Pierre feuilletée,* celle qui se sépare par feuillets et par écailles. *Pierre gélisse ou verte,* celle qui étant récemment tirée de la carrière, n'a pas encore jeté son humidité. Une *pierre délitée* est celle qui a des fils dans le sens de son lit de carrière.

Quant aux façons qu'elle reçoit, on dit qu'une pierre est *en chantier* lorsqu'elle est calée et disposée pour être taillée. *Pierre brute,* celle qui est restée comme elle est arrivée de la carrière, et qui n'est, par conséquent, taillée sur aucune face. *Débitée,* quand elle est refendue à la scie; *ébouzinée,* quand on a ôté le bouzin; *équarrie* et *smillée,* celle qui est équarrie et piquée grossièrement; *rustiquée* ou *piquée,* lorsque les paremens sout piqués, et les ciselures relevées au ciseau; *layée,* est celle qui est terminée et passée à la laye. La *pierre passée au grès,* est celle qu'on frotte avec le grès, pour effacer les coups de ciseau et de marteau. Les *pierres fichées* sont celles dont les joints sont remplis de coulis en plâtre ou en mortier clair; *jointoyées* sont celles dont le bord des joints est bouché et ragréé en mortier ou plâtre. Une *pierre gauche* est celle dont les paremens et côtés opposés ne sont pas parallèles.

Si on désigne les pierres relativement à la place qu'elles occupent dans la construction; on appelle *pierre en délit* celle qui, dans un cours d'assises, n'est pas posée sur son lit de carrière. *Pierre formant parpaing*, celle qui traverse l'épaisseur d'un mur, et en fait les deux paremens. *Pierre d'encoignure*, celle qui a deux faces en parement, formant l'angle saillant ou rentrant d'un bâtiment. *Pierre d'attente*, celle posée à l'extrémité d'un mur pour former liaison avec le mur que l'on présume devoir être bâti plus tard. *Pierres de refend*, celles qui étant mises en œuvre, sont séparées par des canaux à égale distance, qui représentent les différentes assises. *Pierre perdue*, toute pierre qu'on jette dans la mer ou dans un lac, pour servir de fondation à une jetée ou à quelqu'autre ouvrage dans l'eau. C'est aussi toute pierre de blocage jetée dans une fondation à bain de mortier.

Elles ont encore diverses dénominations tirées de l'usage auquel elles sont propres, ainsi on appelle *pierre d'ardoise* celle qu'on tire des environs de Mézières et d'Angers, et qui, tranchée par feuillets, servent pour les couvertures. *Pierre à plâtre*, le gypse qu'on cuit dans les fours, et qu'on pulvérise ensuite pour faire le plâtre. La *pierre à chaux* proprement dite, est une sorte de pierre grasse qu'on fait calciner pour en faire de la chaux. Enfin, la *pierre artificielle* est celle qui est formée par l'art, telles sont les briques, les carreaux, les tuiles.

PIERRÉE. Petit canal souterrain, ou découvert au niveau du sol, construit en meulière ou à pierre sèche, pour rassembler les eaux et les diriger d'un endroit à un autre.

PIEU. Pièce de bois pointue et ferrée, enfoncée en terre au refus du mouton, pour former les palées des ponts de bois, les crêches des piles et culées des ponts et des murs de quai; on place des files de pieux pour retenir les terres, les digues et les batardeaux; la différence du pieu au pilot est que le pieu n'est pas enfoncé tout-à-fait en terre comme le pilot, et que ce qui en reste au dehors est ordinairement équarri et recouvert d'un chapeau.

PIGEONNER. C'est élever des tuyaux de cheminées en languettes de plâtre de 8 c. (3 po.) d'épaisseur.

PIGNON. Se dit de la partie supérieure d'un mur qui a la forme d'un triangle, et où se termine la couverture d'un comble à deux égoûts; tels sont les murs de face des anciens édifices.

Un *pignon à redents* est celui dont les deux côtés inclinés du triangle, forment une suite de degrés. On les pratiquait ainsi autrefois, pour monter jusqu'au faîte du comble, pour en faire les réparations, ou porter de prompts secours en cas d'incendie.

PILASTRE. Est une espèce de colonne carrée, qui a les mêmes proportions, base, chapiteau et autres ornemens que les colonnes de l'ordre dont il emprunte le nom ; il est souvent engagé dans les murs, n'ayant de saillie que le quart ou le sixième de son épaisseur ; quelquefois cependant il est isolé, il a ordinairement autant de largeur par le haut que par le bas ; quelquefois aussi le fût en est diminué comme celui des colonnes.

PILE. Est un massif de maçonnerie, dont la forme est ordinairement un *parallélipipède,* servant à porter les arches d'un pont de maçonnerie, ou les travées d'un pont de bois. Lorsque ces piles sont construites dans les rivières, elles sont terminées par des prismes rectilignes ou sphériques de même construction, qu'on appelle avant-bec et arrière-bec.

PILIER. Maçonnerie en pierres ou en moellons, élevée sur un plan carré, et destinée à soutenir des plates-bandes, des arcades ou des voûtes en arc de cloître, etc., ou enfin les pièces principales d'un plancher ; on appelle *pilier buttant,* celui qui soutient la poussée d'un arc ou d'une voûte.

Un *pilier de dôme* est un des quatre corps de maçonnerie isolés, qui servent à porter la tour d'un dôme.

On appelle *piliers de carrière* les masses de pierre qu'on laisse de distance en distance, pour soutenir le ciel d'une carrière.

PILOT ou **PILOTIS.** Est toute pièce de bois en grume, dont une extrémité est affilée, armée d'un sabot de fer, et l'autre serrée par une frète pour l'enfoncer en terre au refus du mouton.

On appelle *pilots de bordage* ceux qui terminent l'enceinte d'un pilotage. *Pilots de retenue,* ceux qui sont enfoncés au dehors de l'enceinte d'un pilotage, pour soutenir d'espace en espace un terrain de mauvaise consistance. Et *pilots de support,* ceux sur la tête desquels on établit la plate-forme qui porte le corps de maçonnerie d'une pile, d'une culée, etc.

PILOTAGE. Se dit d'un espace de terrain de mauvaise consistance, qui est peuplé de pilots sur lesquels on veut élever quelqu'édifice.

PILOTER. C'est enfoncer des pieux ou pilots pour asseoir les fondations d'un édifice que l'on construit sur un mauvais terrain ou dans l'eau.

PIQUER. C'est, en maçonnerie, rustiquer les parcmens ou les lits d'une pierre. C'est aussi faire un parement en grès. *Piquer le moellon*, c'est le tailler sur les lits, les joints et le parement. C'est encore marquer les journées d'ouvriers.

PIQUET. Est un bâton plus ou moins long, pointu par une de ses extrémités, dont on se sert pour tracer des alignemens.

PIQUEUR. Est, dans un atelier, un homme préposé par l'entrepreneur, pour marquer les journées des ouvriers, veiller à l'emploi du tems, piquer sur son rôle ceux qui s'absentent pendant les heures du travail, et pour recevoir les matériaux par compte, en garder des notes, et en donner des reçus.

PISÉ. Sorte de moellon ou de brique, faite en terre humectée soumise à une très forte pression, que l'on emploie ainsi sans être cuite, dans les constructions rurales, et notamment dans les pays méridionaux ; on y mêle quelquefois de la paille hachée. On dit *mur en pisé, construction en pisé.*

PINCE. Barre de fer carrée de différentes longueurs dont un bout est arrondi pour servir de manche, et l'autre aplati et courbé en talon ; les ouvriers s'en servent pour remuer de grands fardeaux, des pierres, des pièces de bois, etc. Il en est qu'on nomme pince à *pied de chèvre,* dont le bout recourbé est fendu.

PINNULE. Pièce plate de cuivre, en forme de parallélogramme, refendue verticalement dans le milieu de sa largeur, qui est placée aux deux extrémités de l'alidade d'un graphomètre, et qui sert à bornoyer les objets éloignés de l'œil.

PIOCHE. Outil de fer plat, dont une extrémité est acérée et pointue ou carrée, et l'autre percée d'un trou ou œil, pour y ajuster un manche ; il sert à fouiller la terre, à travailler aux démolitions des bâtimens, et à dégrossir les pierres.

PLAFOND. Est la surface unie du dessous d'un plancher droit ou cintré, avec lattes et plâtre, ou blanc-en-bourre, qu'on peint ensuite, et sur lequel on applique quelquefois des ornemens de sculpture, ou que l'on enrichit de sujets de peinture ou de décors.

PLAFONNER. C'est latter et enduire en plâtre ou en blanc-en-bourre le dessous des solives d'un plancher.

PLAN. Dessin représentant un bâtiment, supposé coupé horizontalement. Pour rendre les plans intelligibles, toutes les parties solides sont lavées ou *pochées*, les portions existantes, à l'encre de la Chine ; les parties neuves à construire, au carmin ou au vermillon, et enfin, les parties à supprimer en gomme gutte : ces couleurs conventionnelles mettent l'entrepreneur qui doit exécuter, à même de juger quels travaux il a à faire. Enfin, le lavis des plans se fait de teintes plus foncées pour les constructions plus élevées.

PLANCHER. Construction horizontale qui sépare les étages d'un bâtiment. On appelle *plancher hourdé plein*, celui dont les intervalles des solives sont entièrement remplis en plâtras et plâtre ; à *entrevoux*, celui latté jointif, ou couvert en bardeau, enduit en dessus en laissant une partie de l'épaisseur du bois apparente en dessous ; *plancher creux*, celui qui n'est pas rempli entre les solives et qui est plafonné dessous. (Voyez *pl.* 6, fig. de 84 à 88.)

PLANCHES DE VENTOUSE. Languettes de plâtre faites en travers d'un manteau de cheminée, pour empêcher qu'elle ne fume.

PLANTER UN BATIMENT. C'est tracer sur le terrain tous les murs de face et de refend, pour élever la construction.

PLAQUIS. Pierre de peu d'épaisseur, rapportée de champ sur un parement de mur, etc.

PLATE-BANDE. C'est l'assemblage de plusieurs claveaux, qui forment la fermeture d'une baie carrée d'une porte ou d'une croisée. On dit qu'une *plate-bande* est *extradossée* ou *arrasée*, lorsque ces claveaux sont d'une hauteur égale, et ne se lient point avec les assises supérieures.

Une *plate bande de carreaux* est une suite de dalles de pierres ou de tranches de marbre, qui sépare les compartimens de pavé, ou qui répondent aux arcs doubleaux des voûtes, ou enfin qui encadrent un carrelage le long des murs.

PLATE-FORME. Surface horizontale qui couvre un édifice ; c'est dans ce sens la même chose que *terrasse*.

Une *plate-forme de fondation* est la surface de niveau formée de pièces de bois plates attachées avec des chevilles de fer, sur les racinaux d'un pilotage, et sur laquelle on asseoit la maçonnerie d'une pile de pont, d'un mur de quai, ou d'un bâtiment sur un terrain sans consistance.

Une *plate-forme de comble* est l'assemblage de plusieurs pièces de bois plates, que l'on établit sur l'épaisseur d'un mur, pour recevoir la charpente du comble et le pied des chevrons.

PLATRAS. Matériaux provenant de la démolition d'ou-

vrages qui avaient été construits en plâtre ; on les réem-
ploie pour les hourdis de cloisons et pans de bois, chaînes
de lambourdes de parquet, etc.

PLATRE. Gypse que l'on soumet à un feu modéré, qu'on
réduit ensuite en poudre, et qui étant détrempé avec
de l'eau, sert de liaison aux différens ouvrages de grosse
construction, et dont on fait aussi les languettes de cheminées, les enduits, les plafonds, etc. On appelle plâtre gras, celui qui provient de bonne pierre, et qui,
par sa cuisson, a acquis l'onctuosité que les ouvriers
nomment *amour*. *Plâtre blanc* ou *tablé*, celui dont on a
ôté le charbon en le retirant du four ; il est à l'usage
des sculpteurs. *Plâtre éventé*, celui qui, resté quelque
tems sans être employé, a perdu ses sels ; il n'a plus alors
de consistance, et ne fait que de très mauvais ouvrages.

On se sert de cette pierre telle qu'on la tire des carrières dans les environs de Paris, pour la construction
des murs de clôture et même des habitations ; mais
elle est prohibée dans l'intérieur de la capitale.

Le plâtre est gâché serré lorsqu'il est gâché avec très
peu d'eau ; *gâché clair*, lorsqu'il y a beaucoup d'eau ;
et *noyé*, lorsqu'il y en a trop. Le plâtre se passe au panier, au sas ou au tamis de soie, selon les ouvrages auxquels il doit être employé.

PLATRE. Se dit généralement de tous les légers ouvrages
en plâtre d'un bâtiment, comme les enduits, ravalemens,
lambris, corniches, languettes de cheminées, plinthes,
scellemens.

On appelle *plâtres de couverture*, tous les menus ouvrages faits en plâtre par les couvreurs, pour arrêter la
tuile ou l'ardoise, sur les entablemens, ou le long des
murs et des lucarnes ; tels sont les arêtiers, crossettes,
cueillies, filets, ruellées, solins, etc.

PLATRIER. Celui qui tire le plâtre de la carrière, le fait
cuire, le bat, et le vend aux maçons : dans les départemens méridionaux, on appelle *plâtrier*, celui qui emploie le plâtre.

PLATRIÈRE. Carrière d'où l'on tire la pierre à plâtre.

PLATS-BORDS. Madriers provenant du déchirage des bateaux, de 40 à 48 c. (15 à 18 pouces) de largeur, et d'une
longueur indéterminée, dont les maçons se servent pour
leurs échafaudages.

PLI. Se dit dans la maçonnerie de tout angle très ouvert
dans la continuité d'un mur.

PLINTHE. Membre de moulure, plat et carré, formant

la partie inférieure d'un piédestal ou d'une colonne.
C'est aussi un petit socle peu élevé au pourtour d'une
pièce.

PLOMBER. C'est suspendre le plomb sur une partie de
construction faite, ou pour la mettre en place, pour
s'assurer de l'exactitude de son aplomb.

POINÇON. Est un outil fait d'un morceau de fer carré,
de 65 à 81 c. (24 à 30 pouces) de longueur, diminué en
pointe carrée et acérée par une extrémité, et dont les tailleurs de pierre et les maçons se servent pour faire des
trous : c'est aussi une mesure de chaux.

POITRAIL. Est une forte pièce de bois souvent en deux
morceaux boulonnés ensemble, posée sur des pieds-droits,
ou jambes étrières, et destinée à porter un mur de face
ou un pan de bois.

PONCEAU. Petit pont d'une seule arche en maçonnerie,
ou d'une seule travée de charpente, construit sur une
petite rivière, un canal, un ruisseau, etc.

PONT. C'est un ouvrage en maçonnerie, en charpente ou
en fer, construit sur un fleuve ou sur une rivière,
pour servir de passage. Un pont se compose de deux
culées, et d'autant de piles qu'il y a d'arches, moins
une, armées d'avant et d'arrière-becs ; le tout en pierre
ou matière équivalente, et qui supportent des arches
aussi en pierre, ou en pièces de charpente moisées
et boulonnées, ou enfin, en assemblage de diverses pièces
de fer fondu ou forgé, ou du fil de fer : ces derniers
sont surtout d'une évidente utilité pour les localités secondaires, en raison de la dépense modique qu'exige
leur confection.

PORCHE. Espèce de vestibule, ou lieu couvert, soutenu
de colonnes, piliers ou arcades, placé au-devant de l'entrée principale de presque tous les édifices publics.

PORTAIL. Se dit en général de toute élévation d'architecture, qui forme la décoration de la principale entrée
d'un grand édifice ; cependant on applique ce terme
plus particulièrement à la principale entrée d'une église.

PORTE. On appelle ainsi toute ouverture ou baie d'une
forme quelconque, pratiquée dans un mur ou dans une
cloison, pour servir d'entrée ; c'est aussi ce qui sert à fermer cette ouverture, de quelque matière et façon que ce
soit.

Toute baie est composée de jambages ou pieds droits,
de tableau, feuillures, embrasemens, linteau ou fermeture et seuil.

On appelle *porte-biaise*, celle dont les tableaux ne sont pas d'équerre avec le mur dans lequel elle est pratiquée. *Porte en tour ronde*, celle percée dans un mur circulaire, mais qui étant vue de l'autre côté du mur, se nomme *porte en tour creuse*. *Porte sur l'angle*, celle pratiquée dans l'angle rentrant que forment deux murs qui se joignent. *Porte sur le coin*, celle pratiquée dans l'angle saillant de deux murs qui se joignent, et est quelquefois surmontée d'une trompe. *Porte rampante*, celle dont la plate-bande ou le cintre est rampant. *Porte surbaissée*, celle dont la fermeture est en anse de panier ou portion d'ellipse. *Porte bâtarde*, celle qui forme l'entrée d'une maison bourgeoise, dont la cour est trop petite pour que les voitures puissent y tourner. *Porte charretière* est celle pratiquée dans la continuité d'un mur, pour le passage des charrois, dans un clos, une ferme, une basse-cour, etc. *Porte cochère* est celle donnant entrée à une maison, où la cour est assez spacieuse pour que les voitures puissent y circuler librement.

Une *porte-croisée* est une baie de croisée sans appui, qui sert de passage à une terrasse, à un jardin, sur un balcon.

Une *porte de dégagement* est une toute petite porte qui sert à communiquer à un escalier dérobé ou à un corridor, sans passer par les différentes pièces d'un appartement.

PORTÉE, est la longueur prise dans œuvre d'un poitrail, d'une poutre, etc., entre leurs supports.

C'est aussi le bout d'une pièce de bois qui est scellée dans un mur, ou qui porte sur une sablière, le bout d'une solive sur une poutre, etc.

PORTER. Se dit en différens sens dans les travaux : on dit d'une pièce qui a tant de longueur, ou de largeur, qu'elle porte tant de long, et tant de large.

Porter de fond, se dit de toute construction élevée à-plomb sur sa fondation, avec retraite et empatement ; on dit qu'un trumeau porte de fond, qu'un poteau porte de fond.

On appelle *porte à faux*, tout corps solide qui est en saillie, ou par encorbellement sur ses supports : c'est-à-dire, qui ne porte pas à-plomb sur la fondation ; tel est un trumeau qui serait élevé sur le milieu de la portée d'une architrave ou d'un poitrail.

PORTIQUE. Galerie composée de voûtes, ou d'arcades non fermées, et supportée par des colonnes ou des pilastres.

PORTRAIT. C'est un marteau dont les paveurs se servent pour fendre ou tailler le pavé.

POSER. C'est en général mettre les matériaux en place ; les maçons ou poseurs posent les pierres taillées ; les charpentiers posent ou mettent au levage la charpente ; les planchers, les escaliers, etc. ; les menuisiers posent les lambris, les parquets ; les serruriers posent les serrures ; les carreleurs posent le carreau, et ainsi de suite.

Poser à sec, c'est poser les pierres taillées les unes sur les autres, sans mortier entre les lits ; mais en y mettant un peu d'eau et de grès pilé, et les frottant en tournant l'une sur l'autre, jusqu'à ce qu'il n'y reste pas de vide, comme dans plusieurs édifices antiques.

Poser de champ, c'est placer une pierre ou une brique sur son côté le plus mince; c'est mettre une pièce de bois sur sa face la plus étroite.

Poser de plat, est le contraire de poser de champ.

Poser en décharge, c'est mettre une pièce de bois obliquement pour arcbouter, comme dans les chevalemens.

POSEUR. Est, dans la maçonnerie, le nom de l'ouvrier qui pose les pierres taillées à la place pour laquelle elles sont destinées, en observant l'alignement, le niveau et l'aplomb. On appelle *contreposeur*, celui qui aide le poseur.

POSITION ou *orient*. Se dit de la situation d'un bâtiment, par rapport au point de l'horizon.

POSTE. Ornement de sculpture de peu de relief, en forme d'enroulement répété, dont on décore les plinthes et bandeaux.

POTERIE D'AISANCES. C'est la suite de tuyaux en grès ou en terre cuite, établie pour les cabinets d'aisances. On leur donne aussi le nom de *chausse d'aisances*.

POUCE. Douzième partie du pied-de-roi qui, elle même se subdivisait en douze parties qu'on appelait lignes.

Le *pouce superficiel* ou *carré* était une étendue d'un pouce en longueur et en largeur, et qui contenait 144 lignes carrées.

Un *pouce cube* était un solide d'un pouce en longueur, largeur et hauteur, qui contenait 1728 lignes cubes.

En nouvelles mesures, le pouce linéaire équivaut à 27 millimètres ; le pouce carré à 7 centimètres un tiers carrés ; enfin le pouce cube à environ 20 centimèt. cubes.

Un *pouce d'eau* se disait autrefois d'une ouverture circulaire d'un pouce de diamètre (27 millimètres), pratiquée à une cuvette de distribution, par laquelle l'eau coulant continuellement, fournissait environ 22 pieds cubes d'eau par heure (0^m,754 cubes).

POUF. Nom des pierres qui s'égrainent sous le ciseau, et ne peuvent conserver leurs arêtes.

POULIE. Petite roue massive de métal, ou de bois dur, dont le bord porte une cannelure sur son épaisseur, et au centre de laquelle est encastré carrément un arc dont les extrémités sont arrondies et tournent dans les yeux d'une chape ou écharpe.

On s'en sert aussi sans chape, en l'appliquant aux chèvres, engins, grues, machines à battre les pilotis et autres, pour empêcher que les cordages ne s'usent par le frottement.

— *double*, est celle où il y a deux roues sur un essieu, l'une à côté de l'autre.

— *de palan*, celle où il y a deux poulies l'une sur l'autre, quelquefois trois et même quatre.

POUSSÉE. Effort que font les terres et les voûtes sur les murs qui leur sont opposés.

POUSSER AU VIDE. On dit qu'un mur pousse au vide, lorsqu'il est hors d'aplomb, c'est-à-dire qu'il déverse.

POURTOUR. Est l'étendue du contour d'un espace, ou d'un ouvrage : on dit qu'une pièce a tant de pourtour dans œuvre, qu'une corniche, une souche de cheminée a tant de pourtour.

POUZZOLANE. Terre volcanique dont on se sert en Italie, au lieu de sable, et qui, mêlée avec de la chaux, produit d'excellent mortier qui durcit dans l'eau.

PRATIQUE. C'est l'opération manuelle, l'exercice et l'habitude de faire une chose. Un maçon, un couvreur, etc., peuvent être bons praticiens, c'est-à-dire, exécuter convenablement certains ouvrages de bâtimens, sans avoir aucune idée de la théorie, qui comprend la connaissance des principes, des règles, de l'ordre et du goût ; peu d'architectes sont bons praticiens, quoiqu'ils connaissent parfaitement la théorie de l'art.

PROFIL. Est, en architecture, la coupe ou section perpendiculaire d'un bâtiment, qui en représente les dedans, les hauteurs et largeurs, les épaisseurs des voûtes, murs et planchers ; c'est le tracé d'un membre d'architecture, comme d'un entablement, d'un ouvrage de menuiserie, etc.

PROFILER. Tracer à la main, à la règle et au compas un membre d'architecture, une corniche, un balustre, un vase, etc.

PROJET. C'est, en architecture, le dessin de la distribution et de l'élévation d'un bâtiment à construire, suivant l'intention du propriétaire.

PUREAU. Est, dans les couvertures soit en tuile, soit en ardoise, la partie des unes et des autres qui est à découvert, et dont le reste est caché par celles qui sont au-dessus ; on donne à l'ardoise 11 c. (4 po.) de pureau ; à la tuile petit moule, 8 cent. (3 po.), et 11 c. à la tuile grand moule.

PUISARD. Construction souterraine destinée à recevoir les eaux pluviales ou ménagères, et à leur donner issue dans les terres : c'est pour cela qu'un puisard se fait en pierres sèches, c'est-à-dire, sans mortier, afin que les eaux se perdent facilement.

PUITS. Est un trou profond, fouillé d'aplomb dans la terre, jusqu'au dessous de la surface de l'eau, dont on revêt le pourtour en maçonnerie, sur un rouet de charpente qu'on établit au fond : on le fait ordinairement circulaire ; lorsqu'il doit être mitoyen, on le fait ovale, et on pratique une languette qui le sépare en deux, et qui descend de quelques pieds au-dessous du rez-de-chaussée.

On fait maintenant des *puits forés* ou *artésiens*, qui consistent à percer le terrain avec des tarières, jusqu'au niveau d'une nappe d'eau qui, venant d'une source élevée, remonte par l'issue qui lui est ouverte : ces sortes de puits, dont la profondeur est quelquefois de 2 ou 300 pieds, ne réussissent pas toujours.

On appelle *puits de carrière*, une ouverture circulaire de 4 à 5 mètres de diamètre, creusée souterrainement et d'aplomb, au centre de laquelle on établit une roue et un treuil, pour tirer la pierre d'une carrière, et vers la circonférence un ranché ou échelle pour les ouvriers.

PYRAMIDE. Corps solide dont la base est un triangle, un carré ou un polygone, et dont le sommet est en pointe. Une *pyramide inclinée*, c'est celle dont la pointe n'est pas perpendiculaire au centre. Une *pyramide tronquée*, celle coupée sur sa hauteur.

Les anciens élevaient des pyramides pour servir de monumens, ou en mémoire de quelqu'événement remarquable. Les pyramides étaient aussi des symboles religieux. Telles sont les pyramides d'Égypte.

Q.

QUART DE CERCLE. Est la quatrième partie d'un cercle. C'est aussi un instrument de cuivre ayant la forme de la quatrième partie d'un cercle, dont le limbe est divisé en 90 degrés, et chaque degré en minutes, avec un alidade mobile, portant une lunette de longue vue, dont on se sert pour découvrir les objets éloignés quand on lève la carte d'un pays.

QUART DE ROND. Les ouvriers appellent ainsi toute moulure dont le contour est une portion de circonférence du cercle, ou approchant de cette courbe.

Il y en a de convexes qui sont droits ou renversés, et de creux qu'on nomme *cavet*.

QUARTIER TOURNANT. Marches d'angles d'un escalier. On appelle *quartier de voie* de grosses pierres sortant de la carrière, dont une ou deux font la charge complète d'une voiture à quatre colliers. On dit, pour retourner une pierre ou une pièce de bois sur le chantier, qu'on lui *donne quartier.*

QUEUE D'ARONDE. Manière de tailler l'extrémité d'une pierre ou d'une pièce de bois pour les joindre à une autre. La *queue d'une pierre* est le bout d'une pierre en boutisse qui est opposé au parement et qui entre dans le mur sans faire parpaing.

R.

RACCORDEMENT. Est la réunion de deux corps à un même niveau, à une même surface; de deux terrains inégaux, par des pentes, des talus ou des perrons, ou d'un ouvrage neuf avec un vieux.

Un raccordement est aussi la réunion de deux tuyaux de diamètres inégaux, par le moyen d'un collet.

RAFRAICHIR. C'est retailler d'anciens joints de pierre.

RAGRÉER. C'est mettre la dernière main au parement d'un mur en pierre, après qu'il est élevé, en ôter les balèvres, et raccorder les moulures des plinthes et des entablemens; c'est encore passer le rabot ou le racloir sur un ouvrage de menuiserie, la lime douce, le brunissoir sur un ouvrage de serrurerie, etc.

RAMPANT. Se dit en architecture, de tout ce qui n'est pas de niveau, de ce qui a de la pente : on dit un arc rampant, un limon rampant.

RAMPE. Est dans un escalier une suite de marches d'un palier à un autre, soit en ligne droite, soit en ligne courbe, de quelque matière que soit l'escalier, en pierre, en charpente ou en menuiserie.

RAVALER. C'est gratter un mur de pierre de taille avec la ripe et autres outils, ou faire de nouveaux enduits et crépis sur un mur en moellon ou sur un pan de bois extérieur. Ce qui se fait en commençant par le haut, et continuant toujours en descendant.

RAYON. C'est la ligne droite tirée du centre à un point quelconque de la circonférence d'un cercle.

RECEPER. Couper le superflu d'un pilot, après qu'il a été battu au refus du mouton ; couper ce qui en reste hors de terre ou au-dessus d'un niveau donné.

RÉCEPTACLE. Bassin qui reçoit les eaux de plusieurs aqueducs et canaux, d'où on les distribue ensuite en différens endroits. On le nomme aussi conserve ou réservoir.

RECHERCHE. Se dit de la réparation qu'on fait à une couverture en ardoises ou en tuiles, en n'y mettant que celles qui y manquent, et en refaisant les plâtres ou mortiers, c'est-à-dire les ruellées, les solins, les arêtiers.

— Se dit aussi de la réparation qu'on fait à une chaussée de pavé, en relevant seulement les flasques, et remettant des pavés neufs où ils sont brisés.

RECOUPEMENT. Se dit des retraites larges qu'on laisse à chaque assise de pierre, dans les ouvrages construits sur un terrain dont la pente est escarpée, ou à ceux qui sont fondés très profondément dans l'eau, pour leur donner plus d'empatement.

C'est aussi la diminution d'épaisseur qui se fait à un mur de face sur chaque plinthe, lorsqu'il est élevé à plomb d'une plinthe à l'autre.

RECOUPES. Sont les menus morceaux qu'on abat des pierres, lorsqu'on les taille pour les mettre en œuvre. On s'en sert pour former les aires des allées de jardins et le sol des caves ; on s'en sert aussi étant écrasées en poudre, et passées au tamis, pour faire le badigeon, et étant mêlées avec du sable et de la chaux, pour faire du mortier couleur de pierre.

RECOUVREMENT. Se dit de la saillie d'une pierre, sur le joint de celle qui est posée à côté, ou d'une marche sur celle qui la précède, etc.

RECRÉPIR. C'est dégrader au marteau et à la hachette, les anciens crépis d'un mur pour le crépir de nouveau.

REDENTS. Sont les ressauts qu'on pratique de distance en distance, à la retraite d'un mur que l'on construit sur un terrain en pente, pour le mettre de niveau à chacune de ces distances, ou dans une fondation, à cause de l'inégalité de la consistance du terrain ou d'une pente escarpée. (Voyez fig. 32, pl. 1re.)

RÉDUIRE. C'est, dans les arts, copier un dessin en le diminuant, mais en conservant les proportions relatives de chaque partie, ce qui se fait par le moyen d'une échelle plus petite que celle du dessin que l'on veut copier.

RÉFECTION. Rétablissement, grosse réparation d'un bâtiment.

REFEND. Se dit de la séparation des pierres de taille dans les pieds-droits des portes, les pilastres et encoignures des bâtimens; lesquels forment des bossages. Quelle que soit la dimension des pierres et la hauteur des assises, les refends doivent toujours être à des distances égales entre eux, et les joints verticaux de même hauteur. Il faut que les pierres qui figurent ces refends aient au moins en large le double de leur hauteur. (Pl. 6, fig. de 92 à 95.)

REFENDRE. C'est dans la profession de paveur, partager les gros pavés en deux ou en trois, pour faire du pavé de cour, d'écurie, de trottoir, etc.

RÉGALER. Aplanir et dresser la surface d'un terrain, soit de niveau, soit suivant une pente donnée.

REGARD. Petit bâtiment en pavillon, ou caveau souterrain, dans lequel sont renfermés les robinets de plusieurs conduits d'eau, avec un bassin pour en faire la distribution. C'est aussi une ouverture pratiquée dans la voûte d'un aqueduc, pour en faciliter le nettoyage et les réparations.

RÈGLE. Est en général un morceau de bois dur, long, mince et étroit, dont on se sert pour tracer des lignes droites ; certains ouvriers en ont de fer ou de cuivre, comme les serruriers, les fondeurs, etc.

Les architectes et ingénieurs se servent de règles de bois de différentes longueurs, de 3 à 4 c. de largeur, et depuis 3 à 7 mil. d'épaisseur.

Une règle d'appareilleur est une règle de bois d'environ 5 c. de largeur et 1 m. 32 c. de longueur. (2 pouces sur 4 pi.) dont les extrémités sont garnies en cuivre ou en acier, et qui est divisée en mètres, centimètres et millim. Celle des charpentiers et des menuisiers, est ordinairement une règle de deux mètres de long, sur laquelle sont marqués les mètres, avec leurs subdivisions. Ils en ont aussi d'autres de différentes longueurs pour dresser et tracer leurs ouvrages. *Une règle de poseur* est celle qui a 4 à 5 m. de long sur 11 c. de large, servant sous le niveau à régler les cours d'assises et à dresser d'aplomb les pieds-droits, chaînes de pierre, etc.

RÉGULIER. Se dit de ce qui est fait, non-seulement suivant les proportions et les règles de l'art, mais aussi du bâtiment dont les parties opposées sont semblables, ou symétriques et égales; on dit un bâtiment régulier, une façade régulière.

REINS. Se dit dans les voûtes, de leurs parties triangulaires comprises entre la ligne de leur intrados, celle du prolongement de leurs pieds-droits et la ligne de niveau qui passe par leur sommet. On les remplit de maçonnerie; quelquefois on les laisse vides, soit pour rendre les voûtes moins pesantes, comme dans tous les édifices gothiques et dans le pont de Sèvres, près Paris.

REJOINTOYER. C'est refaire et remplir les joints dégradés des pierres d'un vieux bâtiment, d'une façade, d'une voûte.

RELAIS. C'est dans les ouvrages de terrasse, la division de la distance du transport, depuis la fouille jusqu'à la décharge, en parties de 20 mètres, pour en estimer le prix relativement au transport.

RELEVER. C'est, dans la maçonnerie, tailler les bords du parement d'une pierre, pour le dresser, ce qui s'appelle *relever les ciselures.*

— C'est aussi exhausser une maison d'un étage, un mur de quelques pieds, etc.

REMBLAI. Est, dans un ouvrage de terrasse, toute partie formée de terres rapportées ; soit pour garnir le derrière d'un mur de revêtement, soit pour aplanir un terrain et lui donner une pente uniforme, soit pour former une levée.

REMISE. Lieu où l'on met les voitures à couvert. Une *remise simple* est celle qui ne peut contenir qu'une seule voiture, et qui, pour cet effet, doit avoir 8 pieds de largeur, et seize à dix-huit pieds de long si c'était un carrosse, pour que le timon soit à couvert, ou quatorze pieds seulement, si l'on relève le timon.

Une *remise double* est celle qui peut contenir deux ou

trois voitures, et à cet effet, on donne seulement sept pieds de largeur pour chacune. On scelle ordinairement le long des murs de derrière et de côté, des madriers en chêne, pour que les roues ne les endommagent point.

RÉMPLISSAGE. C'est hourder une pièce de bois, les solives d'un plancher, les reins d'une voûte. C'est aussi le blocage en moellons ou briques dont on remplit, avec du mortier, le vide entre deux paremens d'un mur en pierre de taille, ou le caillou qu'on emploie à sec derrière les murs de revêtement, tant pour préserver de l'humidité, que pour rompre la poussée des terres et faciliter l'écoulement des eaux.

RÉNETTE. Outil de fer à deux lames d'acier recourbées, dont les charpentiers se servent pour marquer leur bois.

RENFLEMENT D'UNE COLONNE. C'est l'augmentation du diamètre qui se trouve quelquefois au tiers de la hauteur, mais dont les architectes modernes ont abandonné l'usage.

RENFONCEMENT. Est, dans l'architecture, une profondeur de quelques pouces, pratiquée dans l'épaisseur d'un mur, comme sont les tables renfoncées, les arcades, les niches et croisées, feintes etc.

RENFORMIR. C'est réparer un vieux mur en lançant des moellons aux endroits où il en manque, et remplissant toutes les cavités. C'est aussi redresser un mur qui a plus d'épaisseur en certains endroits que dans les autres, en les hachant et en rechargeant les parties faibles, avant d'en faire les nouveaux crépis et enduits.

RÉPARATIONS. Est tout l'ouvrage que l'on fait à un vieux bâtiment, pour l'entretenir en bon état; on les distingue en grosses et menues réparations : les grosses réparations sont celles qui se font aux voûtes, aux murs, aux planchers et aux couvertures, aux portes, croisées, etc., et qui regardent les propriétaires; les menues réparations sont celles qui se font aux âtres de cheminées, serrures, etc., qui regardent les locataires, et nommées réparations locatives.

RÉPARER. Rétablir un bâtiment, le mettre en bon état.

REPÈRE. Marque que l'on fait sur un mur pour donner un alignement ou pour reconnaître une hauteur, une pente et une dimension quelconques. — C'est aussi une marque faite sur différentes pièces d'assemblage en menuiserie ou en charpente, pour retrouver leur place lors de la pose. Tous les ouvriers de bâtiment se servent de *repères.* — Marques, entailles, ou traits de couleurs, faits pour conserver des mesures, des niveaux ou des alignemens lorsque l'on construit, ou aussi pour reconnaître la place qu'occupait une pièce lors de sa dépose.

REPOS. Est, dans un étage d'escalier, le palier à mi-étage où on se repose, où on peut faire un ou deux pas de niveau; on pratique ordinairement les repos dans les angles des quartiers tournans.

REPRENDRE. C'est réparer les fractures d'un mur dans sa hauteur, ou le refaire par sous-œuvre, en soutenant les parties supérieures par des chevalemens et étaiemens.

REPRISE. C'est la réparation faite à mi-épaisseur ou même de toute l'épaisseur d'un mur. On dit *reprise par épaulée* de la reconstruction par petites parties d'un mur, d'une voûte, etc.

　　Reprise en sous-œuvre sont celles qui sont faites au-dessous de parties construites, et qu'on laisse néanmoins subsister.

RÉSERVOIR. Est, en général, un grand bassin dans lequel on amasse l'eau, pour la distribuer ensuite pour divers usages; on en fait de diverses constructions, en bois de charpente recouverts de madriers et revêtus intérieurement en plomb. D'autres sont construits avec murs de maçonnerie et mur de douve, dont le fond est glaisé et pavé.

RESSAUT. Se dit en architecture de toute partie qui, au lieu d'être continuée sur une même ligne, fait saillie ou renfoncement, comme les entablemens, les corniches et autres moulures, aux avant et arrières-corps, formant deux angles rentrans et saillans : on le dit aussi des limons et rampes d'appui des escaliers, qui ne sont pas continus sur une même ligne, d'une terrasse qui a plusieurs hauteurs de niveau.

RESTAURATION. Est le rétablissement de toutes les parties d'un bâtiment dégradé et remis en bon état.

RETOMBÉE. C'est la naissance d'une voûte depuis le coussinet jusqu'au point où les voussoirs ne peuvent plus se soutenir d'eux-mêmes à cause de leur courbure.

RETONDRE. Couper quelques lignes de l'épaisseur d'un mur, pour en dresser le parement; en retrancher les tables et les ornemens de mauvais goût, les saillies inutiles : repasser les moulures avec différens outils, en rendre les arêtes plus vives, etc.

RETOUR. Est dans l'architecture civile et militaire, l'angle saillant que forme une encoignure, un avant-corps,

un entablement, etc., et qu'on appelle *retour d'équerre,*
lorsque cet angle est droit.

RETRAITE. C'est la plus forte épaisseur d'un mur sur sa
partie supérieure. Elle part ordinairement du sol jusqu'à
environ trois pieds au-dessus; il y en a quelquefois plusieurs. En général, c'est la diminution d'épaisseur d'un
mur, qui se fait soit par le parement extérieur, soit par
le parement intérieur, sur les assises inférieures qui forment l'empatement.

REVERS DE PAVÉ. Est, dans une rue, l'un des côtés en
pente depuis les murs de façade des maisons jusqu'au
ruisseau.

REVÊTEMENT. C'est un mur qui soutient les terres d'une
terrasse, d'un quai, etc. — On appelle dalles de revêtement celles qui se placent de champ au droit de la retraite
d'un mur en moellon.

REVÊTIR. Soutenir une terrasse par un mur de maçonnerie. En général, c'est recouvrir, renforcer; on revêtit
aussi un mur d'un enduit en plâtre ou en ciment, une aire
de grange d'une couche de terre battue.

REZ-MUR. Vieux mot qui désigne le parement d'un mur
pris dans œuvre, et dans ce sens on dit, par exemple,
une poutre de quinze pieds de portée, c'est-à-dire de *rez-
mur.* On dit maintenant une poutre de cinq mètres *dans
œuvre.*

RHOMBE. Surface ou figure qui a quatre côtés égaux,
mais dont les quatre angles sont seulement égaux deux à
deux : on l'appelle aussi *losange.*

RIFFLARD. Espèce de ciseau large, uni et dentelé,
dont se servent les maçons et les tailleurs de pierre.

RIGOLE. Tranchée en terre que l'on fait pour construire
les murs en fondation. C'est aussi un petit canal étroit,
fouillé dans les terres pour conduire les eaux.

RINCEAU. Espèce de branche d'ornement, prenant naissance d'un culot formé de grandes feuilles, naturelles ou
imaginaires, et de fleurons, graines et boutons dont on
décore les frises des entablemens riches, des panneaux, etc.

RIPE. Outil de fer acéré en forme de ciseau courbé, arrondi et dentelé par le bout, emmanché de bois, dont se
servent les tailleurs de pierre pour gratter le parement de
la pierre.

ROCAILLE. Assemblage de plusieurs petits morceaux de
meulière poreuse recuite au feu, de pétrification, de madrépores et de coquillages scellés sur un crépi de mortier

de ciment, pour orner des soubassemens de mur, particulièrement dans les bâtimens pittoresques appelés *fabriques* par les artistes. On nomme *rocailleurs* les ouvriers
qui font ces sortes de travaux, et qui font des grottes en
roches dans les jardins naturels.

ROCHE. Pierre très dure pleine de coquillages, d'un gros
grain; elle est, en général, de très bonne qualité.

ROSACE. Grande rose en sculpture qui occupe ordinairement le milieu des caissons des voûtes et des plafonds;
on en place aussi dans les corniches entre les modillons,
et dans d'autres compositions d'ornemens sculptés.

ROTONDE. Bâtiment dont le plan est rond et qui est couvert en dôme : telle est le Panthéon de Rome, la sépulture
des rois d'Espagne à l'Escurial, l'église de l'Assomption
et la Halle aux blés à Paris.

ROUET. Assemblage de plusieurs pièces de bois de charpente, à queue d'aronde, et de forme circulaire en
dehors, qu'on pose sur le bon fond, pour recevoir le mur
en maçonnerie d'un puits.

ROULEAU. Pièce de bois de forme cylindrique que l'on
place sous les pierres ou sous les grosses pièces de bois,
pour faciliter leur déplacement et leur transport.

RUELLÉE. Bordure de plâtre ou de mortier que les couvreurs forment sur les tuiles au bord des pignons pour
les raccorder et les sceller.

RUDENTURE. Ornement dont on remplit les cannelures
des colonnes et pilastres, depuis la base jusqu'au premier
tiers. Il y en a de différentes sortes : de plates, à baguette, à roseau; on en voit encore aux colonnes du
Louvre.

RUSTIQUER. C'est piquer et dresser le parement d'une
pierre avec la pointe du marteau, après avoir relevé les
ciselures au ciseau.

S.

SABLE. Sorte de gravier et de petits cailloux de différentes
formes et de diverses couleurs.

Le *sable de rivière* est le meilleur pour faire de bon
mortier; on se sert aussi du *sable de terrain* ou *de sablon-
nière*, et *du sable de ravines* pour faire du mortier, pour
sabler les allées de jardin, et pour poser le pavé des rues;
le meilleur des deux sortes est celui qui n'est point mêlé
de terre, et qui ne salit point les mains en le maniant.

SABLON. Sable extrêmement fin, blanc ou gris, qui s'emploie avec succès dans la composition des mortiers.

SABOT. Morceau de bois dans lequel s'emboîte l'extrémité d'un calibre, et qui sert à le diriger le long des règles qui forment les chemins disposés pour traîner les moulures.

SAIGNÉE. Petite rigole qu'on fait pour étancher l'eau d'un fossé, ou d'une fondation, pour la faire couler dans un endroit plus bas.

SAILLIE. Est toute avance qu'ont les moulures, au-delà du nu des murs, comme pilastres, chambranles, bandeaux, archivoltes, corniches, balcons, etc.

SAPER. C'est abattre une vieille construction par le pied.

SAPINE. Est toute pièce de bois de sapin dont on se sert dans les travaux pour échafauder.

SAS. Tamis formé d'un tissu de crin, qui sert à passer le plâtre destiné à faire des enduits.

SAUTERELLE. Instrument en bois composé de deux règles mobiles, maintenues par un bout, pour décrire des angles de toutes les ouvertures.

SCELLEMENT. Se dit de la manière d'engager et de retenir dans un mur, une pièce de bois ou de fer, soit avec du plâtre, soit avec du mortier, du plomb coulé, du mastic, ou autre liaison solide.

SCELLER. C'est fixer dans un mur, ou dans des cloisons ou pans de bois, des pièces de bois ou de fer.

On fait des scellemens en tuileaux, en plâtre, en plomb, etc.

SCIE. Lame d'acier sans dents, assemblée dans une monture pour scier les pierres dures. — *Scie passe-partout.*
Celle dont la lame est dentelée à grandes dents, pour débiter les pierres tendres.

SCOTIE. Nom que l'on donne à une moulure creuse, terminée par deux filets, ou carrés, et qui est placée entre les tores dans les bases antiques. Lorsqu'il y en a deux dans une même base, comme à la base corinthienne, on les nomme *scotie supérieure, scotie inférieure.*

SECTION. C'est, en géométrie, le point où des lignes se coupent, ou la ligne dans laquelle des plans se rencontrent.

SEGMENT DE CERCLE. Partie d'un cercle renfermée entre l'arc et sa corde.

SEMELLE. Pièce de bois méplate, qu'on met sous le pied d'un pointail, d'un étai ou d'un chevalement, et sous le pied des arbalétriers de la ferme d'un comble.

SERVITUDE. C'est en général, le droit qu'a un propriétaire sur l'héritage de son voisin, soit pour un passage, soit pour l'écoulement des eaux, soit pour tirer des jours, etc.

SEUIL. Est la pierre méplate qu'on met au bas de la baie d'une porte entre ses tableaux, sans excéder le nu du mur, et qui quelquefois a une feuillure pour servir de battement à la porte.

SIÉGE *d'aisances.* Maçonnerie qui reçoit la culotte et la cuvette d'un cabinet d'aisances. — Revêtement en menuiserie de cette maçonnerie.

SIMBLEAU. Est le cordeau avec lequel les ouvriers tracent une circonférence, lorsque sa grandeur surpasse la portée d'un compas ou d'un trousquin.

SINGE. Machine propre à élever des pierres ou des moellons au haut d'un bâtiment, à tirer les terres de la fouille d'un puits, à monter et à descendre les matériaux et le mortier ; il se compose d'un treuil, qui tourne sur deux chevalets au moyen de bras, leviers ou manivelles adaptés à ses extrémités. Les maçons appellent aussi à Paris l'entrepreneur qui les paie *notre singe.*

SITUATION. Est la manière dont un édifice est placé, par rapport aux objets qui l'environnent, par rapport aux quatre points cardinaux. (*Voyez Position.*)

SMILLE. Espèce de marteau à deux pointes, dont se servent les carriers pour piquer le grès.

SMILLER. Ébousiner, ou tailler grossièrement à la hachette, les lits, les joints et la tête du moellon avant de le poser ; les ouvriers disent *Essemiller.* C'est aussi piquer du grès à la smille.

SOCLE. Est un solide carré, qui supporte la base des piédestaux, des statues, des vases de colonnes, etc.

On appelle *socle continu* celui qui règne de niveau et sans interruption, sur toute une façade, et sur lequel sont posées les colonnes et pilastres qui la décorent.

SOFFITE *d'architrave,* de *larmier,* de *plate-bande.* Est la face de dessous d'une architrave, d'un larmier ou d'une plate-bande : souvent unie, mais quelquefois décorée de caissons, de rosaces et autres ornemens suivant les ordres employés et la richesse de l'édifice.

SOL. Est la superficie de la terre, l'aire du terrain, la place sur laquelle on élève un bâtiment.

SOLIDE. Est tout corps qui a trois dimensions, longueur, largeur et hauteur; on l'appelle *cube* dans la construction.

Ce terme s'emploie aussi pour désigner la qualité du terrain sur lequel reposent les fondations d'un édifice.

SOLIDITÉ. Qualité essentielle des matériaux et de l'ensemble d'une construction, dans l'architecture civile et militaire.

SOLIN. Filet en plâtre entre les dormans de portes et de croisées, le long du carreau et des murs d'une pièce.

— C'est aussi l'arête de plâtre ou de mortier qu'on fait aux couvertures, le long d'un mur de pignon, pour sceller et arrêter les premières tuiles ou ardoises.

SOMMIERS. Premières pierres de chaque côté d'un arc ou d'une plate bande, qui est à plomb des piédroits des colonnes, ou des pilastres qui les supportent, et qui reposent immédiatement dessus.

SONDE. Est une grosse tarière, formée de plusieurs barres de fer qui s'emboitent les unes au bout des autres, dont on se sert pour percer le terrain, afin de s'assurer de sa nature.

SONDER. Enfoncer la sonde dans un terrain, pour connaître la qualité du fonds.

SONNETTE. Machine de charpente composée de deux montans, de deux contre-fiches et d'un rancher, assemblés dans une sole et une fourchette; au haut des deux montans sont deux poulies, sur lesquelles passent deux cordages attachés à un billot de bois ou de fonte, appelé *mouton*, qui sont tirés à force de bras d'hommes, et qu'ils lâchent tous ensemble pour frapper sur la tête des pilots qu'on veut enfoncer en terre.

SOUBASSEMENT. C'est la même chose que la retraite d'un bâtiment; on peut le considérer comme un piédestal continu qui sert d'assiette à l'édifice, tel que celui de la Bourse à Paris.

C'est aussi une planche en plâtre placée sous le manteau d'une cheminée, pour empêcher la fumée de sortir et la diriger dans le tuyau.

SOUCHE DE CHEMINÉES. Sont plusieurs tuyaux de cheminées, qui dépassent le dessus de la couverture d'un bâtiment, adossés ou dévoyés et réunis les uns à côté des autres.

SOUCHET. C'est la pierre qui se trouve dans les carrières, au-dessous des bancs propres à faire des assises, et que les carriers cassent pour faire du moellon.

SOUCHEVEUR. Ouvrier de carrière, qui travaille particulièrement à ôter le souchet, pour séparer les bancs de pierre, et les faire tomber.

SOUPIRAIL. Baie en glacis, pratiquée dans l'épaisseur d'un mur de cave, et dont les deux jouées sont évasées, pour donner de l'air et un peu de jour aux lieux souterrains. L'ouverture des soupiraux se fait ordinairement dans le soubassement du rez-de-chaussée.

Un *soupirail d'aqueduc*, est aussi une ouverture en abatjour, dans un aqueduc couvert, ou à plomb dans un aqueduc souterrain, qu'on pratique de distance en distance, pour laisser échapper l'air qui arrêterait le cours de l'eau s'il était comprimé.

SOURCE. Est l'endroit par où les eaux s'échappent du sein de la terre.

SOUS-MARCHÉ. Partie d'un marché plus étendu, qu'un entrepreneur général cède à un autre entrepreneur avec un rabais sur les prix accordés.

SOUTENEMENT. On appelle *mur de soutenement* celui qui est construit pour retenir la poussée des terres d'une terrasse élevée.

SPHÈRE. Corps solide parfaitement rond. C'est ce que l'on nomme vulgairement *une boule*.

SPIRALE. Qui environne en tournant : on nomme *ligne spirale*, celle qui en tournant s'éloigne graduellement de son centre, comme celles dont sont formées les volutes.

STÉRÉOTOMIE. Science de la coupe du trait, ou l'art de la coupe des pierres.

STORE. Se place au devant d'une croisée pour garantir de l'ardeur du soleil; aujourd'hui on fait des stores en coutil, en taffetas peint, en jonc, etc. montés sur un cylindre renfermant un ressort, par le moyen duquel ils se roulent sur ce cylindre, fixé au haut de la baie.

STUC. Sorte de mortier fait de poudre de marbre tamisée avec de la chaux, dont on fait des enduits pour les salles à manger, et d'autres pièces des maisons importantes; on en fait aussi des ornemens incrustés : le stuc prend facilement le poli et craint l'humidité.

STUCATEUR. Artiste qui travaille en stuc.

STYLOBATE. Espèce de piédestal continu, ou de soubassement qui a base et corniche, et qui règne dans toute la longueur de l'édifice; comme à la nouvelle Bourse de Paris.

SURCHARGE. C'est l'excès de charge qu'on donne à un plancher pour le mettre de niveau, ou à un mur pour le mettre à plomb. — C'est aussi l'héberge qu'un voisin construit au-dessus de la hauteur de clôture.

SURFACE. Expression générique qui désigne tout ce qui

n'a que deux dimensions, longueur et largeur, sans épaisseur, de quelque manière qu'elle soit posée. On dit la surface d'un mur, d'un plancher.

SURPLOMB. Se dit de toute construction élevée, dont la face n'est pas d'aplomb, c'est-à-dire dont les parties supérieures sont plus saillantes que les inférieures. Ce terme est opposé à *fruit* ou talus.

T.

TABLE. C'est, dans une décoration d'architecture, une partie de mur unie, lisse, saillante ou renfoncée, ordinairement de forme carrée ou rectangle. Une *table d'attente* est celle qui a de la saillie hors du nu d'un mur, ou d'un lambris de menuiserie, soit pour y tailler un bas-relief, soit pour y graver une inscription. Une *table saillante* est celle qui excède le nu d'un mur dans lequel elle est pratiquée. Une *table renfoncée* est celle qui au contraire, n'affleure pas le nu du parement.

TABLEAU *de piédroit, de baie, ou de jambage,* est la partie de l'épaisseur d'un mur qui forme un angle droit, aigu ou obtus avec le parement extérieur de ce mur; dans une arcade, ou dans une baie quelconque de porte ou de croisée, depuis la feuillure jusqu'au parement extérieur, ou entre les deux paremens, lorsqu'il n'y a point de feuillures.

TABLETTE. Est en général, toute pièce de marbre, ou de pierre de peu d'épaisseur, ornée de moulures ou non, placée horizontalement sur un mur de terrasse, le bord d'un bassin, d'un réservoir, etc. Une *tablette d'appui* est celle qui couronne le mur d'appui d'une croisée, d'une balustrade, d'un balcon, ou le chambranle d'une cheminée.

TAILLE *de pierre.* Est la forme que l'on donne aux lits, aux joints et aux paremens de pierre, suivant la place qu'elles doivent occuper. La *taille préparatoire* est la première taille droite faite sur un parement qui doit être ensuite taillé circulairement. On appelle *taille rustiquée,* un parement seulement dégrossi à la pointe du marteau, après les ciselures relevées. *Taille layée,* le parement rendu uni au moyen de la laie et de la ripe. *Taille ragréée,* la dernière sur les paremens après la pose des assises; pour faire disparaître les petites saillies ou balèvres des arêtes d'une assise sur une autre, on emploie pour cette opération, le marteau, la ripe, est quelquefois le grès.

TAILLER. Se dit, dans l'architecture, de l'action de couper, d'équarrir une pierre, une pièce de bois, suivant les mesures et les proportions de la place qu'elle doit occuper.

TAILLEUR DE PIERRE. Est celui qui taille et qui façonne les pierres, après qu'elles ont été tracées par l'appareilleur, suivant les mesures et proportions de la place qui leur est destinée dans la construction.

TAILLOIR. Partie supérieure des chapiteaux des colonnes et pilastres ; il est parfaitement carré aux chapiteaux toscan et dorique, et à l'ionique antique, mais il est creusé et recoupé en dedans en portion de cercle, et à ses quatre angles coupés, au chapiteau corinthien et à l'ionique moderne, employé souvent par Michel-Ange et Scamozzi.

TALOCHE. Bout de planche au milieu de laquelle est une poignée ; elle sert en guise de truelle, à faire les enduits en plâtre ou en blanc-en-bourre.

TALON. Moulure à double courbure, concave à sa partie inférieure, et convexe à la partie supérieure : on l'appelle alors talon droit ; mais lorsque la partie inférieure est convexe, et la partie supérieure concave, on le nomme talon renversé.

TALUS. Est l'inclinaison, ou la pente qu'on donne au parement des ouvrages de maçonnerie ou de terrasse, soit dans l'architecture civile, soit dans l'architecture militaire. On ne doit pas confondre ce terme avec celui de *glacis*, parce que le talus est plus raide que le glacis, dont la pente doit être douce ; en résumé, on peut se faire une idée des talus par une ligne verticale plus ou moins inclinée ; le glacis, au contraire, est une ligne horizontale, se relevant d'un côté.

TALUTER. Élever en talus, donner du talus à un mur de terrasse ; mettre une ligne ou une surface en talus.

TAMBOUR *de colonne.* Assise arrondie d'une colonne en pierre, qui fait partie du fût.

TAMIS *de crin* ou *de soie.* On s'en sert pour passer le plâtre qui sert aux enduits et aux dernières couches des corniches.

TAS. Se dit d'un bâtiment qu'on élève, on dit *retailler une pierre sur le tas.* On appelle *tas de charge,* une saillie formée par plusieurs assises de pierre, posées les unes sur les autres, ce qu'on nomme aussi encorbellement. Tels sont les acrotères des anciennes tours, auxquels on pratiquait des créneaux.

En pavage, c'est une rangée de pavés posés en ligne droite, sur le milieu d'une chaussée, d'après laquelle les ailes s'étendent en pente de deux côtés, jusqu'aux ruisseaux ou jusqu'aux bordures.

TASSEAU. C'est dans la maçonnerie le scellement qu'on fait au pied d'une écoperche d'échafaudage pour la tenir debout.

TASSEMENT. Effet d'un bâtiment affaissé par son propre poids, c'est-à-dire, par la dessiccation du mortier introduit dans les joints, et par la pression qu'exercent sur elles-mêmes les assises de pierre ou de moellon qui le composent. C'est un effet inévitable, mais il faut prendre les précautions convenables pour qu'il s'opère également sur tous les points de la construction.

TASSER. Se dit de l'affaissement d'un bâtiment qui prend sa charge dans toute son étendue, et d'une voûte dont la hauteur a diminué en se resserrant par ses joints.

TÉMOIN. C'est, dans l'arpentage une marque convenue que l'on grave sur les bornes délimitatives des propriétés, pour faire connaître qu'elles ont été posées de main d'homme, et non au hasard ; ce sont aussi dans les fouilles de terre, les petites parties du terrain laissées exprès de distance en distance, pour connaître quelle en était la hauteur, afin d'en pouvoir faire le toisé exact.

TÉNACITÉ. Qualité des corps par laquelle ils peuvent soutenir une pression, ou un tiraillement considérable sans se rompre.

TENANS. Se dit de l'indication des parties limitrophes d'un champ, d'un clos, etc., et s'emploie toujours au pluriel ; on dit *les tenans et aboutissans.*

TERRAIN. Est la surface de la terre sur laquelle on élève un édifice, ou sous laquelle on veut faire des mines ; les architectes et les ingénieurs en distinguent cinq principales sortes, relativement à leurs différentes consistances ; savoir : le tuf, le sable, l'argile ou terre à potier, dont on fait les briques et les tuiles ; la terre remuée, et la pierre ou le roc.

TERRASSE. Est la couverture en plate-forme d'un bâtiment, soit en dalles de pierres, soit en zinc, soit en plomb, ou en bitume, etc.

TERRASSIER. Ouvrier qui fait des fouilles, des déblais et des remblais de terre pour régler un terrain suivant des niveaux de pente, arrêtés par un nivellement, ou pour tout autre objet.

TERRE CUITE. Terre grasse ou argile, cuite dans un

four, après avoir été amalgamée et broyée, et ensuite introduite dans des moules, pour en faire des poteries, de la brique, de la tuile et du carreau.

TERRE FRANCHE. Terre grasse, sans gravier, avec laquelle on construit des murs de clôture. Elle sert encore à hourder les murs en meulière ou en moellon, et les pans de bois, et à faire des aires de planchers dans des bâtimens ruraux; on en fait aussi du pisé.

On appelle *terre rapportée,* celle qui a été transportée d'un lieu à un autre, pour dresser un terrain suivant un niveau arrêté. *Terre jectice,* celle qui a été fouillée et remuée.

TÊTE DE MUR. Épaisseur et parement d'un mur à son extrémité, qui est ordinairement revêtue d'une jambe étrière en pierre. Une *tête de voussoir* est la face intérieure ou extérieure du voussoir d'un arc ou d'un claveau de plate-bande.

TÊTU. Masse en fer, ou gros marteau, dont un côté est carré, et l'autre méplat, et qui sert à abattre les angles des pierres sur lesquels on doit faire des évidemens.

TIERS. Se dit d'un expert ou arbitre nommé par le juge, pour départager deux experts qui sont d'avis différent.

TIERS-POINT. C'est la courbure des voûtes gothiques qui sont composées de deux arcs de cercle de 60 degrés, tracés d'un intervalle égal au diamètre de la voûte pris pour rayon.

TIGETTE. C'est dans le chapiteau corinthien une espèce de tige ou cornet, ordinairement cannelé et orné de feuilles, d'où naissent les volutes et les hélices.

TIRE-CLOU. Est un outil de fer plat, coudé en dessus, et dentelé des deux côtés, dont se servent les couvreurs pour arracher les clous qui retiennent les ardoises sur la volige.

TOISE. Ancienne mesure de 6 pieds, équivalant à 1 m. 95 c.; la toise était non seulement l'étendue d'une chose qui avait cette mesure, mais encore la règle qui servait à toiser. La *toise courante* était celle seulement en longueur. La *toise carrée* ou *superficielle* contenait 36 pieds carrés équivalant à 3 m. 80 c. (6 pieds de long sur 6 pi. de large.) C'était ainsi que l'on mesurait les légers ouvrages de maçonnerie, les faces des murs, les lambris de menuiserie, les ouvrages de couverture, peinture, etc. La *toise cube* était celle qui contenait 216 pi. cubes (7 m. 404 millièmes) produit de 6 pieds de long par 6 pieds de large et 6 pieds de haut : c'était ainsi que l'on mesurait les massifs de maçonnerie, la fouille des terres, etc.

TOISER. C'est l'art de mesurer toutes les parties d'un bâtiment, et d'en faire les développemens et les détails nécessaires pour en fixer le prix.

TOISEUR. Est celui qui mesure toutes les parties d'un bâtiment ; un toiseur doit connaître les principes de géométrie sur lesquels sont fondées toutes les opérations du toisé, et les us et coutumes des lieux où il opère.

TOIT. C'est la couverture d'un édifice ; cette dénomination que remplace toujours le mot *comble*, en terme d'architecture, comprend la charpente d'un comble, et l'ardoise ou la tuile qui la couvre. Un *comble plat* est celui qui a peu de pente, *à deux égouts* est celui dont le faîtage est continué d'un pignon à l'autre, et qui par conséquent jette l'eau des deux côtés. Le *comble en pavillon* a quatre faces triangulaires, qui se réunissent au sommet du poinçon. Le *comble brisé* est celui dont la partie inférieure est en mansarde et par conséquent, presque verticale, et l'autre plus plate ; le tore ou moulure qui divise ces deux parties de comble se nomme *membron*.

TONNEAU DE PIERRE. C'est une mesure de 14 pieds cubes, qui était en usage pour la vente des pierres de Saint-Leu et de Vergelé.

TORE. Moulure ronde, de différentes grosseurs, faisant ordinairement partie des bases des colonnes ; lorsqu'il est gros, on l'appelle tore inférieur ; s'il est petit, on l'appelle tore supérieur ou baguette.

Les ouvriers le nomment quelquefois boudin ou bâton.

TORCHIS ou BAUGE. Terre grasse détrempée avec du foin et de la paille coupée, dont on fait les murs et cloisons de chaumière du pauvre et de quelques fabriques destinées à embellir les parcs et jardins ; on en fait aussi des murs de clôture dans les campagnes.

TORCHON. Paquet de paille tortillée, ou morceau de natte qu'on met sous les pierres pour éviter les épaufrures des arêtes, lorsqu'on les met sur le chariot pour les transporter à pied-d'œuvre.

TOSCAN. (Voyez *ordres d'architecture*).

TOUR. Bâtiment fort élevé, souvent à plusieurs étages, ordinairement rond, quelquefois carré ou polygone, que l'on construisait anciennement pour flanquer les murs d'enceinte d'une ville de guerre ou d'un château.

On appelle *tour ronde*, le parement convexe de tout mur cylindrique ou conique. *Tour creuse*, le parement concave de tout mur circulaire. *Tour d'échelle*, un espace de 38 c. de large, que laisse un propriétaire, entre le mur qu'il fait construire, et l'héritage de son voisin. *Tour du chat.* Espace de 16 c. (6 po.) que l'on doit toujours laisser entre le mur d'un four ou d'une forge et le mur mitoyen. (Cout. de Paris, art. 190.)

TOURELLE. Petite tour ronde ou polygone, portée par encorbellement ou par un cul de lampe, ou par une trompe, comme on en voit encore à quelques encoignures d'anciennes constructions des 13e et 14e siècles.

TOURET. Petit tour qui reçoit un mouvement de rotation rapide, au moyen d'une grande roue qui fait partie des machines destinées à élever les pierres.

TRACER. Marquer, ébaucher, dessiner un plan sur du papier, ou sur le terrain, soit avec l'encre, soit avec le crayon, soit avec une pointe. L'appareilleur trace la pierre pour le tailleur de pierre, etc.

TRAINER. C'est, en maçonnerie, former en plâtre les moulures d'une corniche, d'un cadre, d'une plinthe, d'un bandeau, avec un calibre qu'on traine sur deux règles scellées, qu'on appelle *chemin*.

TRAIT. On dit *une pièce de trait* d'un petit modèle d'arc de voûte, de comble, etc., dont toutes les pièces sont taillées selon l'art de la *stéréotomie*. Le *trait carré* est une ligne perpendiculaire sur une autre ; tous les ouvriers se servent d'une équerre, pour tracer une perpendiculaire, ou trait carré.

Trait de niveau, ligne fixée horizontalement pour diriger les ouvriers.

Un *trait corrompu* est une ligne tracée à la main irrégulièrement, qui forme des inégalités, des sinuosités.

TRANCHÉE. Ouverture verticale ou horizontale pratiquée dans un mur, une cloison, un plancher, etc., pour y loger un poteau de cloison, placer un tuyau, etc.; c'est aussi la fouille en rigole que l'on fait pour les murs de fondation ou pour placer des conduites d'eau; on fait aussi des tranchées dans les murs pour former les arrachemens de tuyaux de cheminée, encastrer des ancres, etc.

TRANCHIS. Rang d'ardoises ou de tuiles échancrées diagonalement, qu'on pose dans l'angle rentrant d'une noue, ou sur les bords des arêtes d'un comble.

TRAPÈZE. Figure plane à quatre côtés, dans laquelle deux côtés opposés ne sont pas parallèles.

TRAVAILLÉ. On dit qu'un bâtiment a *travaillé*, lorsqu'étant mal construit, ou élevé sur un mauvais fond, il tasse inégalement, et que les murs bouclent et sortent de leur aplomb.

TRAVAILLER. Les ouvriers travaillent à la journée, c'est exécuter quelques ouvrages, moyennant un prix fixé pour chaque journée de travail. *Travailler à la tâche*, c'est faire prix à tant la pièce d'une certaine nature d'ouvrage. *Travailler à la toise*, c'est faire prix à tant la toise de certains travaux, comme de la taille de la pierre, des légers ouvrages, etc. *Travailler par épaulées*, c'est reprendre par parties des murs en sous-œuvre.

TRAVÉE *de plancher*. Est un rang de solives posées entre deux solives d'enchevêtrure d'un plancher, entre une poutre et un mur, etc. Une *travée de balustre* est un rang de balustres, terminé par deux piédestaux. (*Voyez* la galerie, coupe fig. 39 de la planche 4 de notre Manuel d'Architect.) Une *travée de grille* est l'espace garni de barreaux, entre deux pilastres ou montans, ou entre deux piliers de pierre, comme au plan, fig. 37, pl. 3ᵉ du même Manuel. Une *travée de pont* est la partie du plancher d'un pont de bois, entre deux files de pieux formés de poutrelles sur les travons, supportés par des contre-fiches dont les entrevoux sont couverts de madriers pour recevoir les couchis, le sable et le pavé.

TRÉMIE. Espace compris entre deux solives d'enchevêtrure et un chevêtre, que l'on bande en plâtras et plâtre, pour porter l'âtre d'une cheminée.

On appelle *barres de trémie*, les fers qui soutiennent le hourdis.

TRÉPAN. Outil servant à percer la pierre.

TREUIL. Cylindre qui sert dans les machines, à tourner le cable pour élever ou descendre les fardeaux.

TRIGLYPHE. Ornement saillant de la frise de l'ordre dorique, où il est placé à distances égales ; il a dans son milieu deux canaux ou glyphes, séparés par une côte ou listel, et à ses extrémités deux demi-canaux, séparés de même des deux canaux. (Voyez pl. 3, *ordre dorique*). Il faut toujours qu'un triglyphe soit placé sur l'axe des colonnes.

TRIGONOMÉTRIE. On appelle ainsi la partie de la géométrie qui sert à trouver les parties inconnues d'une surface plane, par le moyen de celles qui sont connues.

TROMPE. Est une voûte en saillie sur un mur, ayant la figure d'une trompe ou conque marine, et qui n'est soutenue que par l'art de la coupe des pierres ; il y en a de plusieurs sortes. La *trompe en tour ronde* est celle dont le plan est en demi-cercle, sur un mur en ligne droite, et qui forme un éventail ouvert. La *trompe plate*, qui dans un angle rentrant, forme par son plan un carre ou un trapèze. La *trompe sur le coin* est celle qui porte l'encoignure d'un bâtiment, soit qu'elle soit droite ou en tour creuse et en coquille. La *trompe rampante*, est celle dont la naissance est une ligne inclinée.

TROMPILLON. Est, dans une trompe, une pierre ayant la forme d'une portion de cône ou de pyramide, qui sert de naissance ou de coussinet aux voussoirs dont elle est composée.

TROUSQUIN. (Voyez *compas*.)

TROTTOIR. Chemin élevé de quelques pouces, que les architectes et les ingénieurs pratiquent le long des parapets, des rues, des quais et des ponts, pour garantir les piétons de l'approche des voitures.

TRUELLE. Outil de fer ou de cuivre, avec un manche de bois, dont les maçons se servent pour employer le plâtre et le mortier, et pour dresser les enduits. Celle de cuivre est ronde par son extrémité, et sert pour le plâtre, celle de fer est pointue, et sert pour le mortier. (Voyez pl. 1re, fig. 1re et 2e).

La *truelle bretée* est une truelle en fer dont un des bords est dentelé comme une lame de scie; elle sert à dresser et terminer les enduits en plâtre (fig. 9.)

TRUELLÉE Est une certaine quantité de plâtre gâché; ce terme n'est en usage qu'entre les maçons et leurs manœuvres; ils disent *une truellée, deux truellées, au sas, au panier*.

TRUMEAU. C'est la partie d'un mur de face entre deux baies de portes ou de croisées.

On appelle *jambe étrière*, un trumeau qui est mitoyen.

On appelle aussi *trumeau* un parquet de glace dont on revêt ces parties de mur, dans l'intérieur des appartemens.

TUF. Est un terrain spongieux et poreux, quelquefois compacte comme la pierre à bâtir, mêlé de cailloux, de gravier ou de sable; tantôt coloré, tantôt calcaire, tantôt argileux. Ces variétés sont le résultat de la différence des parties hétérogènes dont il a été formé, lorsqu'après le retrait des eaux, il a pris de la consistance. On bâtit très solidement sur le tuf.

TUILE. Espèce de planche de terre glaise, pétrie et moulée, d'environ 18 mil. (8 lig.) d'épaisseur, séchée et cuite dans un four fait exprès, dont on se sert pour couvrir les bâtimens. Il y en a de différentes façons; savoir: la *tuile plate* ou *à crochet* est de forme rectangle, et de deux sortes, l'une, le petit moule 26 c. (9 po. $\frac{1}{2}$) de long sur 18 c. (6 po. 9 l.) de largeur; le grand moule a 31 c. de long sur 22 c. de large (11 po. $\frac{1}{2}$ sur 8 po. $\frac{1}{4}$) La *tuile faîtière* dont la forme est circulaire doit avoir 73 c. (15 po.) de long; elle sert à couvrir le faîtage des couvertures. Une *tuile flamande* a la forme d'un S; on s'en sert pour les hangars et marchés publics. La *tuile gironnée* a la forme d'un trapèze; on s'en sert pour le comble des tourelles.

TUILEAU. Est un morceau de tuile cassée, pour faire les voûtes de four, les contre-cœurs, âtres de cheminée, des scellemens, etc.; les plus petits fragmens servent à faire du ciment.

TUYAU. Est un tube de fer fondu, de cuivre, de zinc, de plomb, de terre ou de bois, dont on se sert pour faire passer l'air, l'eau ou le gaz d'un lieu à un autre.

En maçonnerie, les *tuyaux de cheminée* se font en brique ou en plâtre. On appelle *tuyau en hotte* celui qui est évasé au-dessus du manteau; *tuyau passant* celui qui venant d'un étage inférieur, passe à côté d'un manteau; *tuyau dans œuvre*, celui pratiqué dans l'épaiseur d'un mur; *tuyau adossé* celui qui est en saillie sur le nu d'un mur; et enfin *tuyau dévoyé* celui qui ne monte pas d'aplomb.

TYMPAN. Est la partie lisse et triangulaire d'un fronton, entre les corniches rampantes, ou en segment de cercle dans les frontons circulaires, et les moulures horizontales de l'entablement; le tympan est quelquefois décoré d'un bas-relief.

U.

USAGES. On appelle ainsi dans la pratique des bâtimens des évaluations conventionnelles de certains ouvrages de maçonnerie, de couvertures, etc. qui s'éloignent plus ou moins de la valeur véritable, et qui, offrant d'une manière quasi-légale des gains illicites aux entrepreneurs, ne sont plus admis partout où les gens de l'art sont à même d'exercer leur surveillance et leur contrôle.

USINE. Bâtimens, ateliers et appareils d'un manufacturier, tels que forges, papeteries, fonderies, etc.

V.

VACATION. C'est l'action de s'occuper à quelque chose, et notamment par autorité de justice. C'est en ce sens qu'on appelle première, seconde, troisième ou autre vacation, d'un procès-verbal de visite d'experts, les différentes séances employées à cette visite. La vacation est de trois heures de travail, et se paie en raison des localités, des distances où se fait l'opération, et de la profession des experts. (Voyez le tarif des frais au *Memento des Architectes*.)

VASE. C'est un fond de terrain très marécageux, et sans aucune consistance, sur lequel on ne peut fonder qu'en se servant de pilots et grillages en charpente.

On appelle *vases d'amortissement* des vases ordinairement isolés qui couronnent la décoration d'une façade extérieure, comme on le voit fig. 39, pl. 4, de notre Manuel d'architecture.

VENTOUSE. Est un tuyau de maçonnerie, de poterie ou de plomb qui communique à une chausse d'aisances, et est élevé jusqu'en dehors du comble, pour empêcher la mauvaise odeur, en lui procurant une issue qui donne entrée à l'air extérieur.

C'est aussi un tuyau de plomb branché verticalement sur une conduite d'eau, servant dans un réservoir à l'issue de l'air, et par ce moyen soulage les conduites, et empêche les tuyaux de se crever. On appelle *ventouses de cheminée* une espèce de courant d'air pratiqué sous la tablette pour chasser la fumée. Ce sont deux planches de plâtre placées sous le manteau de cheminée, pour recevoir l'air extérieur qui fait monter la fumée.

VENTRE. Se dit du parement d'un mur qui boucle et qui sort de son aplomb.

VERBOQUET. Lien de cordage que l'on fait à un des bouts d'un fardeau qu'on enlève par le moyen d'une grue ou autre machine, ou au lien même d'un cable soit pour l'empêcher de tournoyer en montant, soit pour l'empêcher de toucher aux échafauds ou à quelqu'autre saillie.

VÉRIN. Machine composée de deux forts madriers, de deux grosses vis en bois qui traversent l'un d'eux, et d'un pointail entré dans le milieu de ces madriers; on s'en sert pour remettre à plomb des jambages, des cloisons, pour remettre de niveau les planchers, etc., etc.

VERMICULÉ. Se dit du travail qu'on fait à la pointe sur la pierre pour imiter les sinuosités produites par le passage des vers.

VERTICAL. On nomme ainsi tout ce qui est perpendiculaire à l'horizon. Ce qui se trouve exactement dans cette position est d'aplomb.

VESTIBULE. Lieu couvert dans un édifice, d'où l'on communique aux escaliers et aux divers appartemens. (Voy. pl. 3, fig. 37 de notre Manuel d'architecture.)

VESTIGES. Se dit des restes de quelqu'édifice ruiné ; on dit les vestiges d'un temple, d'un palais, d'un amphithéâtre. Il ne s'emploie qu'au pluriel.

VÉTUSTÉ. Terme synonyme de vieillesse, qu'on emploie en parlant de bâtimens en mauvais état. On dit qu'un bâtiment tombe de vétusté.

VIDE. Se dit de toute baie, ou autre ouverture dans un mur, et de tout espace entre des poteaux de cloisons, ou solives de plancher : on dit en ce sens que les trumeaux sont espacés tant plein que vide, et de même des poteaux et solives.

Il signifie aussi *hors d'aplomb*, par exemple lorsqu'un mur déverse, on dit qu'il pousse au vide. Se dit encore des petits réduits qu'on réserve dans les murs épais et dans les massifs, autant pour épargner les matériaux que pour en diminuer la charge (tels sont ceux réservés dans le mur circulaire du Panthéon à Rome, aux portes Saint-Denis et Saint-Martin à Paris, et dans les retombées des arches du pont de Sèvres.

VIF. On dit *ébousiner une pierre jusqu'au vif,* lorsqu'on en ôte tout le bousin pour atteindre la partie dure ou le cœur.

VINDAS. Sorte de petit cabestan servant à amener les fardeaux horizontalement.

VINGTAINE. Petit cordage qui sert pour les verboquets et les échafauds.

VIVE-ARÊTE. On appelle ainsi les angles aigus faits soit sur la pierre, soit sur le plâtre, sur le fer, le marbre, etc.

VIVIER. Est une pièce d'eau dormante ou courante, entourée de murs de maçonnerie, dans laquelle on conserve du poisson.

VIS. Est en architecture la même chose qu'une ligne hélice. Une *vis à jour* est un escalier dont les marches soutenues par leur queue dans le mur de la cage, portent chacune leur collet qui forme un cercle vide. La *vis Saint-Giles ronde* est un escalier à vis et noyau vide, voûté en berceau tournant et rampant. La *vis Saint-Gilles carrée* est un escalier dont le noyau et la cage sont carrés, et voûtés en berceau incliné.

VISITE. Se dit de l'examen que font les experts, d'un lieu ou de quelqu'ouvrage contentieux, pour en faire leur rapport aux juges, et même l'estimation, si elle a été ordonnée.

VOIE. On appelle *voie* de *pierre*, de *moellon*, de *gravois*, etc., ce que contient de ces matériaux, une voiture, ou un tombereau : on dit aussi *voie* de plâtre, *voie* de salpêtre, etc. On donne aussi ce nom à l'ouverture que fait la scie dans un bloc de pierre ou de marbre.

VOLEE. Est dans la construction le travail de plusieurs hommes rangés sur la même ligne qui battent par exemple, une allée de jardin : on dit qu'une allée a été battue à trois volées, lorsque les trois hommes rangés toujours de la même manière ont battu la longueur de cette allée trois fois.

VOLIGE. C'est la latte en bois blanc et peuplier, dont on se sert pour les couvertures en ardoise; elle a six pieds de long sur six à huit pouces de largeur.

VOLUTE. Enroulement en spirale, qui est un des principaux ornemens des chapiteaux ionique et corinthien. Il y a quatre volutes au chapiteau ionique antique, et huit au chapiteau moderne. Il y en a seize au chapiteau corinthien, savoir : huit angulaires et huit plus petites qu'on appelle hélices.

Les volutes servent aussi d'ornement aux modillons et aux consoles; la volute d'une marche est la partie circulaire réservée à l'extrémité destinée à recevoir le pilastre de la rampe.

VOUSSOIR. C'est ainsi que l'on nomme toute pierre préparée et taillée qui sert à former le cintre d'une arcade ou d'une voûte. Il sont à *crossettes* lorsque la partie supérieure forme un angle pour se raccorder avec une assise de niveau; on appelle le voussoir *extradossé* lorsque la tête est de niveau et forme l'extrados de la voûte.

VOUSSURE. Portion de voûte dont le plan est moins que le demi-cercle; celles qui se font à l'intérieur au-dessus d'une baie de porte ou croisée, se nomment *arrières-voussures*.

VOUTE. Construction cintrée en pierre, en moellon ou pots creux de terre cuite; on leur donne différentes dénominations en raison du plan qu'elles occupent, de leur forme et de leurs accessoires; ainsi on appelle *voûte* surmontée, celle qui a en hauteur plus du demi-diamètre; *voûte surbaissée* ou *anse de panier* celle qui a en hauteur moins du demi-diamètre, et qui est tracée de plusieurs centres; *plein-cintre* celle dont la courbe est un demi-cercle parfait; *voûte en ogive* ou *gothique* celle dont le cintre se compose de deux lignes courbes égales, se coupant au

sommet ; *voûte d'arête*, celle qui se compose de la rencontre de quatre lunettes égales, ou de deux berceaux
qui se croisent ; *voûte sphérique*, celle qui est circulaire
en plan ; *voûte à lunette*, celle qui est traversée par des
lunettes directement opposées ; *voûte sur noyau*, celle qui
tourne autour d'un massif en cylindre, ou de toute autre
forme ; *voûte conique*, celle dont la douelle a la forme de
la surface d'un cône ; *voûte en arc de cloître*, celle qui se
forme de quatre portions de cercle dont les angles sont
rentrans, etc., etc.

VOUTER. C'est construire une voûte sur des cintres en
charpente ou sur un noyau en maçonnerie : on appelle
voûter en *tas de charge*, mettre les lits des joints en coupe
du côté de la douelle, et de niveau du côté de l'extrados.

VUE. Est en architecture toute ouverture par laquelle on reçoit le jour du côté de l'héritage voisin. Une *vue de coutume*,
est celle ouverte dans un mur sur l'héritage voisin, dont on
est seul propriétaire ; l'appui doit être à 2 m. 60 c. (8 pi.)
au-dessus du plancher du rez-de-chaussée de celui qui l'a
fait ouvrir, et à 1 m. 95 c. (6 pi.) aux autres étages (Code
civ., art. 677) ; mais la baie doit être fermée à fer maillé
et verre dormant. Une *vue de côté*, est celle ouverte dans
un mur de face, et qui doit être à 65 c. (2 p.) du milieu du
mur mitoyen, en retour jusqu'au tableau de la baie. (Code
civil, art. 679.) Une *vue droite*, est celle qui donne le jour
directement sur l'héritage voisin, mais qui ne peut exister
sans son consentement, à moinsqu'il n'y ait 1 m. 95 c. (6 pi.)
de distance depuis le milieu du mur mitoyen jusqu'à ladite vue (Code civil, art. 678) ; si elle est ouverte sur une
ruelle, le passage étant public, quelqu'étroit qu'il soit,
cette interdiction n'a plus lieu.

En général, une *vue de servitude* est celle dont on jouit
sur l'héritage du voisin, en vertu d'un titre.

Enfin, un jour ou *servitude de souffrance* est celle qui
est ouverte sur un héritage voisin avec le consentement
ou la tolérance de ce voisin, et dont on n'a aucun titre,
ou dans un mur qui n'est pas mitoyen, mais que ce voisin peut faire boucher en achetant la mitoyenneté du mur.

FIN.

TABLE DES MATIÈRES.

FIN DE LA TABLE.

IMP. DE Vᵉ BASTIEN, A TOUL.

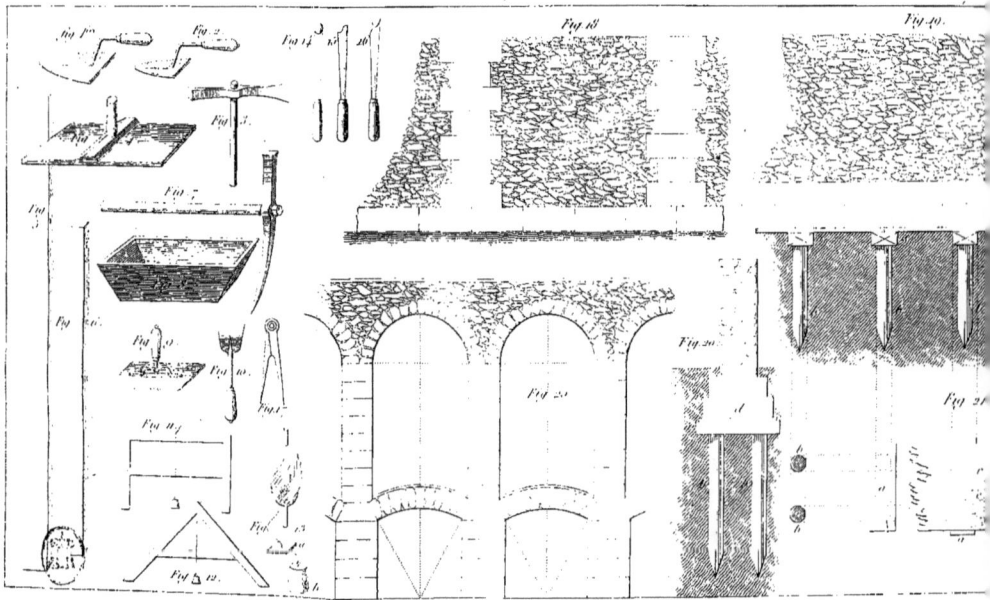

Fig. 1.   Fig. 2.   Fig. 14   15   16   Fig. 18.   Fig. 19.

Fig. 4.

Fig. 7.

Fig. 6.

Fig. 5.

Fig. 9.   Fig. 10.   Fig. 8.

Fig. 11.   Fig. 22.

Fig. 23.

Fig. 20.

Fig. 12.   Fig. 21.

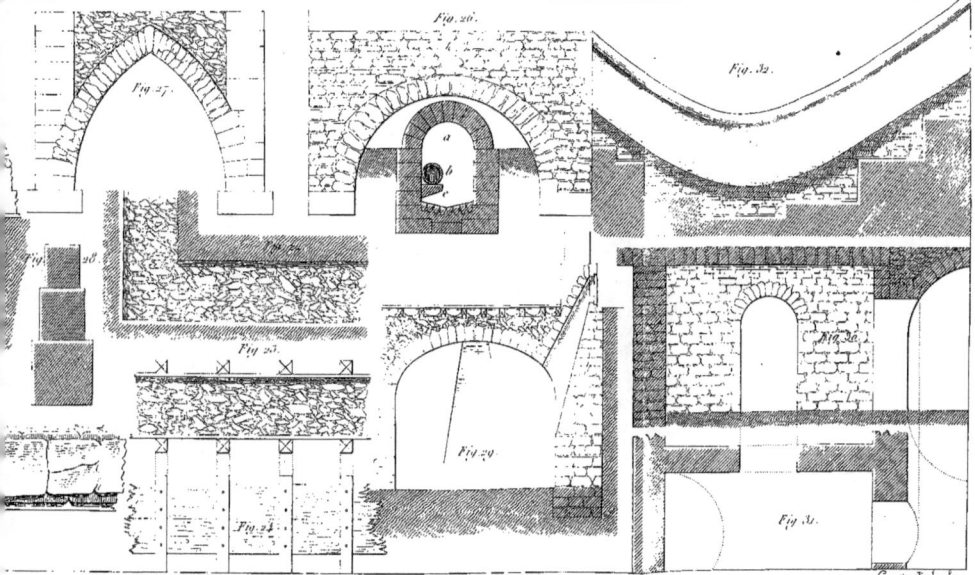

Fig. 26.

Fig. 27.

Fig. 32.

Fig. 28.

Fig. 25.

Fig. 30.

Fig. 29.

Fig. 24.

Fig. 31.

Guignet Sculp.

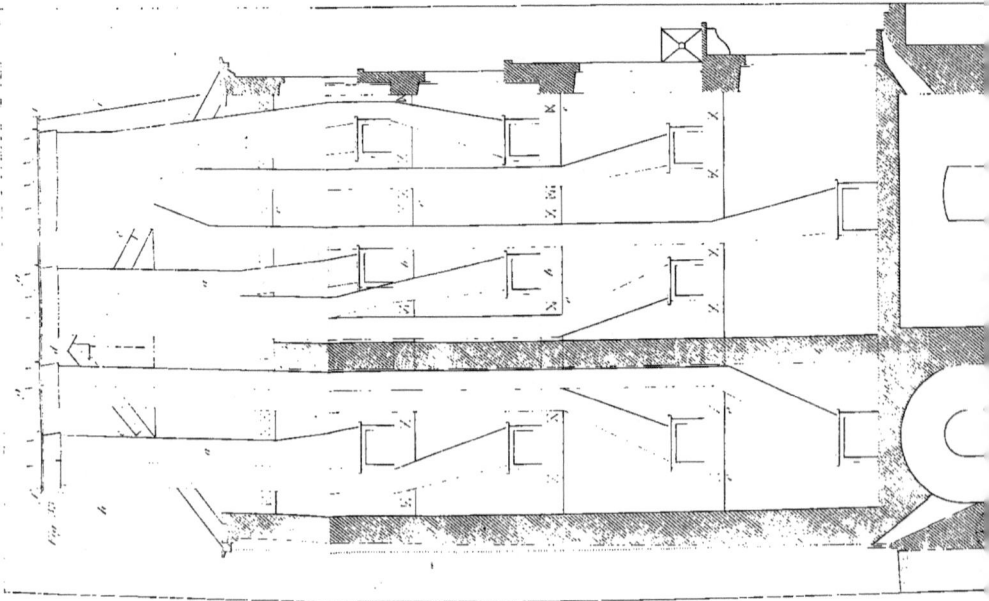

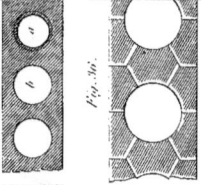

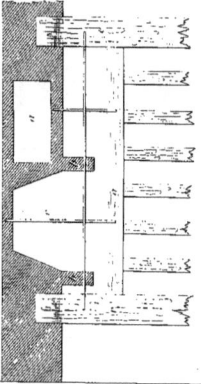

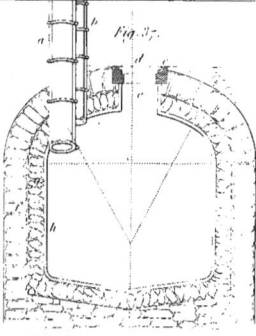

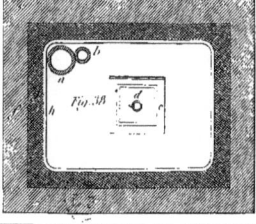

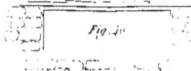

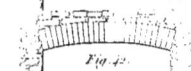

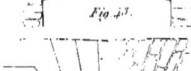

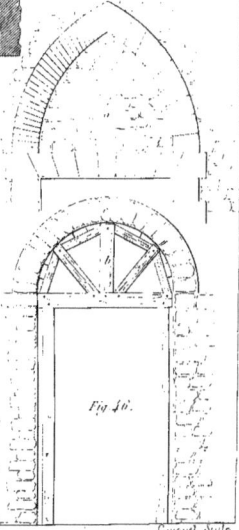

Fig. 35.

Fig. 36.

Fig. 37.

Fig. 38.

Fig. 34.

Fig. 39.

Fig. 40.

Fig. 41.

Fig. 42.

Fig. 43.

Fig. 44.

Fig. 45.

Fig. 46.

Guignet, Sculp.

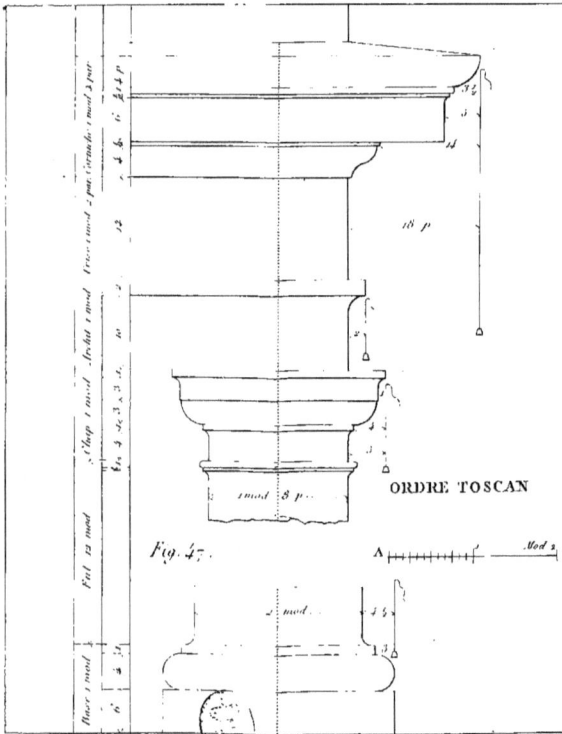

ORDRE TOSCAN

Fig. 47.

A ├┼┼┼┼┼┼┤ Mod 1

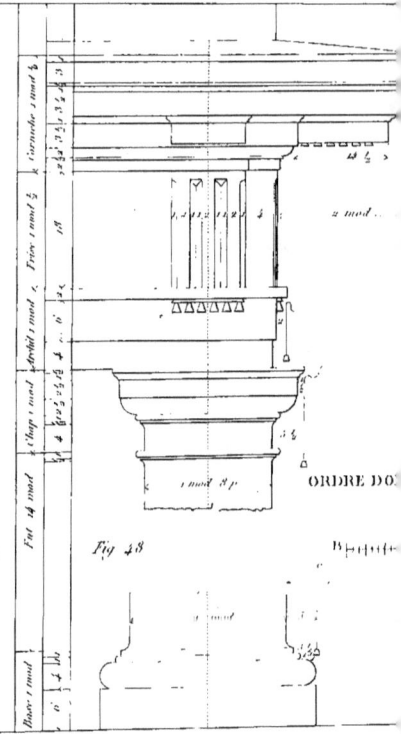

ORDRE DO

Fig. 48

B ├┼┼┼┼┼

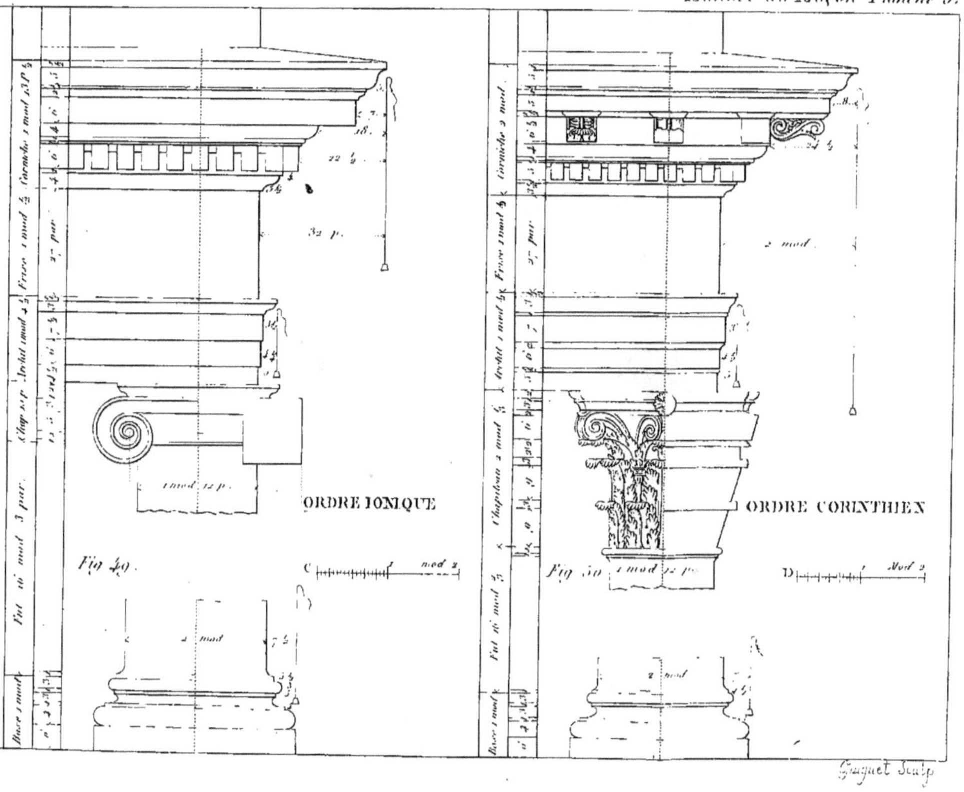

ORDRE IONIQUE

ORDRE CORINTHIEN

Fig 49.

Fig 50.

Guyet Sculp

ORDRE DORIQUE.

Fig. 52.

ORDRE TOSCAN.

Fig. 51.

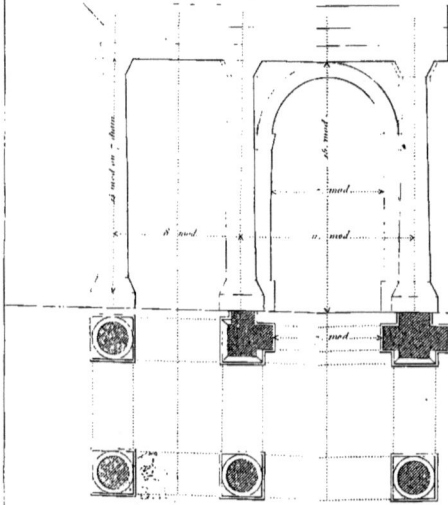

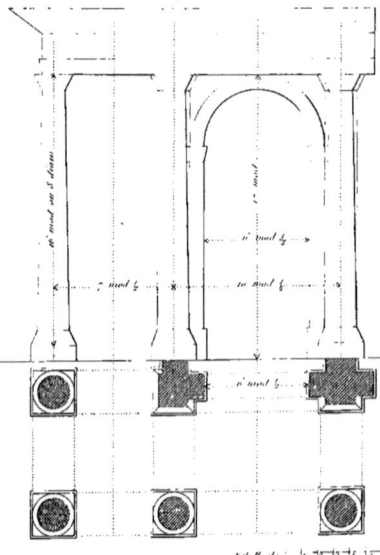

ORDRE IONIQUE
Fig. 53.

ORDRE CORINTHIEN

Fig. 54.

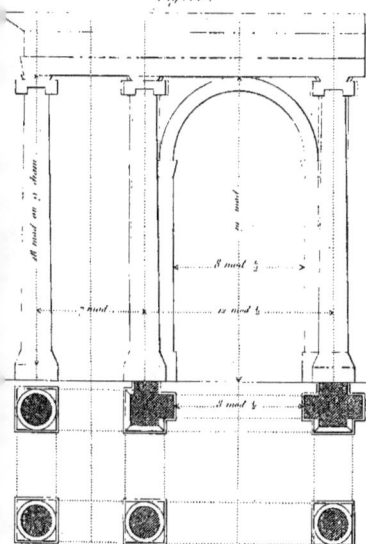

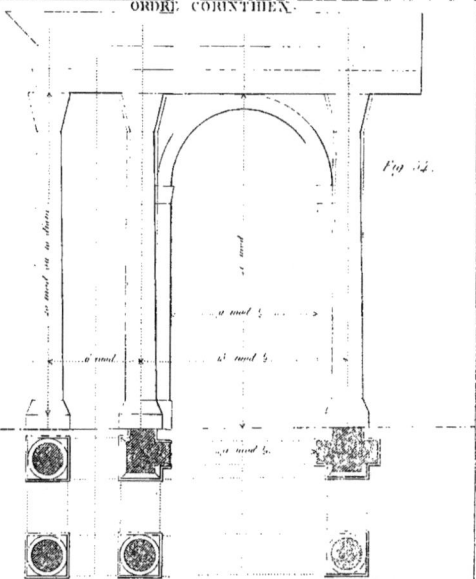

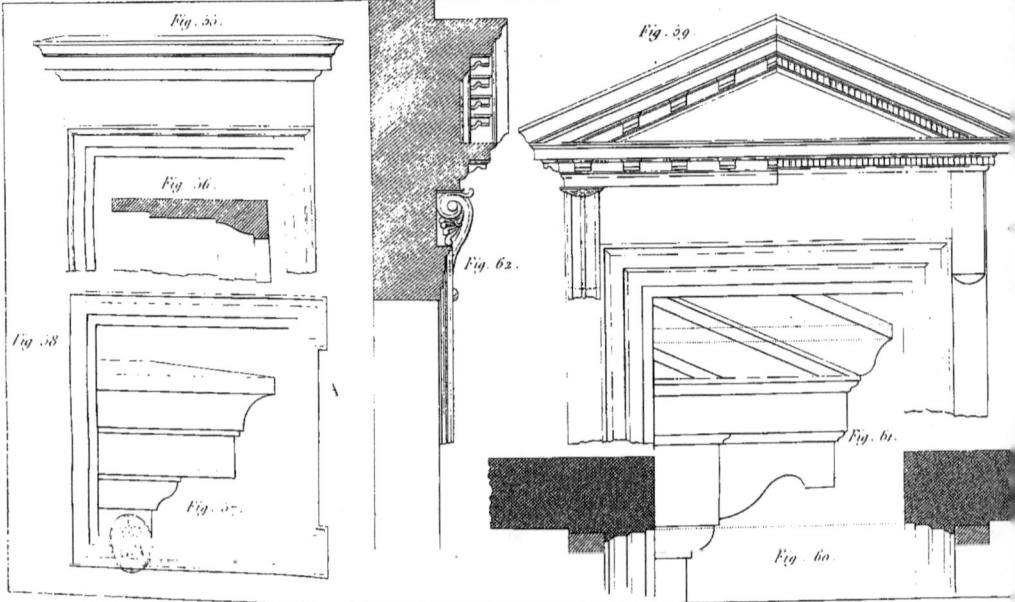

Fig. 55.

Fig. 56.

Fig. 58.

Fig. 57.

Fig. 62.

Fig. 59.

Fig. 61.

Fig. 60.

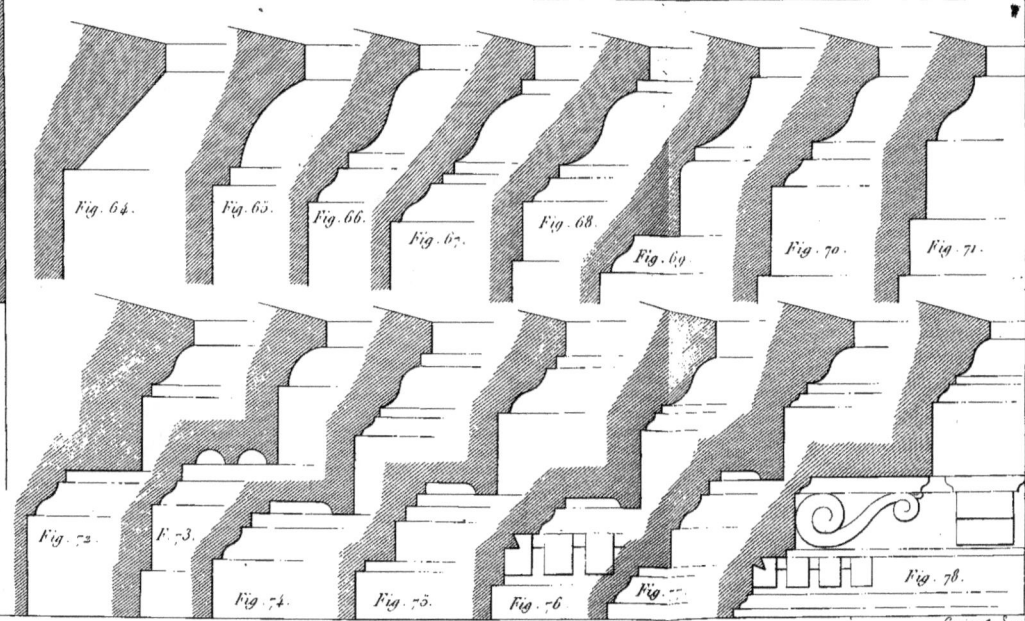

Fig. 64.

Fig. 65.

Fig. 66.

Fig. 67.

Fig. 68.

Fig. 69.

Fig. 70.

Fig. 71.

Fig. 72.

Fig. 73.

Fig. 74.

Fig. 75.

Fig. 76.

Fig. 77.

Fig. 78.

Guiguet, Sculp.

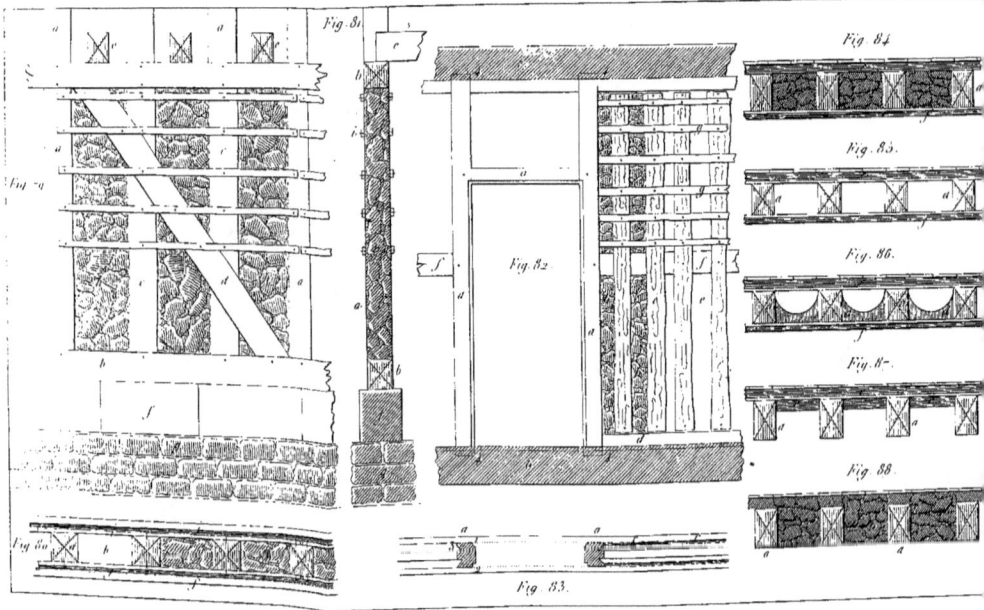

Fig. 81.

Fig. 82.

Fig. 83.

Fig. 84.

Fig. 85.

Fig. 86.

Fig. 87.

Fig. 88.

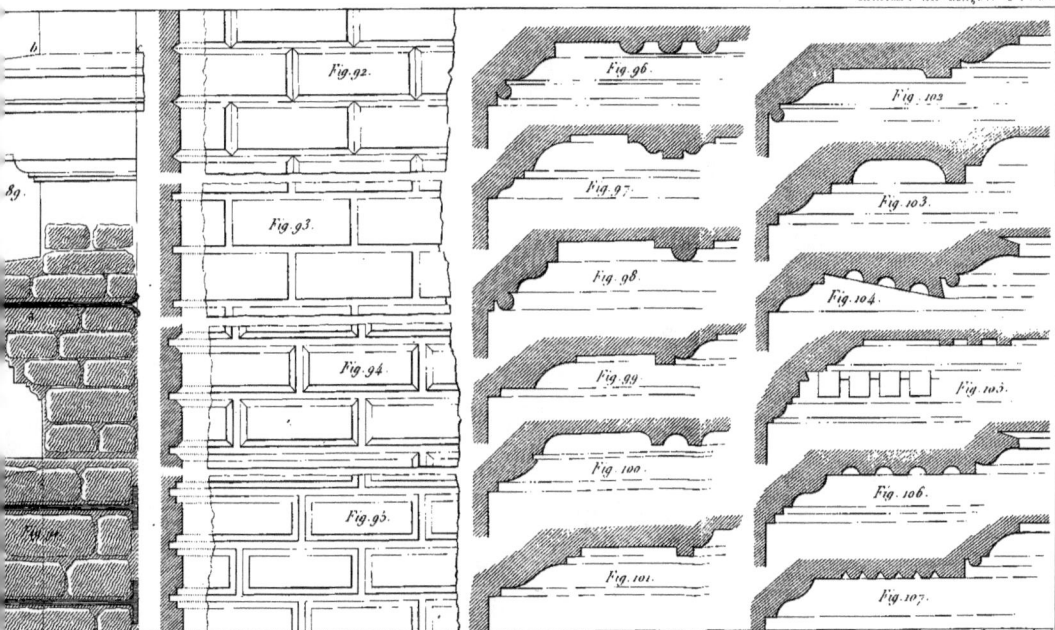

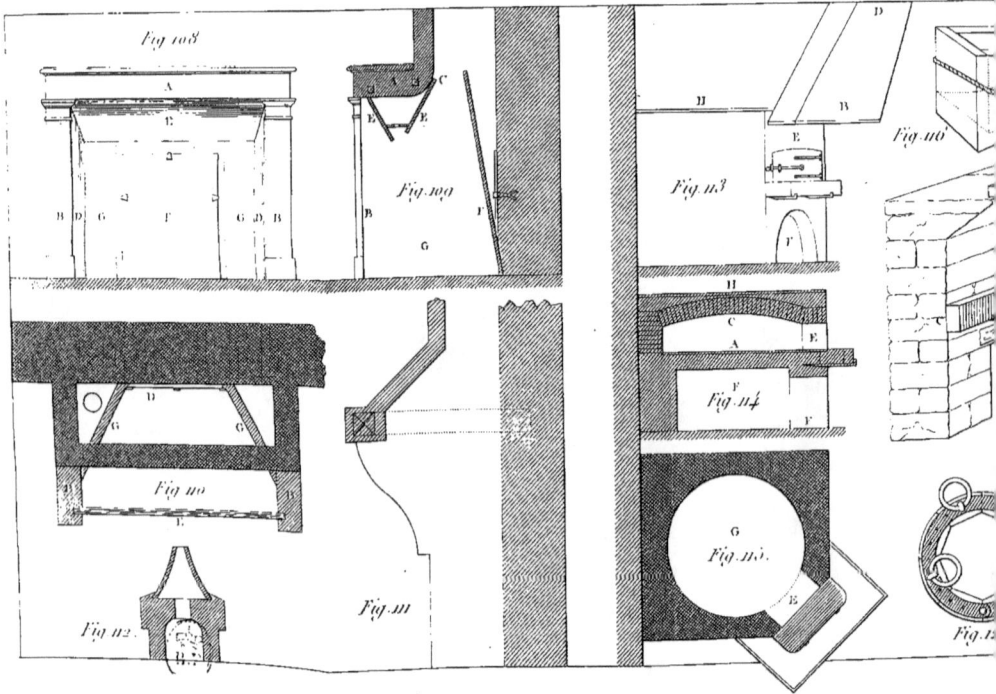

Fig. 108 Fig. 109 Fig. 113 Fig. 116 Fig. 110 Fig. 111 Fig. 114 Fig. 112 Fig. 115

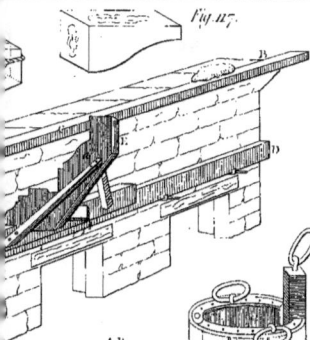

Fig. 117.

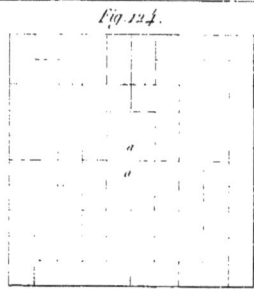

Fig. 124.

Fig. 121.

Fig. 123.

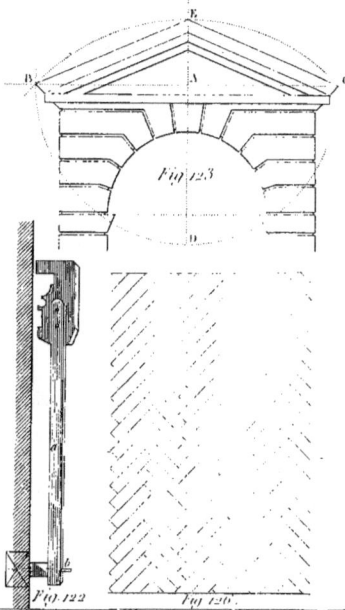

Fig. 122.

Fig. 126.

Fig. 125.

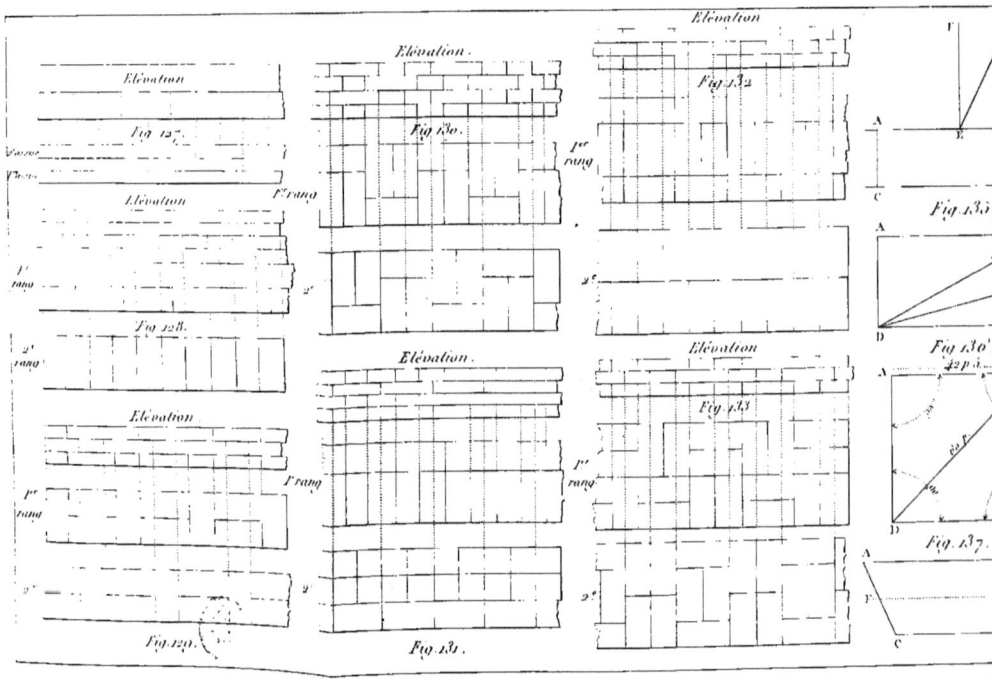

Elévation

Fig. 127.

Elévation

Fig. 128.

Elévation

Fig. 129.

Elévation

Fig. 130.

Elévation

Fig. 131.

Elévation

Fig. 132.

Elévation

Fig. 133.

Fig. 135.

Fig. 136.

Fig. 137.

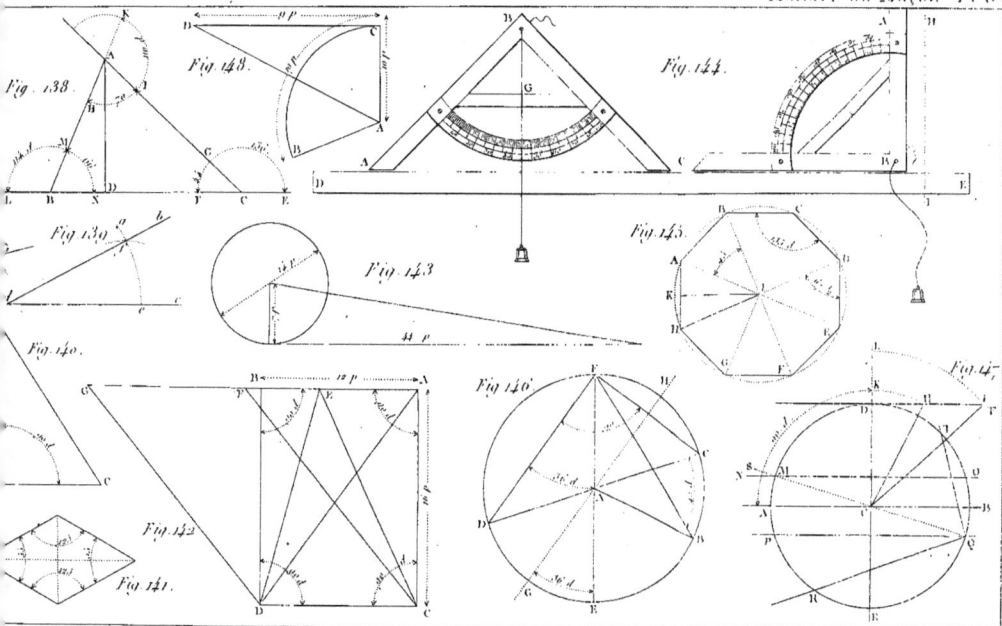

Fig. 138.

Fig. 148.

Fig. 144.

Fig. 139.

Fig. 143.

Fig. 145.

Fig. 140.

Fig. 142.

Fig. 146.

Fig. 147.

Fig. 141.

Guignet, sculp.

Fig. 148.

Fig. 149.

Fig. 130.

Fig. 131.

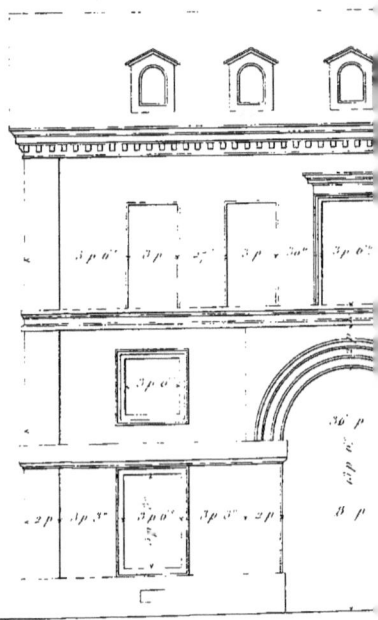

Fig. 12.

Fig. 13.

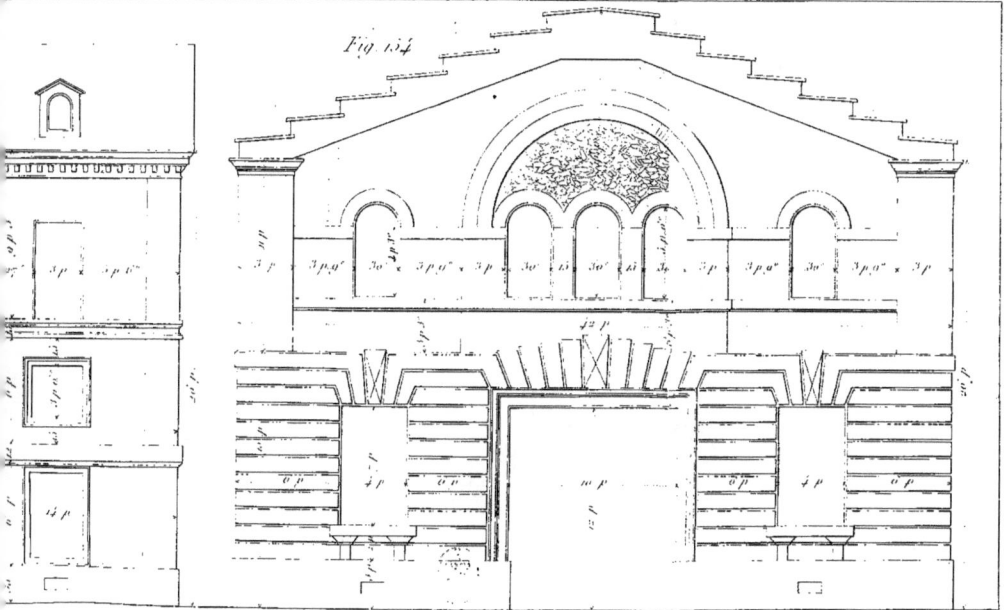

Fig. 154.

www.ingramcontent.com/pod-product-compliance
Lightning Source LLC
Chambersburg PA
CBHW032328210326
41518CB00041B/1590